危险废物污染防治理论与技术

李金惠　谭全银　曾现来　王萌萌　编著

科学出版社

北京

内 容 简 介

作者以长期从事危险废物管理实践和科研教学的成果积累为基础,借鉴他人研究成果,完成了本书。本书以生命周期的全过程管理为主线,阐述了危险废物从"摇篮"到"坟墓"的全过程管理:从危险废物的产生、分类到污染防治、综合利用、处理处置,以及最终的安全填埋。

本书可以作为高等院校环境类专业本科生和研究生或非环境类专业学生的选修、培训教材,同时对环境保护部门和企事业单位环境保护管理人员、科技人员等也有参考价值。

图书在版编目(CIP)数据

危险废物污染防治理论与技术/李金惠等编著.—北京:科学出版社,2018.2
ISBN 978-7-03-056491-7

Ⅰ.①危…　Ⅱ.①李…　Ⅲ.①危险物品管理—废物管理　Ⅳ.①X7

中国版本图书馆 CIP 数据核字(2018)第 022780 号

责任编辑:杨　震　刘　冉　宁　倩 / 责任校对:韩　杨
责任印制:徐晓晨 / 封面设计:北京图阅盛世

科学出版社出版
北京东黄城根北街 16 号
邮政编码:100717
http://www.sciencep.com

北京虎彩文化传播有限公司 印刷
科学出版社发行　各地新华书店经销
*
2018 年 2 月第　一　版　开本:720×1000 1/16
2020 年 4 月第三次印刷　印张:17 3/4
字数:355 000

定价:88.00 元
(如有印装质量问题,我社负责调换)

前　言

危险废物管理是当前世界的重要环境议题之一，由于涉及废物越境转运，其也是国际贸易重要议题之一。1972 年《联合国人类环境会议宣言》（简称《人类环境宣言》）要求各国对其管辖范围内出口的危险废物和留在其境内的危险废物实行同样严格的控制。1989 年国际社会通过的《控制危险废物越境转移及其处置的巴塞尔公约》（简称《巴塞尔公约》）以保护人类健康和环境免受危险废物和其他废物的产生、转移和处置可能造成的不利影响为主要目标。2001 年国际社会缔结的《关于持久性有机污染物的斯德哥尔摩公约》（简称《斯德哥尔摩公约》）、2013 年缔结的《关于汞的水俣公约》等国际公约的形成均表达了人类对于危险废物的关注。

1995 年 10 月制定颁布的《中华人民共和国固体废物污染环境防治法》是我国危险废物管理的基础，该法的制定将我国固体废物的环境管理提到了前所未有的高度。1998 年国家环境保护总局、国家经济贸易委员会、对外贸易经济合作部、公安部等四部委联合发布的《国家危险废物名录》，旨在加强危险废物的管理，2008 年、2016 年相继更新了该名录。2004 年颁布的《危险废物经营许可证管理办法》也分别在 2013 年和 2016 年进行了修订。一系列法规和标准的制定颁布，完善了我国整个危险废物的管理体系和制度。

危险废物管理涉及大量法律法规，是一个产业，也是一个发展方向，培养了大量掌握危险废物管理政策、处理处置技术和设施运营管理方面的人才。国外在 1994 年已经出版了权威本科和研究生教育经典教科书 *Hazardous Waste Management*，并于 2001 年进行了修订，作为第二版出版。编者于 2002 年受委托开展该书第二版的翻译工作并于 2004 年年初完成译稿。该书是国外工程类学生的教科书，对复杂的跨学科领域进行了全面的介绍，为学生介绍了大量的背景知识，以便他们思考并致力于解决危险废物问题。

本书是在 *Hazardous Waste Management* 第二版框架的基础上，结合研究生教学的知识需求和专业背景及我国国情编写的。本书涵盖内容广泛，着重阐述了危险废物产生状况、危害特性、国内外法律规范和管理特点、危险废物处理处置技术方法和资源化回收利用技术等。为了加深研究生对危险废物管理与处理处置技术的认识和了解，清华大学自 2003 年开设研究生课程"危险废物管理"，其讲义即本书的初稿。

    本书的出版受到 2014 年国家科技支撑计划"电子废弃物清洁化处理与利用技术研究及示范"项目之课题四废旧电子电器资源化过程污染控制及资源化产品环境安全控制技术研究(课题号 2014BAC03B04)的资助。

    本书由于编者水平和时间有限,以及涉及的专业领域广泛,难免有不足之处,请读者予以指正。

李金惠于北京清华园

2017 年 9 月

目　　录

第一章　危险废物概述

第一节　危险废物的定义及特性

一、危险废物定义

"危险废物"这个术语从 20 世纪 70 年代开始被广泛接受，但是不同的国家对危险废物有不同的法律定义，并且呈周期性变化，因此本书涉及的废物类别实质上更为广泛。各个国家对危险废物也有不同的称呼，如日本称其为特别管理的一般废弃物（general waste）、特别管理的产业废弃物（industrial waste），马来西亚称其为特别管理废物（scheduled waste）。

很多国家都已建立了自己的危险废物定义，以具体鉴别和分类危险废物。这些定义可能缺少科学严谨性，但是都反映了一个国家政府的环境、社会和政治方针，因此会因政府不同而异。

在提及危险废物之前，首先提供一个实用的工作定义——废物[1]："废物是不能直接利用并被永久抛弃的可移动物体"，该定义说明废物一般是固体废物。美国国家环境保护局（Environmental Protection Agency，EPA）（简称美国国家环保局）、中国环境保护部都将危险废物作为固体废物的一部分进行管理。为了将固体废物和非固体废物区分开，中国还制定了专门的《固体废物鉴别导则》。

在美国，固体废物的定义如下：任何废水处理厂、水供给处理厂或者污染大气控制设施产生的垃圾、废渣、污泥，以及工业、商业、矿业、农业生产和团体活动产生的其他被丢弃的物质，包括固态、液态、半固态或装在容器内的气态物质。《中华人民共和国固体废物污染环境防治法》中定义的固体废物是指在生产、生活和其他活动中产生的丧失原有利用价值或者虽未丧失利用价值但被抛弃或者放弃的固态、半固态和置于容器中的气态物品、物质以及法律、行政法规规定纳入固体废物管理的物品、物质。

> **附注 1-1**　美国《资源保护与回收法》（RCRA）中的危险废物是指：经不适当处置或直接排放到环境之中，含某种化学成分或其他特性以至足以引起疾病、死亡或其他危害人类身体健康和其他生命体的固体废物。
>
> 《中华人民共和国固体废物污染环境防治法》中危险废物是指：列入《国家危险废物名录》或者根据国家规定的危险废物鉴别标准和鉴别方法认定的具有危险特性的固体废物。

定义废物是否危险时最关键的是要包括废物为"危险的"（如对人体健康或环境带来实质或潜在危险）术语。毒性，尤其是致癌潜在性，位列特征清单的头条。然而，如果显示出一系列的其他特征，如可燃性、易燃性、反应性、爆炸性、腐蚀性、放射性、传染性、具有特殊气味、对光敏感或生物积累性，也都认为是危险的。放射性废物在国际上和大多数国家都遵从不同于危险废物的特殊管理制度和技术方法，因此不在本书的覆盖范围。

联合国环境署（UNE）[原称联合国环境规划署（UNEP）]把危险废物定义为："除放射性废物以外的废物（固体、污泥、液体和装于容器的气体），它的化学反应性、毒性、易爆性、腐蚀性和其他特性引起或可能引起对人体健康或环境的危害。不管它是单独的或与其他废物混在一起，不管是新产生的或是已被处置的或正在运输中的，在法律上都称危险废物。"世界卫生组织（WHO）的定义是："危险废物是一种具有物理、化学或生物特性的废物，需要特殊的管理与处置过程，以免引起健康危害或产生其他有害环境的作用。"

上述危险废物的定义存在一些共同之处：第一，都承认危险废物属于废物；第二，都意识到危险废物对人类和环境具有极大危害，因此在定义中做出了强调；第三，基于危险废物的危害性，都比较重视对危险废物进行管理；第四，多以"概括性定义+列举"的方式对危险废物进行界定。

二、历史溯源

20 世纪 50 年代，危险物质通过不同环境路径暴露的情况在工厂外开始发生。首先是无机化合物，如铅和汞，随后扩展到 20 世纪出现的合成有机化合物，里程碑的事件

附注 1-2　《中国 21 世纪议程》中危险废物是指"固体废物中具有毒性、反应性、腐蚀性、易爆炸性和易燃性废物"。《危险废物鉴别标准通则》（GB 5085.7—2007）中危险废物是指：具有腐蚀性、急性毒性、浸出毒性、反应性、传染性、放射性等一种及一种以上危害特性的废物。

附注 1-3　德国对危险废物的定义是：从商业或贸易过程产生的，成分、性质和数量对人体健康、空气或水体具有特别危害的废物，或者是具有爆炸性、燃烧性或可能引起疾病的废物。

日本在 1991 年《废弃物处理法》修订案中，将"具有爆炸性、毒性、感染性以及可能对人体健康和生活环境产生危害、威胁的物质"列为"特别管理产业废弃物"，相当于统称的危险废物。

附注 1-4　1989 年 3 月 22 日通过的《控制危险废物越境转移及其处置的巴塞尔公约》（简称《巴塞尔公约》）确定的危险废物定义：为本公约的目的，越境转移所涉下列废物即为"危险废物"：（a）属于《巴塞尔公约》附件一所载任何类别的废物，除非它们不具备《巴塞尔公约》附件三所列的任何特性；（b）任一出口、进口或过境缔约国的国内立法确定为或视为危险废物的不包括在上述（a）项内的废物。

是 DDT 残余物在鸟群中的影响[2]。日本的汞污染事件以及多氯联苯（PCBs）、二
噁英和其他有机物质污染事件，更加突出了危险废物对人类的危害[3~5]。

位于美国加利福尼亚州的拉夫运河（Love Canal）干涸废弃后，在 20 世纪 40～
50 年代被胡克化学公司和其他公司作为危险废物处置场所使用。1953 年，这条充满
各种有毒废弃物的运河被公司填埋覆盖后转赠给当地的教育机构，此后，在这片
土地上陆续盖起了大量的住宅和一所学校。自 1977 年开始，这里的居民不断罹
患各种怪病，孕妇流产、婴儿畸形、癫痫、直肠出血等病症也频频发生，人们
开始面临化学物质引起的健康问题。样品分析显示，处置场中含有 100 多种化
学物质，其中包括二噁英[6]。该事件最后导致 1980 年美国国会通过了《综合环境
响应、赔偿及责任法》，即《超级基金法》，拉夫运河事件也唤醒了世界对化学废
弃物的认识。

时代海滩（Times Beach）事件则是美国一起恶性二噁英污染事件。20 世纪 60
年代末，化工厂废物被稀释进入废旧润滑油是合法的，并被喷洒在泥土路面和牧
场中以控制灰尘，但这造成了许多动物的死亡。化学实验表明，密苏里州时代海
滩中二噁英的污染浓度为 100 ppm（$1ppm=10^{-6}$），最后，美国国家环保局购买了
所有社区财产并永久疏散了居民。这些事件加强了公众的意识和关注，推动了环
境保护运动，最后促进了危险废物管理的立法。

事实上，每一个工业国家在工业发展的过程中，均有因危险废物处置不当造
成的公害事件，我国也不例外。例如，20 世纪 60 年代云南锡业股份有限公司将
砷渣排入旧湖，造成 3000 多人亚急性中毒事件；2014 年 4 月，浙江温州中金岭
南科技环保有限公司向瓯江倾倒化学污泥约 4200t，导致倾倒水域重金属含量超标
数十倍；2015 年 5 月，河北保定市蠡县，李某通过中间人与不法犯罪团伙勾结，
非法倾倒工业废液 3400 余 t，致 1 人死亡；2015 年 10 月，山东章丘张某、陈某雇
用罐车运输化工废液向煤矿井内倾倒时，导致 4 人中毒死亡。危险废物污染问题在
我国已经十分突出，因此认清危险废物的危害、采取积极措施进行控制十分必要[7]。

三、危险废物特性

危险废物的物理化学及生物特性包括：①有毒有害物质释放到环境中的特性；
②有毒有害物质在环境中迁移转化及富集的特性；③有毒有害物质的生物毒性。
所涉及的主要参数有：有毒有害物质的溶解度、分子量、挥发度、饱和蒸气压、
在土壤中的滞留因子、空气扩散系数、土壤/水分配系数、降解系数、生物富集因
子、致癌性反应系数及非致癌性参考剂量等[8]。

（一）环境释放特征

有毒有害物质环境释放特征主要是指与释放到环境中的速率有关的特性，主

要包括物质溶解度和饱和蒸气压。

1. 溶解度（S）

室温（20℃±5℃）条件下，多数物质的溶解度在 $1 \sim 10^5$ mg/L 范围内。按照国际化学品安全手册的分类，物质溶解度分类标准如表 1-1 所示，可从化学手册及数据库中查得物质的溶解度。此外，有五种常用方法估算溶解度，各自所需信息及方法的适用性如表 1-2 所示。

表 1-1 物质溶解度的分类标准

类别	不溶解	微溶	适度溶解	溶解	易溶
溶解度/（mg/L）	<1	$1 \sim 10$	$10 \sim 100$	$100 \sim 1000$	>1000

表 1-2 常用溶解度估算方法

方法	方法基础	所需信息	注释
1	回归方程	辛醇/水分配系数 K_{ow}，熔点 T_m	计算简单，其中 K_{ow} 可以根据物质结构估算，使用较为普遍
2	原子分裂计算法	结构，熔点 T_m	适用性较差，仅适用于烃类和卤代烃类化合物
3	估算活度系理论方程	结构，熔解热 ΔH_t，熔点 T_m	比较准确，适用性差
4	回归方程	水/纯有机碳分配系数 K_{oc}	准确性差，计算简便
5	方程	水生生物富集因子 BCF	准确性差，计算简便

2. 饱和蒸气压（p_0）

物质的饱和蒸气压直接反映物质的挥发能力，影响有毒有害物质的挥发速率。物质饱和蒸气压一般取 20℃时的值，且随温度升高而增大。其值的分布范围为 $10^{-5} \sim 300$ mmHg（1 mmHg=0.1333 kPa）。物质挥发性分类如表 1-3 所示。

表 1-3 物质按饱和蒸气压分类

类别	饱和蒸气压/mmHg
高度挥发物质	>10
中度挥发物质	$10^{-3} \sim 10$
微量挥发物质	$10^{-5} \sim 10^{-3}$
不挥发物质	$<10^{-5}$

国际化学品安全规划署推荐20℃时物质饱和蒸气压的计算方法：

$$p_{20} = (1013 / 760) \times 10^C \quad\quad (1-1)$$

式中，p_{20} 为 20℃时饱和蒸气压（mbar，1mbar=0.1kPa）。

$$C = 2.8808 - \frac{(a_n \times t_b + b_n)(t_b - 20)}{(296.1 - 0.15t_b)} \tag{1-2}$$

式中，t_b 为此物质在 101.3kPa 时的沸点（℃）；a_n，b_n 为 20℃时物质饱和蒸气压的计算系数；n 为此物质或化合物的分组号。

物质或化合物的分组号可以从表 1-4 中查得（卤素衍生物分在同一组；难以分类的物质选择 $n = 4$；计算的 $p_{20} < 0.1$ mbar 时可能偏离真实值较大），分组号确定后，a_n 和 b_n 值可以从表 1-5 中查得。

表 1-4　物质及化合物分组号

物质分组	n
含有少量非碳和氢的烃类；醚类；硅酮；硫化物	2
醛类；环氧化合物；酯类（高级）；酮类；含氮化合物	3
酯类（低级，氧含量较高）；酚类（高级和多元酚）	4
羧酸；酸酐	5
醇类；乙二醇类；水	7

表 1-5　20℃时物质或化合物饱和蒸气压的计算系数

n	a_n	b_n	n	a_n	b_n
1	0.0021	4.31	5	0.0023	5.22
2	0.0021	4.54	6	0.0023	5.44
3	0.0021	4.77	7	0.0023	5.67
4	0.0022	5.00	8	0.0023	5.90

（二）环境迁移特征

1. 滞留因子

滞留因子（R_d）描述的是有毒有害物质在土壤中的滞后现象，一般由迁移时的吸附作用产生，滞留因子为

$$R_d = 1 + \rho_b \frac{K_d}{\theta} \tag{1-3}$$

式中，ρ_b 为土壤密度（g/cm³）；θ 为土壤含水率（cm³/cm³）；K_d 为有毒有害物质的土壤/水分配系数（cm³/g）。无机物的 K_d 可根据实验数据取得；有机物的 K_d 可通过公式计算：

$$K_d = K_{oc} \cdot f_{oc} \tag{1-4}$$

式中，K_{oc} 为有机物在水与纯有机碳间的分配系数（cm³/g）；f_{oc} 为土壤中有机碳含量（g/g）。

K_{oc} 可看作在土壤或沉积物中单位质量有机碳所吸附的有毒有害物质数量与该有毒有害物质在溶液中的平衡浓度的比值，范围在 $1\sim10^7$ 之间，定义为

$$K_{oc} = \frac{被吸附物的量（\mu g）/有机碳（g）}{被吸附物的浓度（\mu g/cm^3）} \qquad (1-5)$$

K_{oc} 的所有估算方法都和该化学物质的某一特性相关，如溶解度 S、辛醇/水分配系数 K_{ow}、生物富集因子 BCF 等：

$$\lg K_{oc} = -0.55\lg S + 3.64 \qquad (1-6)$$

式中，S 为物质溶解度（mg/L），范围为 $0.0005\sim10^6$；K_{oc} 估值范围为 $1\sim10^6$。

$$\lg K_{oc} = 0.544\lg K_{ow} + 1.377 \qquad (1-7)$$

式中，K_{ow} 为辛醇/水分配系数，范围为 $0.001\sim4\times10^6$；K_{oc} 估值范围为 $10\sim10^6$。

$$\lg K_{oc} = 0.681\lg \text{BCF} + 1.963 \qquad (1-8)$$

式中，BCF 为生物富集因子，范围为 $1\sim10^4$；K_{oc} 估值范围为 $30\sim10^6$。

2. 扩散系数

空气扩散系数（D_a）可以用来计算有毒有害物质在土壤中的扩散系数。D_a 一般通过文献查得，约为 $0.08\ \text{cm}^2/\text{s}$，FSG 方法估算如下：

$$D_a = 1.858\times10^{-3}\left[\frac{T^{\frac{3}{2}}\sqrt{M_t}}{p\sigma_{AB}^2\Omega_{AB}}\right] \qquad (1-9)$$

$$M_t = (M_A + M_B)/M_A M_B$$

式中，T 为温度（K）；p 为大气压（atm，$1\text{atm}=1.01325\times10^5 Pa$）；$\sigma_{AB}$ 为分子 A，B 相互作用的特征长度；Ω_{AB} 为碰撞积分；M_A 为空气的相对分子质量；M_B 为待求物质的相对分子质量。

Lennard-Jones 势能函数可直接估算 σ_{AB} 和 Ω_{AB}，此外，还可以通过关联不同化合物的扩散系数来求其中某一物质的扩散系数：

$$D_1/D_2 = \sqrt{M_1/M_2} \qquad (1-10)$$

式中，D_1 为第一种物质的扩散系数；D_2 为第二种物质的扩散系数；M_1 为第一种物质的相对分子质量；M_2 为第二种物质的相对分子质量。

3. 降解常数

有毒有害物质在空气、水、土壤中的降解常数影响其浓度变化。其在空气中的降解主要是分解、氧化还原作用；在水中的降解需要考虑水解、化合、生物降解、氧化还原作用；在土壤中的降解主要是生物降解、化合、氧化还原作用。

化学反应降解速率的估算一般由实验得出，如水解、分解、化合、氧化还原反应。自然环境中，主要为多种微生物引起生物降解，降解的速率数值多靠实验得出，降解数据可在国际潜在有毒化学品登记中心（IRPTC）查询。

4. 生物富集因子

生物富集因子（BCF）表示有毒有害物质在生物体内浓度的累积作用，范围为 $1\sim 10^6$。BCF 是通过大量生物实验，尤其是鱼类实验得到的，数据来源主要为 IRPTC，也可通过公式计算，公式为

$$\lg BCF = 0.76 \lg K_{ow} - 0.23 \tag{1-11}$$

式中，K_{ow} 为辛醇/水分配系数，范围为 $(7.9\sim 8.1)\times 10^6$。

$$\lg BCF = 2.791 - 0.564 \lg S \tag{1-12}$$

式中，S 为溶解度（g/cm^3），范围为 $0.001\sim 50000 g/cm^3$。

$$\lg BCF = 1.119 \lg K_{oc} - 1.579 \tag{1-13}$$

式中，K_{oc} 为有机物在水与纯有机碳间的分配系数（cm^3/g），范围 $(1\sim 1.2)\times 10^6$。

（三）生物毒性

毒性数据是判定废物是否属于危险废物的依据之一，毒性数据主要包括危险废物判定数据和生物毒性指示数据。

1. 危险废物判定数据

（1）刺激作用数据。刺激作用的试验包括敞开试验和封闭试验，此外还有淋洗和非标准暴露等不常用的试验方法。

（2）致突变作用数据。致突变作用数据主要为整体动物试验和体外试验数据，此类试验需要列出致突变试验体系、试验物种、给药染毒部位、给药染毒途径及试验细胞的类型。有 20 种致突变试验体系来检测由化学物质引起的遗传变异，具体为微生物突变、微粒体致突变、微核试验、特定位点试验、DNA 损伤、DNA 修复、程序外的 DNA 合成、DNA 抑制、基因转换和有丝分裂重组、细胞遗传学分析、姐妹染色单体交换、性染色体丢失和不分离性、显性致死试验等。

（3）生殖作用数据。生殖作用数据包括试验动物、给药途径、剂量类型、总给药量、给药时间和持续时间等数据。主要有七类：父系影响、母系影响、生育力影响、胚胎及胎儿影响、变态发育、致肿瘤影响、新生儿影响。

（4）致肿瘤数据。致肿瘤数据包括试验动物、给药途径（经口、皮下、腹腔等）、剂量类型、总给药量、药物接触时间（包括给药方式，如连续给药、间断给药等）等，分为阳性反应结果（致癌性、致肿瘤性）和可疑致肿瘤结果（可疑致肿瘤性），以及致癌物、致肿瘤物和可疑致肿瘤物。

（5）毒性数据。毒性数据包括试验动物、给药途径、剂量类型、产生毒性作用的给药量等。

（6）水生动物毒性数据。即在 96h 内引起 50%试验动物死亡时，该有毒有害化学物质的浓度范围，用"TLm 96"表示。

2. 生物毒性指示数据

（1）致癌性物质反应系数，也称致癌斜率因子、致癌强度系数（SF）。SF 用来计算人体吸收致癌性物质后的癌症增额风险，是通过大量动物实验得到的实验数据。SF 的值一般可以通过查阅文献或检索 IRPTC、美国国家环保局综合信息资源库（IRIS）得到，中国预防科学研究院也有相应毒性数据库。对于无法查得实验数据的有毒有害物质，如果可以查得此种物质的动物半致死剂量 LD_{50} [g/(kg·d)]，一般可以通过 LD_{50} 来估算 SF 的值。其中 LD_{50} 是实验数据，目前进行生物毒性实验时都提供半致死剂量数值。

$$SF = 6.5 \left(LD_{50} \right)^{-1.1} \tag{1-14}$$

（2）非致癌性物质参考剂量（RfD）。RfD 是指有毒有害物质造成的健康风险在可接受水平时的人群暴露剂量，目前被普遍用来进行非致癌物质的剂量-反应评估。RfD 的值同样可以通过查阅文献或检索 IRPTC、IRIS 以及中国预防科学研究院的毒性数据库等得到。一般采用最大无可观察作用水平（NOAEL）或最低无可观察作用水平（LDAEL）来推算 RfD 值。

$$RfD = NOAEL / K \tag{1-15}$$

式中，K 为修正因子，与 NOAEL 的实验规模及可靠性有关。其取值原则为：

（a）通过可靠的长期暴露人群研究数据推算健康人群 NOAEL 时，K 取 10；

（b）通过可靠的长期暴露动物实验数据推算健康人群 NOAEL 时，K 取 100；

（c）通过非慢性动物实验数据推算健康人群 NOAEL 时，K 取 1000；

（d）使用 LDAEL 替代 NOAEL 时，K 取 10000。

但使用 NOAEL 计算 RfD 在不同实验中取得的 RfD 值相差比较大。Crump 于 1984 年提出用标准剂量代替 NOAEL 计算 RfD。标准剂量是指，在有毒有害作用发生率增加到一个特定水平时，相对应该物质剂量的下限。例如，LED_{10} 是使反应增加 10% 时有毒有害物质的有效作用剂量下限，可以使用 LED_{10} 作为标准剂量。用 LED_{10} 计算 RfD 时，K 取作 100。

$$RfD = LED_{10} / 100 \tag{1-16}$$

还可以通过急性效应参数半致死剂量 LD_{50}[g/(kg·d)] 来推算 RfD：

$$RfD = LD_{50} / 10000 \tag{1-17}$$

第二节　危险废物的产生及分类

一、危险废物产生

（一）工业源

工业行业是危险废物的最大来源，几乎各种工业行业都会产生危险废物，主要包括黏合剂和密封胶、铝业、汽车和其他清洗业、电池生产业、铜业、电力和电子组件生产、电镀、炸药生产、铸造业、树脂化学品生产、无机化学品生产、钢铁生产、机械产品制造、有色金属制造、原矿开采业、油漆油墨生产配置、农药、石油精炼、塑料和合成材料制造等行业[9]。工业体系庞大，门类繁多，因此工业危险废物种类多，数量大，产生情况十分复杂。

2015 年，全国 246 个大中城市工业危险废物产生量达 2801.8 万 t，其中，综合利用量 1372.7 万 t，处置量 1254.3 万 t，储存量 216.7 万 t。工业危险废物综合利用量占利用处置总量的 48.3%，处置、储存分别占比 44.1%和 7.6%，有效地利用和处置是处理工业危险废物的主要途径。部分城市对历史堆存的危险废物进行了有效的利用和处置[10]。

（二）社会源

社会源危险废物是指在日常生活和社会活动过程中产生的危险废物[11]。社会来源的危险废物种类多，成分复杂，有些废物整体被视为危险废物，有些废物的组成部件是危险废物。其中废铅酸电池、部分电子电器废物、废矿物油、感光材料废物和废荧光灯管等，具有很高的资源化价值。

产生危险废物的社会源包括家庭、企事业单位（如学校、机关、写字楼、科研单位、服务性企业、医疗机构）、农业生产活动等，企事业单位的社会源危险废物更值得关注，而对人体健康具有重要影响的废物类别主要是医疗废物[12]。下面对家庭来源和医疗废物进行详细说明。

1. 家庭来源

危险废物产生源甚至扩展到普通家庭。大量的家用产品在废弃时，具有危险废物的特性。例如，废药品、杀虫剂、油漆、家庭清洗剂、电池、灯管、家用化学品和汽车产品等经常包含危险物质。居民生活中产生的危险废物主要存在于生活垃圾中。有研究表明，我国居民区及商业机构产生的危险废物量占危险废物总量的 0.075%～0.2%。但家庭来源的危险废物与人体接触频率大、接触时间长、暴露可能性大，易对人体健康及环境造成极大危害[13]。

由于我国的生活垃圾分类收集体系尚处于试点水平，家庭产生的大部分危险废物都随生活垃圾进行处理处置。2016 版《国家危险废物名录》将家庭源危险废物列入附录《危险废物豁免管理清单》中，包括家庭日常生活中产生的废药品及其包装物、废杀虫剂和消毒剂及其包装物、废油漆和溶剂及其包装物、废矿物油及其包装物、废胶片及废相纸、废荧光灯管、废温度计、废血压计、废镍镉电池和氧化汞电池以及电子类危险废物等。

家庭源危险废物在下列环节满足相应的豁免条件时，对其实行豁免管理：如果未分类收集，则全过程不按危险废物管理；如果分类收集，则收集过程不按危险废物管理[14]。《危险废物豁免管理清单》只对危险废物相应环节实行豁免管理，其仍属于危险废物范畴。美国联邦法律特别把家庭危险废物排除在危险废物管理规定之外，并单列为普遍来源废物（universal waste）对其进行管理。但一些地方和州政府已经实施了一些项目，对公众进行家庭废物教育，并实施了废物收集项目[15]。

2. 医疗废物

医疗废物是指在对动物（人）诊断、化验、处置、疾病预防等医疗活动和研究过程中产生的固态或液态废物，主要包括传染性废物、病理性废物、损伤性废物、药物性废物、化学性废物。标识如图 1-1 所示。医疗废物共分五类，列入《医疗废物分类目录》，在《国家危险废物名录》中属于一大类。

图 1-1　医疗废物标识

附注 1-5

（1）病床医疗废物产生量及预测可按以下计算方法：

病床的医疗废物产生量（kg/d）=床位医疗废物产生率[kg/（床·d）]×床位数（床）×床位使用率（%）。

（2）门诊医疗废物产生量及预测可按以下计算方法：

门诊医疗废物产生量（kg/d）=门诊医疗废物产生率[kg/（人·d）]×门诊人数（人）。

（3）无床位的小型门诊的医疗废物可按就业医务人员数量和单位医务人员医疗废物产生率计算和预测：门诊医疗废物产生量（kg/月）=单位医务人员医疗废物产生率[kg/（人·月）]×医务人员数（人）。

（4）其他产生源医疗废物的产生量根据各地情况合理估算。

（三）危险废物产生系数

化工行业是产生危险废物最多的行业，化工固体废物的产生量和组成往往随产品品种、生产工艺、装置规模和原料质量不同而有较大差异，一般生产每吨产品产生 1～3 t 固体废物，有的产品可高达 8～12 t，部分化工危险废物单位产生量见表 1-6[16]。

表 1-6　部分化工行业危险废物单位产生量

行业名称	产品名称	生产方式（工艺）	危险废物名称	产生量
无机盐制造业	重铬酸钠	有钙焙烧	含铬废物	1.337～1.499 t/t 产品
	氧化铅	氧化法	含铅废物	0.0023 t/t 产品
	氧化锌	直接法	含锌废物	0.337 t/t 产品
		间接法	含锌废物	0.001 t/t 产品
	碳酸钡	焙烧碳化	含钡废物	1.13 t/t 产品
无机碱制造业	烧碱	隔膜电解法	石棉废物	0.00013～0.00014 t/t 产品

续表

行业名称	产品名称	生产方式（工艺）	危险废物名称	产生量
有机化学原料制造业	甲醇	一段蒸气转化法	废催化剂	0.0004 t/t 产品
		固定床气化（单醇）	废催化剂	0.0008 t/t 产品
	二甲醚	甲醇脱水制二甲醚	废催化剂	0.00006 t/t 产品
	乙烯	Lummus 管式炉蒸气裂解，顺序分离	废催化剂	0.0000865 t/t 产品
	氯乙烯	氧氯化法	废卤化有机溶剂	0.0597 t/t 产品
	丁辛醇	低压羰基合成法	废催化剂	0.00104 t/t 产品
	乙酸乙烯	乙烯气相-拜耳法合成法	有机溶剂	0.0182 t/t 产品
	丙烯酸甲酯	丙烯酸和甲醇酯化法	废树脂	0.00153 t/t 产品
化学农药行业	草甘膦	甘氨酸工艺银泥	农药废物	1.00 t/t 产品
		二乙醇胺氧化、双甘膦工艺	农药废物	0.013 t/t 产品

　　医疗机构产生的医疗废物总量包括固定病床的医疗废物产生量和门诊医疗废物产生量。《医疗废物集中焚烧处置工程建设技术要求》中对医疗废物产生量的计算及预测做出了说明[17]。

二、危险废物分类

（一）来源/特性分类

　　美国建立了较完善的危险废物分类管理体系，有效地控制了危险废物污染，根据危险废物的不同特征和不同产生者进行管理是美国分类管理的两大方面。

　　根据产生来源和风险度，《资源保护与回收法》（RCRA）将危险废物分为特性废物、普遍性废物、混合废物和名录废物 4 类[18]。

　　（1）特性废物是指虽然没有列入危险废物名录，但是具有腐蚀性、易燃性、毒性和反应性中的一种或多种危险特征的废物。

　　腐蚀性：强酸性或碱性废物。

　　易燃性：易燃并因此在常规管理中具有着火可能性的废物。

　　反应性：具有潜在危害的废物，如具有爆炸性等剧烈反应的废物。

　　毒性：能释放显著高浓度的某种物质到水体中的废物。

　　美国国家环保局已经规定了明确的实验程序来分析废物的这些特征。该程序包括确定所测试废物是否为危险性的特定标准（如腐蚀性废物为 pH≤2 或 pH≥12.5）。在中国，具有下列一种及以上特征的废物被认为是危险废物：毒性、易燃性、爆炸性、腐蚀性、化学反应性或传染性。

　　（2）普遍性废物是指废电池、杀虫剂、含汞装置（如恒温器）和废灯具（如荧光灯管）等。

　　（3）混合废物是指来源于医院、实验室、大学等使用放射性物质的单位，同时含有放射性和危险性成分的废物。

（4）名录废物主要针对的是炼油和化学工业，分为四种类型的清单，这将在清单分类中讲到。

（二）清单分类

绝大多数危险废物是依据清单或名录列出的特定危险废物进行管理，如我国的《国家危险废物名录》、美国的危险废物清单及《巴塞尔公约》的废物名录。

美国危险废物清单内的危险废物具体分为四类[19-21]：F 清单——一般来源于化工厂都在使用的化学物质；K 清单——17 组，主要包括木材保存、无机颜料制造业、有机化学品制造业、无机化学品制造业等特定工艺的工业中产生的废物；P 清单——具有剧毒性、废弃的未使用的商业化学品；U 清单——具有剧毒性，同时具有腐蚀性、易燃性、毒性和反应性中一种或多种危险废物特征的废弃未使用的商业化学品。美国国家环保局还将危险废物形态分为无机液体、有机液体、有机固体、无机固体、有机污泥、无机污泥以及混合介质、残渣和器件（指液固、有机与无机废物的混合物以及不易归类的器件）7 组，每一组有若干代码并有详细的物质含量、pH 等性状描述。例如，无机液体组中的 W013 指废浓酸（≥5%）。

《巴塞尔公约》在其附件 I，II 中列出了其管辖的危险废物和其他废物的类别。为了进一步解释附件 I，在 1998 年 2 月的第四次缔约方大会上通过新清单 A（附件Ⅷ）和 B（附件Ⅸ）。

（三）其他分类系统

一些科学家和政府官员在危险程度概念的基础上，提出了危险废物分级分类管理的思路。管理分类系统的另一个方法是根据下列层次分类废物：

（1）形态或相分布，如液体或固体。

（2）有机废物或无机废物。

（3）化学类别，如溶剂或重金属。

（4）影响可处理性的危险组分，如 6 价铬。

该系统对于工程目的是有效的（例如，把具有类似的物理和化学特性及相同处理要求的废物分为一组）。表 1-7 显示了美国几个州研究确定新危险废物处理和处置设施必要性的扩展系统的基本分类[19]。

表 1-7　危险废物的工程分类体系

主要类别	特征	例子
无机水溶液废物	液体废物主要由水组成，但是含有酸、碱或危险性物质（如重金属、氰化物）的浓缩溶液	镀锌过程中的失效硫酸 金属抛光后的失效腐蚀液 电子部件制造中的失效含氨刻蚀剂 电镀清洗水 湿法冶金中的失效浓缩液

续表

主要类别	特征	例子
有机水溶液废物	液体废物主要由水组成，但含有有机危险物质（如杀虫剂）的混合物或稀释浓缩液	杀虫剂容器的清洗废水 化学反应容器或罐体的清洗物
油类	主要由石油类产品组成的废物	失效的内燃机润滑油 重装置操作中失效的水力或涡轮油 机械制造中的失效切割油 被污染的油燃料
无机淤泥/固体	含无机危险组分的淤泥、粉尘、固体或其他非液态废物	生产氯的汞单元工艺中的废水处理淤泥 钢铁制造和冶炼厂中控制释放物产生的粉尘 炼焦操作中的废沙 炼焦操作中的石灰淤泥 金属加工厂中铬部件去毛刺产生的粉尘
有机淤泥/固体	含有有机危险物质的焦油、淤泥、固体和其他非液体废物	涂料操作中产生的淤泥 生产染料中间体产生的焦油废物 医药生产中的失效过滤饼 苯酚生产中的蒸馏底部焦油 被溢出溶剂污染的土壤 含固体的不合格废油

第三节　危险废物对环境的污染

一、危险废物的危害特性

危险废物的危害特性包括急性毒性、易燃性、反应性、腐蚀性、浸出毒性和疾病传染性，根据这些性质，各国均制定了自己的鉴别标准。联合国《巴塞尔公约》列出的危险废物"危险特性清单"，共包括 13 种特性，见表 1-8[22]。

表 1-8　《巴塞尔公约》危险特性的等级

危险等级	编号	特性
		爆炸物
1	H1	爆炸物或爆炸性废物是固体或液态物质或废物（或混合物或混合废物），其本身能以化学反应产生足以对周围造成损害的温度、压力和速度的气体
		易燃液体
3	H3	易燃液体是在不超过 60.5℃的闭杯试验或不超过 65.6℃的开杯试验中产生易燃蒸气的液体或混合液体或含有溶解或悬浮固体的液体（如油漆、罩光漆、真漆等，但不包括由于其危险特性归于别类的物质或废物）。（由于开杯和闭杯试验的结果不能作精确比较，甚至同类试验的个别结果往往有差异，因此斟酌这种差异，作出与以上数字不同的规定，仍然符合本定义的精神）

续表

危险等级	编号	特性
4.1	H4.1	**易燃固体** 归为爆炸物之外的某些固体或固体废物，在运输中遇到某些情况时容易起火，或由于摩擦可能燃烧或助燃
4.2	H4.2	**易于自燃的物质或废物** 在正常运输情况下易于自发生热，或在接触空气后易于生热，而后易于起火的物质或废物
4.3	H4.3	**同水接触后产生易燃气体的物质或废物** 与水相互作用后易于变为自发易燃或产生危险数量的易燃气体的物质或废物
5.1	H5.1	**氧化** 此类物质本身不一定可燃，但通常可因产生氧气而引起或助长其他物质的燃烧
5.2	H5.2	**有机过氧化物** 含有两价—O—O 结构的有机物质或废物是热不稳定物质，可能进行放热自加速分解
6.1	H6.1	**毒性（急性）** 摄入或吸入体内或皮肤接触可使人致命，或严重伤害或损害人类健康的物质或废物
6.2	H6.2	**传染性物质** 含有已知或怀疑能引起动物或人类疾病的活微生物或毒素的物质或废物
8	H8	**腐蚀** 同生物组织接触后可因化学作用引起严重伤害，或因渗漏能严重损害或损坏其他物品或运输工具的物质或废物；它们还可能造成其他危害
9	H10	**同空气或水接触后释放有毒气体** 同空气或水相互作用后可能释放危险量的有毒气体的物质或废物
9	H11	**毒性（延迟或慢性）** 吸入或摄入体内或渗入皮肤可能造成延迟或慢性效应，包括致癌的物质或废物
9	H12	**生态毒性** 如果释出就可能因为生物累积和（或）对生物系统的毒性效应对环境产生立即或延迟不利影响的物质或废物
9	H13	经处置后能以任何方式产生具有上列任何特性的另一种物质，如浸漏液

二、部分危险废物特性及危害

表 1-9 中列举了部分危险废物的特性及其危害[8]。

表 1-9　部分危险废物的特性及危害

组分	类别	特性及危害
有机 组分	有机 溶剂	对皮肤、呼吸道黏膜和眼结膜具有不同程度的刺激作用；引起中枢神经系统非特异性抑制、周围神经疾患和全身麻醉作用。某些有机溶剂可特异性作用于周围神经系统、肺脏、心脏、肝脏、肾脏、血液系统和生殖系统，造成特殊损害，甚至具有致癌或潜在的致癌作用

续表

组分	类别	特性及危害
有机组分	持久性有机污染物	在所释放和迁移的环境中是持久的，并能蓄积在食物链中，对有较高营养价值的生物造成影响；经长距离迁移能进入偏远的极地地区；在相应环境浓度下，对接触该物质的生物造成有毒有害或有毒效应。对生物降解、光解、化学分解作用有较高抵抗能力，难以被分解，具有低水溶性、高脂溶性特性，能够从周围媒介物质中生物富集到生物体内，并通过食物链的生物放大作用达到中毒浓度。具有高急性毒性和水生生物毒性，某些为人体致癌物和可能人体致癌物
	有机氟化合物	氟烯烃类主要对肺产生急性损伤，氟烷烃类有毒有害化学物质主要损伤心肌及心脏传导系统。二者对中枢神经系统及肾、肝亦有损害，但损害程度与有毒有害化学物质品种及剂量、效应有关
无机组分	砷	砷的吸入与肺癌发生密切关联，消化道的吸收与皮肤癌关系密切，此外还与肠胃道血管病变、急性肾小管坏死和肝血管肉瘤的发生有关。砷具有胚胎和胎儿毒性以及致畸性。砷的慢性暴露影响神经系统，还能产生皮肤损伤和心血管疾病
	镉	肺肿瘤与镉的职业性暴露有关。镉在肾脏可引起肾小管功能障碍，慢性暴露时可能还与高血症、贫血、嗅觉减弱、内分泌改变和免疫抑制等症状有关
	铅	过量铅暴露的主要危险是损伤造血、神经系统。铅也会引起肾功能不全，对动物有致畸性。由于儿童对铅毒性最为敏感，且对污染土壤接触最多，因此对铅的接触和危险性评价以儿童为目标人群。儿童血铅>0.25 mg/L 作为过量铅吸收的界定值，儿童血铅的均值应为 0.012 mg/L
	镍	镍对人体最大的影响是过敏反应，皮肤直接接触到含镍珠宝和其他物质时，会产生接触区的皮疹，一些对镍过敏的人在接受镍暴露后会引发哮喘。大量吸入含镍空气会发生慢性支气管炎和肺功能衰减。动物实验表明吸入大量含镍化合物会引起呼吸道发炎，食用或饮用大量含镍食品和饮水会引起肺部疾病，同时会对胃、肝、肾、免疫系统、新陈代谢系统造成影响。镍和一些含镍化合物属于致癌物质。镍精炼厂和表面镀镍厂的职业工人，由于大量吸入含镍空气，会引起肺癌和鼻窦癌
	汞	元素汞毒性不大，通过食物和饮水摄入一般不会引起中毒。金属汞蒸气有高度扩散性和较大脂溶性，侵入呼吸道后可被肺泡吸收并经血液循环至全身。血液中的汞，可进入脑组织蓄积被氧化成汞离子，损害脑组织。在其他组织中的金属汞也可被氧化成离子状态并转移到肾中蓄积起来。汞慢性中毒表现，主要是神经性症状，如头痛、头晕、肢体麻木和疼痛、肌肉震颤、运动失调等；急性中毒，其症候为肝炎、肾炎、尿血和尿毒等。无机汞化合物中汞有剧毒，甘汞毒性较小。但有机汞（如甲基汞）进入人体容易被吸收并输送到全身各器官，特别是肝、肾和脑组织，首先受害的是脑组织
	锌	锌是维持人体正常组织细胞和免疫功能的重要元素。但过量锌可导致一系列的生化素乱和很多器官功能的异常，特别是对儿童可导致厌食、偏食、免疫功能低下、智力降低、生长发育缓慢等多种疾病。长期大剂量摄入锌可诱发人体的铜缺乏，从而引起心肌细胞氧化代谢紊乱、单纯性骨质疏松、脑组织萎缩、低色素小细胞性贫血等一系列生理功能障碍，特别是造成血管韧性降低而出现的血管破裂。锌过量可降低机体内血液、肾和肝内的铁含量，出现小细胞低色素性贫血，红细胞生存期缩短，肝脏及心脏中超氧化物歧化酶等酶活性下降。锌缺乏及过量均有利于癌的发生，如肺癌、消化道癌，锌过量引起锌中毒
	铬	环境中的铬主要以无机铬和有机铬两种主要形态存在，其中无机铬的含量远大于有机铬。无机铬中常见的形态为铬（III）和铬（VI）。铬（VI）以阴离子的形态存在，具有较高的活性，对植物和动物易产生危害，被人体吸收后，可危害肾和心肌，离子态的铬（VI）接触皮肤，被认为有致癌作用，并发生变态反应；铬（III）却是人体必需微量元素之一，其活动性差，动植物的吸收率很低

续表

组分	类别	特性及危害
无机组分	铍及其化合物	铍及其化合物可致急、慢性铍病，接触性皮炎和皮肤溃疡，可使动物及人体致癌。急性铍病主要是由高浓度的铍及其化合物直接刺激呼吸道而致的化学性肺炎、化学性气管炎和支气管炎；慢性铍病的发病机制至今仍未完全阐明
	硒	硒是人体必需的微量元素，但长期暴露于高硒环境中会出现鼻衄、头痛、体重减轻、烦躁等中毒症状
	铊	铊是人体非必需元素，正常人体铊含量极微。铊的生理毒性与临床表明铊是最毒的重金属元素之一，其毒性大于砷，可通过消化道、皮肤接触、飘尘烟雾被吸入人体，导致人体铊中毒。铊离子及化合物都有毒，误食少量的铊可使毛发脱落，严重的铊中毒可导致中毒者成为植物人
	锑	锑和含锑化合物均有毒，摄入、吸入均会引起中毒。锑对眼、皮肤和黏膜有刺激性，吸入含锑粉尘会引起鼻出血。锑及其化合物对皮肤有刺激作用。其对皮肤的损伤通常出现在身体外露的潮湿部位，但在面部少见。其粉尘和烟雾也刺激眼、鼻和气管。锑金属粉尘和烟雾由肺吸收进入血液。发病的主要器官包括心、肺和呼吸道黏膜，有时伴发肝和肾的损害。若因误服引起急性中毒，会强烈刺激鼻、口、胃和肠，引起呕吐、血粪、慢浅呼吸、肺充血、昏迷，甚至由于循环与呼吸衰竭而死亡；若因误服引起慢性中毒，则出现咽喉干燥、恶心、头痛、失眠、食欲减退、眩晕等症状
	铜	长期摄入的过量铜会在组织特别是肝脏蓄积，其过程中并不表现临床症状，但以后会发生溶血现象，其特征是突然出现严重的溶血和伴有重度黄疸的血红蛋白症，以及肝和肾脏损伤并很快死亡
	钡	碳酸钡经呼吸道和消化道进入体内可引起急慢性中毒，严重者可致死。有研究表明，通过食物链作用，肺癌、大肠癌、鼻咽癌、乳腺癌的发生和发展与土壤环境中的钡元素确实有关
	无机氟	高浓度的氟作业可引起广泛的机体病理损害，慢性氟中毒可引起机体多种机能、代谢和形态上的异常改变

第四节　危险废物职业安全与健康

危险废物职业安全与健康应包括废物产生、收集、运输、储存、利用、处置单位等工作人员的健康保护和职业防护等。安全及健康政策主要致力于在职业安全健康方面达到高标准，保障员工和可能受环保工作影响人士的安全和健康；提供所需资源，按完善的管理方法推行安全和健康政策，并为员工提供培训、资料和指引；定期检讨安全及健康的表现，以确保不断提高职业安全及健康水平。

一、安全措施

（一）一般规定

（1）危险废物产生者及运营者应安排能力强及受过培训的员工负责处理危险废物。

（2）详细记录废物种类、数量，并及时更新。

（3）应经常检查存放场所，以确保存放危险废物地方完全无阻塞及干爽清洁；容器无满溢或泄漏、堆放稳妥安全。

（4）存放危险废物的地点应张贴不准饮食及吸烟等的标示，不准闲杂人等进入。

（5）不同危险废物之间可能会产生一系列的反应或危险，不兼容的废物应分开存放，部分化学废物的相容性质见表1-10。

（二）警告牌

所有存放废物的地方，均须在入口或开启处附近展示或刻写危险警告标板、告示或标志。警告牌以红色粗体字在白底上清楚写上英文"HAZARDOUS WASTE"及中文"危险废物"字样，字母、中文字体不得小于60mm；警告牌悬挂稳固、须能抵受恶劣天气、坚固耐用、保持清洁、不受阻塞。

（三）安全培训及装备

危险废物产生者须向负责危险废物运营单位的人员或其他有关人员提供足够的安全资料、培训和装备。提供必要的安全装备并确保员工会使用，安全装备须完好无损并经常清洗，存放危险废物的地方附近须存有足够的急救装备。个人的安全及保护装备包括安全头盔、安全眼镜或眼罩、抵抗化学品的手套或长手套、钢头胶鞋或塑料靴、保护衣裤或工作服、适当的面具或面罩、洗眼用的瓶或设备、连头罩的护目镜、急救箱等。

（四）应急措施

危险废物产生、运营者须制订书面应急程序，以便发生意外时，有所准备；必须确保其职员已得到指导和培训，在紧急情况下能实施这些程序；提供足够及合适的防护服装及装备，以应对突发事件。

如发生溢出/泄漏事故应指导未经培训的人士与溢漏范围保持一段安全距离。若溢出/泄漏的废物属剧毒、高度挥发性或危险物质，立即安排紧急疏散及请求援助，只允许经过培训的人员佩戴适当保护衣物处理及清洁溢出/泄漏的危险废物。溢出/泄漏的废物若出现在存放范围内，可用泵、铲等手提器具把废物转入合适容器内。若有关溢出/泄漏可能导致地方严重污染或影响环境时，应立即联络当地环境保护主管部门。

处理紧急事件及泄漏的装备包括灭火筒，废物桶及刷子、干软沙，地拖及水桶，纸巾及毛巾，胶袋、空容器或桶，吸附剂（如蛭石、木糠等），铲钳子，人手操作的泵，适合的抽取样本设备。

表 1-10　危险废物相容性质列表

编号	名称	1	2	3	4	5	6	7	8	9	10	11	12	13	14	15
1	酸类，矿物，非氧化															
2	酸类，矿物，氧化	G H														
3	酸类，有机的	H P	H P													
4	醇类及二醇	H	H	H P												
5	醛	H P	H F	H	H											
6	酰胺或氢化物	H	H GT	H	H G	H										
7	胺类，脂肪族的及芳香族的	H	H GT	H	H G	H										
8	偶氮及重氮化合物及肼	H G	H GT	H G	H G		G H	G								
9	氨基甲酸甲酸酯	H	H			H			G H							
10	强碱	GT	H			H		G	G	G H						
11	氰化物	GT GF F	GT GF	H H		GF			U		H					
12	二硫代氨基甲酸酯	H GF F	H GF GT	H GF GT		GT			H G	H G		GF GT				
13	酯	H F	H F						H G							
14	醚	H F	H F						H G							
15	氟化物，无机的	GT	GT	GT									GT			

续表

	16 碳氢化合物，芳香族的	17 卤化有机物	18 异氰酸盐	19 酮	20 硫醇及其他有机硫化物	21 金属，碱及碱土，元素的	22 粉状、气体或海绵状的金属，其他元素及合金	23 片状、校状、模状等的金属，其他元素及合金	24 金属及金属化合物，有毒的	25 氰化物	26 腈类	27 硝基化合物
16 碳氢化合物，芳香族的	16											
17 卤化有机物	H F GT	17										
18 异氰酸盐	H F GT	H G	18									
19 酮	H F	H F	H	19								
20 硫醇及其他有机硫化物	GT GF	H F GT	H P G	H G	20							
21 金属，碱及碱土，元素的	GF H F F	GF H H F F	GF GF H H	GF GF GT H	GF GF H H	21						
22 粉状、气体或海绵状的金属，其他元素及合金	GF H F	GF H	GF H	GF H	GF U H	H F U	22					
23 片状、校状、模状等的金属，其他元素及合金	GF H P	GF H P	H P G	H P G	H F GT	H F U	23					
24 金属及金属化合物，有毒的	S	S	S	S	S	S	S	S	24			
25 氰化物	H F E	GT GF	U	U	U H G	U G	GF H	GF H	GF H	25		
26 腈类	H	H	H	H	E	H P	GF U H	GF U H	GF GF H	GF H	26	
27 硝基化合物	H F GT	H GT GF	H E	H	H	H E	H F E	H	E	GF H	H GF E	27

续表

反应编号	名称	28	29	30	31	32	33	34	35	36	37	38	39	40	41
28	碳氢化合物，脂肪族的，饱和的		H	H	H	H	H	H	H	H	H	H F	H F	H	
29	碳氢化合物，脂肪族的，不饱和的			H F	H F	H E	H E F GT	H E F	H E F	H E	H E P	H F GT	H F GT	H	
30	过氧化物及氢，过氧化物，有机的				H E G	H F E G	H F E GT	H F E G	H F E G	H E	H E	H F E	H GF E	GF H	
31	酚及甲酚类					GF H	GF H	GF H	H	H P	H P	H P	H P	GF H	
32	有机磷酸盐，磷酸硫代盐						H GT	H	H	H	U	E	E	GF GT	
33	硫化物，无机的							H GT	H GT	H E	H E P	H P	H P	GT GF	
34	环氧化物								U	H E P	H P	H P P	H P P	GF GP	
35	可燃及易燃物料，杂类									H E E	H E P H	H F G	H F G	GF GP H	
36	爆炸物										H E P	H E P	H F	GT GF	
37	可聚合的化合物											H E P	H F GT	GT GF	
38	氧化剂，强烈的												H F E	GF GP H	
39	还原剂，强烈的													GT GF	
40	水及含水混合物														
41	与水起反应物质														

反应编号；H-产生热；G-产生无害或不易燃气体；GT-产生有毒气体；F-火警；E-爆炸；P-强烈聚合作用；S-溶解有毒物质；U-可能是危险但不详。

二、危险废物的安全标志

产生、储存危险废物的单位及盛装危险废物的容器和包装物要按照《危险废物贮存污染控制标准》（GB 18597—2001）（2013 年修订）附录 A 的规定设置危险废物标志；收集、运输、处置危险废物的设施、场所要按照《环境保护图形标志—固体废物贮存（处置）场》（GB 15562.2—1995）要求，设置危险废物警告标志；医疗废物专用包装物要按照《医疗废物专用包装物、容器标准和警示标识规定》（环发[2003] 188 号）要求，设置医疗废物专用警示标志；医疗废物转运车辆要按照《医疗废物转运车技术要求（试行）》（GB 19217—2003），设置医疗废物转运车标志。各类危险废物标识牌由环保部门统一监制。表 1-11 为危险废物种类标志。

表 1-11　危险废物种类标志

危险分类	符号	危险分类	符号
explosive 爆炸性		toxic 有毒	
flammable 易燃		harmful 有害	
oxidizing 助燃		corrosive 腐蚀性	
irritant 刺激性		asbestos 石棉	

三、标签上的危险用语

存放危险废物的容器应粘贴标签，规范标签上的危险用语如表 1-12 所示。

表 1-12　规范标签上危险用语

编号	危险用语	编号	危险用语	编号	危险用语
1	干燥时容易爆炸	2	震荡、摩擦、接触火焰或其他火源即可能爆炸	3	震荡、摩擦、接触火焰或其他火源即极易爆炸
4	形成极度敏感的爆炸性金属化合物	5	加热可能引起爆炸	6	不论是否与空气接触都容易爆炸
7	可能引起火警	8	与可燃物料接触可能引起火警	9	与可燃物料混合时容易爆炸
10	易燃	11	高度易燃	12	极度易燃
13	极度易燃的液化气体	14	遇水即产生强烈反应	15	遇水即放出高度易燃气体
16	与助燃物质混合时容易爆炸	17	在空气中会自动燃烧	18	使用时，可能产生易燃/爆炸性气体及空气混合气体
19	可能产生容易爆炸的过氧化物	20	吸入后会对人体有毒有害	21	沾及皮肤后会对人体有毒有害
22	吞食后会对人体有毒有害	23	吸入后会中毒	24	沾及皮肤后会中毒
25	吞食后会中毒	26	吸入后会中剧毒	27	沾及皮肤后会中剧毒
28	吞食后会中剧毒	29	遇水即放出毒气	30	使用时，可以变得高度易燃
31	与酸接触后即放出毒气	32	与酸接触后即放出剧毒气体	33	有累积效果的危险
34	引致灼伤	35	引致严重灼伤	36	刺激眼睛
37	刺激呼吸系统	38	刺激皮肤	39	有对人体造成非常严重及永不复原的损害危险
40	可能对人体造成永不复原的损害	41	可能对眼睛造成严重损害	42	吸入后可能引起敏感
43	沾及皮肤后可能引起敏感	44	在密封情况下加热可能爆炸	45	可能引致癌症
46	可能造成遗传性的基因损害	47	可能引致先天性缺陷	48	长期接触可能严重危害健康
49	当潮湿时，在空气中会自动燃烧				

续表

编号	危险用语	编号	危险用语	编号	危险用语
同时出现危险情况下，规范标示上的危险用语					
14/15	遇水即产生强烈反应，并放出高度易燃气体	15/29	遇水即放出有毒及高度易燃气体	20/21	吸入或沾及皮肤后都对人体有毒有害
20/21/22	吸入、沾及皮肤或吞食后都对人体有毒有害	20/22	吸入或吞食后都对人体有毒有害	21/22	沾及皮肤或吞食后都对人体有毒有害
23/24	吸入或沾及皮肤后会中毒	23/24/25	吸入、沾及皮肤或吞食后会中毒	23/25	吸入或吞食后会中毒
24/25	沾及皮肤或吞食后会中毒	26/27	吸入或沾及皮肤后会中剧毒	26/27/28	吸入、沾及皮肤或吞食后会中剧毒
26/28	吸入或吞食后会中剧毒	27/28	沾及皮肤或吞食后会中剧毒	36/37	刺激眼睛及呼吸系统
36/37/38	刺激眼睛、呼吸系统及皮肤	36/38	刺激眼睛及皮肤	37/38	刺激呼吸系统及皮肤
42/43	吸入或沾及皮肤后都可能引起敏感				

四、标签上的安全用语

存放危险废物容器的标签安全用语，详见表 1-13。

表 1-13　标签的安全用语

编号	安全措施用语	编号	安全措施用语	编号	安全措施用语
1	必须锁紧	2	存放在阴凉地方	3	切勿放近住所
4	容器内的化学品必须保存在_____（须指定适当液体）	5	保存在_____（须指定适当的惰性气体）	6	容器必须盖紧
7	容器必须保持干燥	8	容器必须放在通风的地方	9	切勿将容器密封
10	切勿放近食物、饮品及动物饲料	11	切勿放近_____（须指定互不兼容的物质）	12	切勿受热
13	切勿近火　不准吸烟	14	切勿放近易燃物质	15	处理及打开容器时，必须小心
16	使用时，严禁饮食	17	使用时，严禁吸烟	18	切勿吸入尘埃
19	切勿吸入气体/烟雾/蒸气/喷雾	20	避免沾及皮肤	21	避免沾及眼睛
22	如沾及眼睛，立即用大量清水来清洗，并尽快就医	23	所有受污染的衣物必须立即脱掉	24	沾及皮肤后，立即用大量_____（须予指定）来清洗
25	切勿倒入水渠	26	切勿把水加入这种物品	27	采取措施，防止静电发生
28	避免震荡和摩擦	29	这种物质及其容器必须由_____（须予指定）安全地弃掉	30	穿着适当的防护衣物

续表

编号	安全措施用语	编号	安全措施用语	编号	安全措施用语
31	戴上适当的防护手套	32	如通风不足,则须佩戴适当的呼吸器	33	佩戴护眼/护面用具
34	使用_____(须予指定)来清理受这种物质污染的地面及对象	35	遇到火警/爆炸时,切勿吸入烟气	36	进行烟熏/喷雾时,佩戴适当的呼吸器
37	遇到火警时,使用_____(在空位上注明应该使用何种灭火设备;如果用水会增加危险,加注"切勿用水")	38	如感不适,应就医诊治(可能的话,出示有关卷标)	39	遇到意外或感到不适时,立即就医诊治(可能的话,出示有关标示)
40	误吞后立即就医诊治,并出示此容器或标示	41	存放温度不超过_____摄氏度(须予指定)	42	以_____保持湿润(须指定适当物质)
43	只可存放在原用的容器内	44	切勿与_____(须予指定)混合	45	只可在通风的地方使用
46	不宜在室内施用于表面宽阔的对象				
各种安全措施的配合运用					
2/6/8	容器必须盖紧,存放在阴凉通风的地方	2/8	存放在阴凉通风的地方	2/8/11	存放在阴凉通风的地方,切勿放近_____(须指明互不兼容的物质)
2/8/11/43	只可存放在原用的容器内,并放在阴凉通风的地方,切勿放近_____(须指明互不兼容的物质)	2/8/43	只可存放在原用的容器内,并放在阴凉通风的地方	2/11	存放在阴凉的地方,切勿放近_____(须指明互不兼容的物质)
6/7	容器必须盖紧,保持干燥	6/8	容器必须盖紧,并存放在通风的地方	16/17	使用时,严禁饮食或吸烟
20/21	避免沾及皮肤和眼睛	30/31	穿上适当的防护衣物,并戴上适当的防护手套	30/31/33	穿上适当的防护衣物,并戴上适当的防护手套及护眼/护面用具
30/33	穿上适当的防护衣物,并戴上适当的护眼/护面用具	31/33	戴上适当的手套及护眼/护面用具	41/43	只可存放在原用的容器内,温度不得超过_____摄氏度(须予指定)

思 考 题

1. 简述中国、美国、德国、日本对危险废物定义的共同点及差异。

2. 简述危险废物物理化学及生物特性参数及它们影响危险废物迁移转化的机理。

3. 简述危险废物产生的来源及分类特点。

4. 简述危险废物的危害特征。

5. 简述危险废物职业安全与健康主要内容。

6. 简述危险废物储存应注意的问题及防范措施。

7. 简述危险废物发生溢出/泄漏事故的应急措施及注意事项;如果你是现场总指挥,你会怎么做?

第二章　国际危险废物管理政策与法规

20 世纪 70～80 年代，危险废物产生和越境转移量不断增长，世界各地发生了一系列危险废物的陆源污染事件。为应对这一问题，国际社会开展合作，希望通过立法的形式予以控制，进而揭开了制定区域性及全球性公约禁止危险废物越境转移的序幕。

第一节　控制危险废物越境转移及其处置的巴塞尔公约

一、《巴塞尔公约》提出背景

1972 年《联合国人类环境会议宣言》（以下简称《人类环境宣言》）要求各国对其管辖范围内出口的危险废物和留在其境内的危险废物实行同样严格的控制，并有义务确保危险废物的越境转移符合对危险废物良好管理的需要。

> 附注 2-1　《人类环境宣言》第 21 条原则规定："按照联合国宪章和国际法原则，各国有按自己的环境政策开发自己资源的主权；并且有责任保证在他们管辖或控制之内的活动，不致损害其他国家的或在国家管辖范围以外地区的环境。"

20 世纪 80 年代后期，工业化国家越来越严格的环境法规使危险废物处置费用急剧上升。为寻找低成本的废物处理方式，有毒物质贸易商开始向发展中国家及东欧国家贩运危险废物。由于发展中国家缺乏足够的环境意识和对危险废物无害化处理的能力，在危险废物监测和执法方面的能力也相对薄弱。因此从发达国家流入的危险废物和其他废物被无序堆放和不当处置，造成严重的环境污染事件和频繁的国际纠纷。

基于此状况，联合国环境署开始致力于采用公约来控制危险废物的越境转移问题，特别是危险废物非法贩运问题，着手起草控制危险废物越境转移的纲领性文件。1985 年，联合国环境署将有毒和危险废物的处置及国际运输问题列入联合国环境署法律行动计划的优先议题中。1987 年 6 月联合国环境署第十四届理事会议通过了第 14/30 号决定，批准了《关于对危险废物进行环境无害化管理的开罗准则和原则》，并授权环境署执行主任组织法律和技术专家工作组起草"控制危险废物越境转移全球公约"。在经过为期 18 个月的工作和谈判后，最终形成了《控制危险废物越境转移及其处置的巴塞尔公约》（简称《巴塞尔公约》）的草案。

联合国环境署于 1989 年 3 月 20～22 日在瑞士政府的邀请下，由联合国环境署执行主任在瑞士巴塞尔主持召开了关于控制危险废物越境转移的国际全权代表大会，以决定法律和技术专家工作组向大会提交的最后草案是否可以成为国际社会认可的《巴塞尔公约》。此次共有 117 个国家（或地区）和欧洲经济共同体及 36 个联合国组织、专门机构和非政府组织出席会议，大会以协商一致的方式通过了《巴塞尔公约》。

《巴塞尔公约》在 1992 年 5 月 5 日正式生效。此后初步形成了一个以《巴塞尔公约》为核心，由全球性和地区性公约、双边协定及国内立法等组成的，多层次的控制危险废物越境转移的法律体系。1990 年 3 月 22 日，中国代表签署了该公约，并于 1991 年 9 月 4 日由全国人民代表大会常务委员会批准。1992 年 5 月 20 日，我国通知《巴塞尔公约》秘书处，中国执行该公约的主管部门是国家环境保护局（现国家环境保护部）。1992 年 8 月 20 日，《巴塞尔公约》对中国生效。截至 2017 年 9 月《巴塞尔公约》缔约方共 186 个国家和地区。

二、《巴塞尔公约》主要内容

《巴塞尔公约》的总体目标是保护人类健康和环境免受危险废物和其他废物的产生、转移和处置可能造成的不利影响。具体而言，公约主要目标包括：在数量上和危险性上使危险废物的产生量最小化；尽可能在产生地以环境无害化的方式进行危险废物及其他废物的处理和处置；按环境无害化管理原则将危险废物及其他废物的越境转移减到最低[22]。

《巴塞尔公约》自 1989 年通过以来，经过几次对附件的增补，目前公约文本由序言、29 个条款和 9 个附件组成（附件七尚未生效），内容包括公约的适用范围、定义、缔约方的一般义务、指定主管部门和联络点、缔约方之间危险废物越境转移的管理、防止非法贩运、国际合作等。《巴塞尔公约》全文贯穿着危险废物的监督和控制系统，包括事先知情同意程序、禁止向公约非缔约方出口危险废物、再进口责任的规定及越境转移过程中国家责任的规定等。

（一）公约管辖的废物和范围

《巴塞尔公约》采纳了经济合作与发展组织（以下简称经合组织）1985 年理事会 C（85）100 号决定中关于危险废物的协议草案的方式。公约第 1 条规定了适用范围，包括危险废物和其他废物的越境转移。在其附件中列举了危险废物和其他废物的种类，但允许缔约国以国内立法将其他物质定为危险废物[23]。

1. 废物的定义

《巴塞尔公约》第 1 条中明确提出，越境转移所涉及下列废物即为"危险废物"：（a）属于附件一所在任何类别的废物，除非它们不具备附件三所列的任何特性；（b）任一出口、进口或过境缔约方的国内立法确定为或视为危险废物的不包括在（a）项内的废物。《巴塞尔公约》对"废物"也明确了定义，在第一章中已给出。

2. 废物类别

《巴塞尔公约》通过第 1 条和五个附件（附件一、二、三、七和九）确定了管辖的废物范围，主要分为两大类：危险废物和其他废物。

《巴塞尔公约》管辖的"危险废物"包括：附件一所载的 45 类废物，除非它们不具备附件三所列的任何特性，并且为公约附件四中详述的作业所处置；附件一和附件二所列废物以外的，但被任一出口、进口或过境缔约方国内立法确定为或视为危险废物的废物。如果附件一所列的任何废物不具备附件三所列的特性则不应被视为危险废物。同时，如果出口、进口或过境缔约方的国内立法确定的危险废物，则无论其是否包括在附件一中，也无论其是否具有附件三所列的危险特性，都应被视为危险废物。此外，附件八和附件九对废物又做了进一步分类。

《巴塞尔公约》管辖的"其他废物"是指公约附件二所列明的从住家收集的废物和从焚化住家废物产生的残余物，这两种废物不属于危险废物，但属于其管辖范围，是确定的需要特别考虑的废物，称为其他废物。

《巴塞尔公约》对废物的定义方式还存在缺陷，例如，在附件三所列举的 13 个特性中，最后 4 个（H10～H13）没有规定明确的标准。在废物分类方面也有类似问题，例如，附件一所列的 Y18 类废物是指从工业废物处置作业中产生的残余物，这在实际操作中是难以界定的。《巴塞尔公约》对废物的分类还有一个缺点，即它未确定废物中有毒有害物质的最低标准，一种含有很少危险成分的物质都有可能被认为是危险废物[23]。

3. 排除条款

《巴塞尔公约》确定了两类废物（放射性废物和船舶正常作业产生的废物）不受管辖。这两类废物受其他国际条约约束，如《放射性废物国际越境转移的业务守则》（国际原子能机构（IAEA）1990 年通过）和《国际防止船舶造成污染公约》（MARPOL）。

4. 地域范围

关于《巴塞尔公约》适用的地域范围，曾经有过很大的争议，最后采用了"在一国家管辖下的区域"。该区域是指任何陆地、海洋或空间区域，一国家是按照国际法就人类

> **附注 2-2**　《巴塞尔公约》第 1 条第 3 款规定："由于具有放射性而应由专门适用于放射性物质的国际管制制度包括国际文书管辖的废物不属于本公约的范围。"放射性废物由国际原子能机构管理。
>
> 《巴塞尔公约》第 1 条第 4 款规定："由船舶正常作业产生的废物，其排放已由其他国际文书作出规定者，不属于本公约的范围。"这是采纳了国际海事组织的提议，将《巴塞尔公约》与 MARPOL 所管理的物质区分开。

健康或环境的保护方面履行行政和管理上的职责实体。这一术语虽有明确的定义，但在出口国、进口国和过境国的定义中并未使用这一术语。例如，公约给过境国所下的定义是：危险废物或其他废物转移中通过或计划通过的除出口国或进口国之外的任何国家。出口国和进口国的定义中也使用了相似的用语。所以，公约所管制的危险废物运输，是否包括通过过境国领海和领空或在一国管辖下的其他领域（如专属经济区、大陆架）所进行的活动，这一点是不清楚的。悬挂缔约方国旗的船舶和在缔约方领域内登记的航空器，在一国有附属领土但没有代表该领土批准公约的情况下，公约是否适用，这些问题目前都没有定论，是《巴塞尔公约》的模糊地带。

（二）危险废物越境转移机制

《巴塞尔公约》的序言中指出，加强对危险废物和其他废物越境转移的控制，将起到鼓励环境无害化处置和减少废物越境转移量的作用，危险废物和其他废物应尽量按照环境无害化管理，即在产生国的国境内处置。《巴塞尔公约》对危险废物及其他废物的越境转移控制进行了严格的规定。

若出口国不具备以环境无害化方式管理或处置危险废物，可以进行越境转移。在公约框架下，只有在出口国向进口国和过境国主管当局递交预先书面通知，并得到书面同意后，才能进行危险废物和其他废物的越境转移工作。从越境转移起始点至处置点，危险废物和其他废物的每次装运必须伴随着转移文件。若无转移文件，危险废物的装运则是非法的。需要注意的是某些国家可能会完全禁止某类废物的进出口。

1. 缔约方在越境转移控制方面的义务

《巴塞尔公约》第4条为缔约方规定了广泛的一般义务。每一缔约方均有权禁止危险废物及其他废物的进口，缔约方有义务确保危险废物及其他废物不被出口至已经禁止此类废物进口的国家。为此，公约第4条第2款（a）、（b）、（c）、（d）项明确规定了有关缔约方应如何管理和处置国内危险废物的义务。此外，公约也责成各缔约方互相合作，以改善和达到危险废物及其他废物的环境无害化管理，并防止其非法贩运。《巴塞尔公约》就危险废物的处置和转移为缔约方设定了严格的义务并规定危险废物及其他废物的非法贩运是犯罪行为。

> 附注 2-3　危险废物的越境转移仅在下列特定情况下才被允许：（a）出口国没有技术能力和必要的设施、设备或适当的处置场所以环境无害化且有效的方式处置有关废物；（b）进口国需要有关废物作为再循环或回收工业的原材料；（c）有关的越境转移符合由缔约国决定的其他标准，但这些标准不得背离本公约的目标。同时，出口危险废物的缔约方还应确保废物在进口国或其他地方以一种对环境无害的方式予以管理。

每一公约缔约方必须报告危险废物产生和转移情况。各缔约方被要求每年就有关公约覆盖的危险废物的产生、出口和进口情况进行报告。上述情况由秘书处进行评估，并编辑年度报告，包括数据统计表和图。

2. 通知制度

1）进出口和过境的程序要求

《巴塞尔公约》的核心在于建立了一整套管理危险废物越境转移的通知制度来管制危险废物和其他废物的越境转移。通知制度以"事先知情同意"程序为核心，形成了《巴塞尔公约》控制系统的基础。《巴塞尔公约》规定，出口方应将拟议的危险废物越境转移书面通知进口国和过境国，在出口国收到进口国和过境国的书面同意之前不允许越境转移[24]。除非订有特别的协议，否则运往非缔约方和来自非缔约方的废物越境转移是非法的。《巴塞尔公约》同时要求，各缔约方均应通过立法来防止及惩处危险废物和其他废物的非法贩运。

《巴塞尔公约》框架下，废物越境转移的"事先知情同意"程序的具体流程为：首先，出口国应将任何拟议的危险废物或其他废物越境转移书面通知或要求产生者、出口者通过出口国主管当局的渠道以书面形式通知有关国家的主管当局。出口国必须将附件五-A中所列举的信息，包括出口的理由、出口者的姓名、产生者、产生的地点、预定的承运人、出口国、过境国、进口国、运输方式、包装种类、数量、废物产生过程及处置方法等提供给进口国。进口国应书面答复通知者，表示无条件或有条件同意转移、不允许转移或要求进一步提供资料。出口缔约方在得到进口国的书面同意后，并且有证据表明存在一份详细说明有关废物的环境无害化管理方法的协议之前，不得开始废物的越境转移。当危险废物由过境国转往进口国途中，过境国有权使用事先通知同意原则要求了解被通知关于转移的事项，可同意转移、不允许转移或要求提供进一步资料。出口国在收到过境国的书面同意之前不允许越境转移。另外，越境转移的废物必须按照普遍承认的国际规则和标准包装、粘贴标签与运输，还须考虑相关的国际惯例。

2）出口国和进口国的地位

出口国有责任将危险废物越境转移的情况通知准备进口国和过境国，出口国需要通过本国指定的部门进行通知。通知的情况应该详细，使出口国和过境国的有关部门能够评价废物转移的性质和危险性，通知的具体内容规定在附件五-A中。经进口国和过境国同意，在具有同一特性和同一运输路线的情况下，出口国可以使用一起通知方式，但期限最多为12个月。秘书处根据这些内容制定统一的通知书，鼓励缔约方使用。进口国无论是不允许转移、有条件或无条件同意转移，还是要求进一步提供资料，都应书面答复通知者。在答复中，必须证实存在一份出口者与处置者之间的合同，详细说明对有关废物的环境无害化管理方法。进口国最后答复的副本应送交有关缔约方的主管当局。在通知者收到进口国的书面同意及确认上述合同前，出口国不应进行转移。虽然对过境国的答复设定了期限，但是《巴塞尔公约》没有给进口国的答复设定期限。处置作业完成后，进口国应通知出口者和出口国。

3）过境国的地位

由于《巴塞尔公约》一般性地允许危险废物通过非缔约方的领域运输，对于缔约方和非缔约方应适用不同的规则。根据《巴塞尔公约》，在缔约方和非缔约方之间转移废物不应视为例外，即其标准不能低于《巴塞尔公约》的要求。非缔约方和缔约方的地位应是相同的，即明示同意是原则，默示同意是例外。

> **附注 2-4**　对于非缔约的过境国，《巴塞尔公约》第 7 条规定，本公约第 6 条第 1 款适用于从一缔约方通过非缔约方的危险废物的越境转移。

3. 缔约方之间危险废物运输的规定

《巴塞尔公约》在序言中声明，任何国家皆享有禁止来自外国危险废物和其他废物进入其领土或在其领土内处置的主权权利。行使该权利的缔约方应将其决定通过公约秘书处通知其他缔约方。各缔约方不许向禁止这类废物进口的缔约方出口该类废物。缔约方也应禁止向属于经济和（或）政治一体化组织而且在法律上完全禁止危险废物或其他废物进口的某一缔约方或一组缔约方（特别是发展中国家）出口此类废物。危险废物可以向没有禁止进口的缔约方出口，但必须遵守上述一般义务，并得到该国的事先同意。

4. 非缔约方废物越境转移的规定

《巴塞尔公约》第 4 条第 5 款规定，各缔约方不允许将危险废物或其他废物从其领土出口到非缔约方或从一非缔约方进口到其领土。同时，第 11 条规定，各缔约方可同其他缔约方或非缔约方缔结关于危险废物或其他废物越境转移的双边、多边或区域协定或协议，只要此类协定或协议不损害公约关于对环境以无害化方式管理危险废物和其他废物的要求。另外，这种协定或协议不得损害危险废物及其他废物的环境无害化管理，其在环境无害化管理方面的规定不应比《巴塞尔公约》的要求低。同时，这种转移也要遵守事先知情同意程序。

5. 绝对禁止危险废物转移到南极

《巴塞尔公约》禁止将危险废物或其他废物出口到南纬 60° 以南的区域处置，不论此类废物是否涉及越境转移。

6. 禁止将危险废物从发达国家运往发展中国家

《巴塞尔公约》规定，缔约方大会应定期对其进行有效性评估，并在认为必要时参照最新的科学、环境、技术和经济资料，审议是否全部或部分禁止危险废物和其他废物的越境转移。根据这一规定，1995 年 9 月 18 日～9 月 22 日在第三次缔约方大会做出决定，立即禁止将危险废物从属于经合组织、欧盟成员的缔约方和其他国家、列支敦士登（附件七所列国家）运往非附件七所列国家进行最终处置。该决定还规定从 1997 年 12 月 31 日开始，禁止将危险废物从附件七所列国家运往非附件七所列国家进行再循环或回收[23]。但由于该决定存在较大争议，目前尚未生效。

7. 非法贩运与再进口的责任

《巴塞尔公约》规定，各缔约方应将危险废物的非法贩运视为犯罪行为。同时规定，缔约方应采取适当的法律、行政和其他措施，防止和惩处废物的非法贩运。另外，公约还规定了在出现废物非法贩运时，国家应当承担的责任。《巴塞尔公约》要求缔约方以环境无害化的方式处置这些废物，必要时运回出口国。由于废物非法贩运大多涉及一个以上国家，因此国际合作显得非常重要，要求缔约方在防止废物非法贩运方面进行合作。缔约方可以请求公约秘书处协助查明废物非法贩运的案件。秘书处应将收到的有关废物非法贩运的任何资料立即转告有关缔约方。

附注 2-5　《巴塞尔公约》第 9 条第 1 款列举了危险废物的非法贩运行为："没有依照本公约的规定向所有有关国家发出通知；没有依照本公约的规定得到一个有关国家的同意；通过伪造、谎报或欺诈获取有关国家的同意；与文件有重大出入；违反本公约以及国际法的一般原则，造成危险废物的蓄意处置，如倾卸（dumping）。"

在实际情况下，可能会出现危险废物的越境转移未能按照缔约方之间约定的条件执行的情况。为此，公约第 8 条规定了"再进口的责任"。再进口的责任，即如果进口国进口了一批危险废物后，在一定期限内不能以无害化方式处置这批危险废物，出口的缔约方有责任将这批危险废物运回出口国。而出口国和过境国不应反对、妨碍或阻止该废物运回出口国。

8. 环境无害化管理的规定

公约要求各缔约方采取适当措施，"保证提供充分的处置设施以从事危险废物和其他废物的环境无害化管理，不论处置场所位于何处，在可能范围内这些设施都应设在本国领土内"[第 4 条第 2 款（b）项]。公约第 2 条虽然对"危险废物或其他废物的环境无害化管理"做出了定义，但是该定义只是把能保护人类健康和环境，使其免受这类废物可能产生的不良后果的管理方式称为环境无害化管理，对采取的步骤和技术上的标准却没有规定。1989 年在巴塞尔举行的外交大会上授权联合国环境署执行主任建立技术工作组，为危险废物的环境无害化管理准备了一份技术指南，提交第一次缔约方大会并讨论通过。

9. 缔约方的义务

1）减少危险废物的产生和越境转移

缔约方应该合作开发和实施新的环境无害、低废技术并改进现有技术，以期在可行的范围内消除危险废物和其他废物的产生。缔约方应保证处置的设施位于本国领域内，废物的出口应降低到最低限度。各缔约方应定期审查是否可以把输往其他国家尤其是发展中国家的危险废物和其他废物的数量及（或）污染尽量降低。

2）危险废物环境无害化管理

缔约方要求必须对越境转移的危险废物进行有效的管理，而无论处置地位于何处。《巴塞尔公约》规定，产生危险废物和其他废物的国家应遵照本公约以环境无害化的方式管理此种废物，不得在任何情况下转移到进口国或过境国。确保环境无害化管理的义务首先由产生国承担，如果环境无害化管理和处置在准备进口的国家不能得到保证，则不允许该国出口。进口国也有义务在有理由相信危险废物和其他废物将不会以对环境无害的方式加以管理时，禁止此类废物的进口[23]。

10. 公约的修正

《巴塞尔公约》第 17 条和第 18 条分别对《巴塞尔公约》和附件的修改及通过的程序和要求进行了详细规定。《巴塞尔公约》规定，任何缔约方可对《巴塞尔公约》提出修正案，对公约的修正案应在缔约方大会上通过并应经各缔约方以协商一致的方式对修正达成协议。如果通过努力仍未能达成协议，则最终的办法是以出席并参加表决缔约方的 3/4 多数票通过修正案。通过的修正案应由保存人送至所有缔约国，供其批准、核准、正式确认或接受。

11. 责任和赔偿

《巴塞尔公约》未规定危险废物所造成损害的责任和赔偿问题，仅在第 12 条规定，各缔约方应进行合作，以期在可行时尽早通过一项议定书，就危险废物及其他废物越境转移和处置所引起损害的责任和赔偿制定适当的规则和程序。在第五次缔约方大会上通过了《危险废物越境转移及其处置造成损害的责任与赔偿议定书》，但是目前尚未生效。

12. 国际合作和信息交流

《巴塞尔公约》要求，缔约方一旦获悉危险废物在越境转移及其处置过程中发生意外，可能危及其他国家的人类健康和环境时，应立即通知有关国家。缔约方通过秘书处通知的情况有：指定主管部门或联络点的变动；国家对于危险废物定义的修改；对全部或部分同意进口危险废物和其他废物的决定；限制或禁止出口危险废物或其他废物的决定等。此外，缔约方还应向缔约方大会提交年度报告，包括与该缔约方有关的危险废物或其他废物越境转移的资料，越境转移中所发生的事故及采取的处理措施，实施公约采取的措施等。秘书处应将这些资料递送给每一缔约方。

《巴塞尔公约》第 10 条详细规定了国际合作的内容，其目的主要是在技术领域协助发展中国家履行公约。根据在全球范围内将危险废物的产生和越境转移减少到最低限度的目标，《巴塞尔公约》要求缔约方在环境无害化管理方面进行合作，包括协调对危险废物和其他废物适当管理的技术标准和规范；合作监测危险废物管理对人类健康和环境的影响；发展和实施新的环境无害化、低废技术，获得确保其环境无害化管理的更实际有效方法；就转让涉及危险废物和其他废物环境无害化管理的技术和管理体制方面积极合作；制定技术准则和业务规范；协助发展中国家履行公约的义务。

13. 机构安排和财务制度

《巴塞尔公约》设立缔约方大会，享有全面的政策制定权，不断审查和评估公约的有效执行，同时促进适当的政策、战略和措施的协调，以尽量减少危险废物和其他废物对人类健康和环境的损害；视需要审议和通过对本公约及其附件的修正，除其他外，应考虑现有的科技、经济和环境资料；参照本《巴塞尔公约》实施中及第 11 条所设想的协定和协议的运作中所获的经验，审议并采取为实现本公约宗旨所需的任何其他行动；视需要审议和通过议定书；成立为执行本公约所需的附属机构[23]。公约规定，各缔约方应考虑建立一个循环基金，以便对一些紧急情况给予临时支援，尽量减少危险废物和其他废物的越境转移或其处置过程中发生意外事故所造成的损害。

> 附注 2-6　《巴塞尔公约》鼓励缔约方和有关国际组织进行合作。公约第 14 条要求设立废物管理和有关事项的培训与技术转让中心，也是为了增强发展中国家在这方面的能力。除了事先通知程序所要求的，公约在第 13 条也规定了资料交换的情况，资料交换主要是通过公约秘书处进行。

（三）巴塞尔公约运行机制

1. 缔约方大会

缔约方大会是根据《巴塞尔公约》第 15 条设立的。根据《巴塞尔公约缔约方大会议事规则》，联合国及其附属机构及任何非公约缔约方的国家，均可派观察员出席缔约方大会；任何组织或机构，无论是国家或国际性质、政府或非政府性质，只要在与危险废物或其他废物有关的领域具有资格，并通知秘书处愿意以观察员身份出席缔约方大会，在此情况下，除非有至少 1/3 的出席缔约方表示反对，都可被接纳为观察员参加缔约方大会。观察员参会应遵守缔约方大会议事规则的规定。

2. 工作组

工作组是缔约方大会为执行公约视需要设立的附属机构。在公约的发展过程中，缔约方大会对附属机构进行了多次改组，先后有扩大的主席团、特设技术和法律工作组、技术工作组及不限成员名额工作组。2002年第六次缔约方大会通过第VI/36号决定，将各附属机构改组为扩大主席团和不限成员名额工作组。除了定期举办会议的工作组外，还有为某项议题设立的临时性特设工作组。

3. 促进履约和遵约的机制委员会

2002年《巴塞尔公约》第六次缔约方大会通过了决定（VI/12），建立了促进履约和遵约的机制，并要求设立负责履约和遵约机制行政管理工作的委员会。促进履约和遵约机制委员会（以下简称遵约委员会）的职责是根据公约规定的责任，管理促进遵约和履约的机制。委员会成员由各缔约方提名并经缔约方大会根据联合国5个区域集团（非洲地区、亚洲地区、中欧和东欧地区、拉丁美洲和加勒比地区、西欧及其他地区）的公平地域代表原则选举产生。

4. 秘书处

1992年，《巴塞尔公约》第一次缔约方大会通过第I/7号决定，指定联合国环境署为公约的常设秘书处，并由联合国环境署执行主任按照预算内提议的结构设置秘书处。《巴塞尔公约》秘书处于1993年1月正式成立，受瑞士政府邀请设在日内瓦。根据第16条规定，秘书处的职责包括：履行缔约方大会和

> 附注 2-7　《巴塞尔公约》第16条规定，"缔约方大会应在其第一次会议上，从已经表示愿意执行本公约规定的秘书处职责的现有主管政府间组织中指定某一组织作为秘书处。"

附属机构确定的决定和导则；安排缔约方大会和其他会议并为其提供服务；与其他国际机构协调；与国家主管部门和联络点联络并提供资料、信息和帮助等；将缔约方大会和其他会议、缔约方提交的资料报告等资料汇总，并编写和提交报告。

2008年，根据第九次缔约方大会通过的决定IX/31——关于2009~2011年方案预算，秘书处重新调整了内部结构：由执行秘书办公室负责，由规划支持、履约和能力建设、公约服务和管理及行政管理共4个部门组成，如图2-1所示。执行秘书办公室负责行政领导和管理；项目支持部门负责横向事务支持和战略支持，包括战略计划执行、修正案、技术支持（技术导则和电子废物方面）、国家报告和法律支持；履约和能力建设部门负责在国家和区域层次协助缔约方和其他机构履行公约；公约服务和管理部门负责会议支持、与其他组织合作、向区域中心提供机构性支持、出版、文档管理等工作；行政管理部门负责管理和后勤支持，包括财务、预算、信息技术支持、后勤、差旅、人事及与联合国日内瓦办公室/内罗毕办公室的联络。

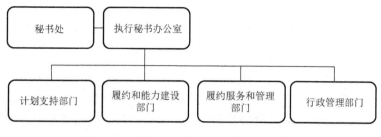

图2-1 《巴塞尔公约》秘书处组织结构图

5. 联络点

《巴塞尔公约》第5条规定，各缔约方应为促进本公约的实施，指定或设立一个或一个以上的主管部门和一个联络点。主管部门负责接受、通知和回答有关危险废物越境转移的通知书。联络点负责与《巴塞尔公约》秘书处传递信息。

6. 区域和协调中心

《巴塞尔公约》第14条规定：根据各区域和分区域的具体需要，应针对危险废物和其他废物的管理并使其产生减至最低限度，建立区域的或分区域的培训和技术转让中心。区域中心的核心职能是培训、技术转让、信息传播、咨询及增强意识[22]。

经过历次缔约方大会有关建立区域和分区域中心的决定，到目前已批准建立了11个区域中心和3个协调中心，均设在发展中国家。每个区域中心服务于各自区域内的数个国家，区域中心由其所在国通过项目相关经费和自愿供款提供资金，确保其运行，由捐资国、捐资机构和私营部门提供支持开展相关活动。区域中心已经发展成为促进发展中国家和经济转型国家能力提高的重要工具。

每个区域中心设立一个指导委员会，由区域中心所在国和服务国的代表组成。中心主任和《巴塞尔公约》秘书处的代表参加指导委员会的会议。指导委员会负责根据服务国家和地区的优先需求并以缔约方大会确认的优先领域为基础，制定该区域中心的工作计划。

7. 资金机制

《巴塞尔公约》建立了信托基金和技术信托基金。信托基金用于秘书处的日常支出，其主要资金来源是：（a）公约缔约方根据缔约方大会通过的一个指示性比例和缔约方大会可能采用的联合国评估比例，每年对公约提供资金；（b）由非公约缔约方和其他政府的、政府间的、非政府组织及其他资源提供的资金。技术信托基金在以下方面提供专项资金支持：（a）技术援助、培训和能力建设；（b）为缔约国中来自发展中国家和经济转型中国家的代表参与公约的活动提供费用。

（四）《巴塞尔公约》发展历程

《巴塞尔公约》自 1989 年 3 月获得通过，1992 年 5 月 5 日开始生效，至今已经历了二十余年的发展历程。《巴塞尔公约》发展的第一个十年（1989～1999 年）主要侧重于危险废物和其他废物越境转移制度的建立。第二个十年（2000～2010年）则侧重于危险废物和其他废物的环境无害化管理，实施过程中由于新的战略框架未获批准，因此延长两年。第三个十年（2012～2021 年）是在上述基础上推动可持续生计实现千年发展目标，保护人类健康和环境。

1.《巴塞尔公约》发展的第一个十年

《巴塞尔公约》发展的第一个十年致力于构建控制危险废物和其他废物越境转移（即危险废物跨越国家边界）的法律框架[25]。在 1999 年 12 月 9 日召开的第五次缔约方大会对《巴塞尔公约》缔结后的第一个十年取得的进展做了总结，如表 2-1 所示。"制定并通过了针对越境转移的管制制度；编制了废物清单及法律范本；通过了关于禁止出口危险废物的修正案（第三次缔约方大会通过Ⅲ/1 号决定对《巴塞尔公约》的修正，以下简称为《巴塞尔公约》修正案（Amendment to the Basel Convention）；建立了区域和分区域的培训和技术转让中心；自 1992 年生效后，缔约方数目已大幅增加"。公约发展的第一个十年所取得的成就主要包括：①危险废物和其他废物越境转移的控制系统；②危险废物名录的制定；③责任与赔偿议定书；④建立培训和技术转让区域和次区域中心；⑤制定危险废物和其他废物环境无害化管理技术导则；⑥监控和防止危险废物的非法越境转移；⑦建立《巴塞尔公约》信息管理系统。

表 2-1　第一个十年里程碑事件

日期	事件	备注
1989 年 3 月 22 日	《巴塞尔公约》获得通过	在公众强烈反对发达国家向发展中国家任意倾倒危险废物的背景下，在瑞士巴塞尔召开外交会议通过的
1992 年 5 月 5 日	《巴塞尔公约》开始生效	
1995 年 9 月 18～22 日	《巴塞尔公约》第三次缔约方大会通过修正案	要求公约附件（附件七——属于经合组织、欧盟成员的缔约方和其他国家，列支敦士登）所列国家禁止以任何目的出口危险废物
1998 年 2 月 23～27 日	《巴塞尔公约》第四次缔约方大会通过废物分类和危险特性说明决定	由此界定了公约的范围——以危险性和非危险性为特征的具体废物名录
1999 年 12 月 6～10 日	《巴塞尔公约》第五次缔约方大会通过《危险废物越境转移及其处置所造成损害的责任与赔偿议定书》	建立有关危险废物在进口、出口或处置过程中因意外泄漏而造成损害的责任和赔偿制度
1999 年 12 月 6～10 日	《巴塞尔公约》第五次缔约方大会通过部长级声明	《巴塞尔宣言》于第五次缔约方大会上通过，提出了下一个十年的工作计划，特别强调危险废物最小量化

2. 《巴塞尔公约》发展的第二个十年

1999 年,第五次缔约方大会确定了环境无害化管理是未来十年(2000～2010年)发展的主题,强调全面履约,并关注废物减量化、清洁生产、伙伴关系等方面。环境无害化管理是整个生命周期的管理,包括从危险废物的产生到储存、运输、处理、再利用、再循环、回收和最终处置的强力控制。建立与产业界和研究机构的伙伴关系,是创建环境无害化管理的革新措施。主要内容包括:①制定公约发展的战略计划;②建立伙伴关系机制;③建立履行和遵守《巴塞尔公约》的机制;④对附件八和附件九的废物名录的修正;⑤加强区域和协调中心的建设;⑥制定环境无害化管理准则。公约发展的第二个十年里程碑事件如表 2-2 所示。

表 2-2 第二个十年里程碑事件

日期	事件	备注
2002 年 9 月 9～14 日	在瑞士日内瓦举行的第六次缔约方大会上通过了《巴塞尔公约》实施工作战略计划(第Ⅵ/1 号决定)	该战略计划是进一步有效实施危险废物和其他废物环境无害化管理的主要手段
2002 年 9 月 9～14 日	在瑞士日内瓦举行的第六次缔约方大会上通过了促进履约和遵约机制的第Ⅵ/12 号决定	
2002 年 9 月 9～14 日	在瑞士日内瓦举行的《巴塞尔公约》第六次缔约方大会上通过了第Ⅵ/32 号决定	建立了移动电话伙伴关系(MPPI)
2004 年 10 月 25～29 日	在瑞士日内瓦举行的第七次缔约方大会上通过了《关于为应对全球废物挑战而建立伙伴关系的部长级宣言》	提出建立伙伴关系机制应对全球废物挑战
2006 年 11 月 27 日～12 月 1 日	在肯尼亚内罗毕举行的第八次缔约方大会上,通过《关于对电器和电子废物实行环境无害化管理的内罗毕宣言》	简称《内罗毕宣言》
2008 年 6 月 23～27 日	在印度尼西亚巴厘岛举行的第九次缔约方大会上通过了《关于为确保人类健康和生计实行废物管理的巴厘宣言》	简称《巴厘宣言》
2008 年 6 月 23～27 日	在印度尼西亚巴厘岛举行的第九次缔约方大会上通过战略计划和新的战略框架的第Ⅸ/3 号决定	承认有必要按照公约缔约方正在变化的需要,在第十次缔约方大会上拟定新的十年期战略框架
2008 年 6 月 23～27 日	在印度尼西亚巴厘岛举行的《巴塞尔公约》第九次缔约方大会上通过了第Ⅸ/9 号决定	建立了计算机设备行动伙伴关系

3. 《巴塞尔公约》第三个十年

2012～2021 年执行《巴塞尔公约》的新战略框架由第十次缔约方大会批准通过[26],此次战略框架的目标是:通过控制危险废物和其他废物越境转移并通过确保和加强对这种废物进行无害化环境管理，以此推动可持续生计并实现千年发展目标，从而保护人类健康和环境。公约自 2010 年至今里程碑事件如表 2-3 所示。

表 2-3　2010 年至今里程碑事件

日期	事件	备注
2011 年 10 月 17 日～21 日	在哥伦比亚卡塔赫纳举行的第十次缔约方大会上批准通过了 2012～2021 年执行《巴塞尔公约》的新战略框架	
2013 年 4 月 28 日～5 月 10 日	在瑞士日内瓦举行的第十一次缔约方大会上通过了印度尼西亚-瑞士国家牵头提高《巴塞尔公约》成效倡议的后续活动第 BC-11/1 号决定	通过危险废物及其他废物无害环境管理框架
2013 年 4 月 28 日～5 月 10 日	在瑞士日内瓦举行的第十一次缔约方大会上通过了关于计算机设备行动伙伴关系第 BC-11/15 号决定	通过废旧计算机设备无害环境管理问题指导文件的第 1、2、4 和 5 部分
2015 年 5 月 4 日～15 日	在瑞士日内瓦举行的第十二次缔约方大会上通过了关于电子废物的第 BC-12/5 号决定	暂行通过电气与电子废物及二手电气与电子设备越境转移，尤其是关于《巴塞尔公约》规定的废物与非废物区分问题的技术准则
2015 年 5 月 4 日～15 日	在瑞士日内瓦举行的第十二次缔约方大会上通过了关于持久性有机污染物的第 BC-12/3 号决定	通过关于对由持久性有机污染物构成、含有此类污染物或受其污染的废物实行无害环境管理的技术准则
2015 年 5 月 4 日～15 日	在瑞士日内瓦举行的第十二次缔约方大会上通过了关于汞废物的第 BC-12/4 号决定	通过关于对由汞/汞化合物构成、含有此类物质或受其污染的废物实行无害环境管理的技术准则
2017 年 4 月 25 日～5 月 4 日	在瑞士日内瓦举行的第十三次缔约方大会上通过了关于公约附件审查	通过了一系列环境无害化管理实用手册、编制废物预防和减量化国家战略的技术准则等文件
2017 年 4 月 25 日～5 月 4 日	废旧电子电器设备非法越境转移导则修订	我国牵头建立废旧电子电器设备非法越境转移导则修订提案顺利获批

（五）《巴塞尔公约》发展特点

从历次《巴塞尔公约》缔约方大会的情况来看，其发展呈现出一个明显的趋势，即公约不满足其仅作为一种几乎没有任何法律约束力的政治宣言的地位，而是通过其历次缔约方大会不断强化其法律性质。从《巴塞尔公约》本身确定管制框架，到颁布禁止向发展中国家出口危险废物的禁令，再到通过《危险废物越境转移及其处置所造成损害的责任与赔偿议定书》，由于发达国家捐款意愿持续降低，又没有可持续的资金机制，《巴塞尔公约》的进展十分缓慢，但是仍然有其不断焕发活力的机遇。

1. 公约控制废物越境转移机制和缔约方履约法律体系建立并日趋完善

通过事先知情同意程序，《巴塞尔公约》建立了一套非常严格的控制系统——危险废物和其他废物越境转移通知制度，形成了《巴塞尔公约》的控制系统基础。事先知情同意机制是《巴塞尔公约》的核心，它的最大优点是可以使危险废物贸易持续受到出口国、进口国和过境国的控制。

《巴塞尔公约》第 4 条要求缔约方采取适当的法律、行政和其他手段来实施和执行公约的条款。第二次缔约方大会通过国家立法范本，散发给缔约方和非缔约方，作为缔约方国家立法的参考。这个立法范本包括危险废物和其他废物越境转移控制及环境无害化管理两个方面。通过各缔约方的国家立法和执法，为实施公约关于控制危险废物越境转移机制和环境无害化管理技术导则提供了保障，改善和促进了危险废物和其他废物的环境无害化管理，并为防止危险废物非法越境转移提供了法律依据。

2. 公约修正案、责任与赔偿议定书的生效和实施成为影响公约发展的主要因素

修正案生效的争论已由法律技术问题转变为带有维护各自利益的政治问题，主要体现在一些发达国家坚持修正案生效应按批准修正案缔约方数目达到目前缔约方数目的 3/4 解释。这样修正案生效将遥遥无期，即使修正案生效，还存在影响其有效实施的其他问题，包括附件Ⅶ国家名单的调整问题，是否区分处置与回收利用及无害化管理的问题，修正案适用范围问题等。

3. 公约越来越强调所有国家共同承担责任推动履约工作的开展

从制定《巴塞尔公约》的目的来看，其是为维护发展中国家的权益，防止危险废物向发展中国家转移。《巴塞尔公约》本身没有规定确保发达国家有效履行国际合作等义务的具体措施，因此在实践中，发达国家找借口逃避责任的现象屡见不鲜。

> **附注 2-8** 发达国家利用各种方式以逃避履行援助和技术转让的义务，主要体现在：
>
> （1）在公约关键议题上不积极，延缓公约进程，而且使公约发展偏离核心宗旨。
>
> （2）发达国家倾向于严格审查各区域和协调中心的工作和运转情况，让区域和协调中心优胜劣汰，强调区域和协调中心应主要依靠主办国和服务国的支持，更加自立并善于自主寻求多方面支持，意在把公约下技术援助和转让的义务完全推卸给中心及其主办国，从而为发达国家开脱责任。
>
> （3）在危险废物和其他废物越境转移控制及防止非法贩运问题上，发达国家不顾有悖公约核心宗旨，以各种名义向发展中国家转移废物。

第二节 关于废物和化学品的国际公约

其他有关废物和化学品公约主要包括《关于持久性有机污染物的斯德哥尔摩公约》《关于汞的水俣公约》《鹿特丹公约》《国际化学品管理战略方针》(SAICM)《香港国际安全与无害环境拆船公约》以及《伦敦倾废公约》。

《鹿特丹公约》的核心是要求缔约方在国际贸易中对受公约管制的化学品执行实现知情同意程序,并进行资料交流。SAICM 是一项全球化学品政策性框架,旨在协调、推动和促进各国在化学品管理方面的努力,提出到 2020 年,做到尽可能减少人们使用和生产的化学品对其健康和环境产生严重的有害影响,本节不再对其进行详细介绍。

一、《关于持久性有机污染物的斯德哥尔摩公约》

持久性有机污染物(persistent organic pollutants, POPs)是指人类合成的能持久存在于环境中、通过生物食物链(网)累积并对人类健康造成有害影响的化学物质。它具备四种特性:高毒性、环境持久性、生物积累性、亲脂憎水性,而位于生物链顶端的人类,则把这些毒性放大了 7 万倍。

(一)公约历程

20 世纪 80 年代,科学家们在北极的环境中及北极熊等动物体内检测到有机氯化合物,还发现爱斯基摩女性母乳中含有高浓度的有机氯化合物。这一发现促使国际社会开始关注有机氯化合物在全球范围的污染问题,并达成了一些涉及持久性有机污染物的区域性环境保护国际协议。1995 年,智利、哥伦比亚、印度尼西亚、毛里求斯、莫桑比克、新西兰、挪威、秘鲁、波兰、罗马尼亚、塞内加尔、南非、斯威士兰、美国、津巴布韦及欧洲联盟(以下简称欧盟)联合向联合国环境署提交了关于 POPs 的提案。联合国环境署理事会第十八届会议经审议,通过了关于 POPs 的 GC 18/32 号决定。1995 年 12 月,化学品安全国际方案组织专家完成了对 12 种 POPs 物质的评估报告。评估报告的结论是:有充分的证据表明,POPs 会对环境和人体健康造成巨大危害,必须全面调查 POPs 在全球的生产、使用和分布情况,以便采取国际行动,有效地在全球消除这些物质。

1997 年 2 月 7 日,联合国环境署理事会第十九届会议通过了 GC 19/13 号决定,对化学品安全政府间论坛的结论和建议表示赞同,要求联合国环境署和相关国际组织一起筹备国际文书政府间谈判委员会(INC)(以下简称政府间谈判委员会),在 2000 年年底前制订一项具有法律约束力的国际文书,对 12 种 POPs 采取国际行动。决定同时要求政府间谈判委员会第一次会议成立 POPs 筛选标准专家组，为国际文书将来增列管制的 POPs 物质制定科学的标准和程序。根据联合国环境署理事会第十九届会议的授权，政府间谈判委员会于 1998 年开始工作，历时 3 年，《关于持久性有机污染物的斯德哥尔摩公约》（以下简称《斯德哥尔摩公约》）终于形成。2001 年 5 月 21 日在瑞典斯德哥尔摩召开了预备会议，5 月 22 日和 23 日召开全权代表大会。来自 119 个国家和区域经济一体化组织的代表、11 个国家的观察员和 9 个联合国机构、4 个政府间组织、58 个非政府组织的代表共 600 多人参加了该次会议。有 115 个国家和区域经济一体化组织的代表签署了大会最后文件，90 个国家和地区签署了该公约，1 个国家（加拿大）当场批准了公约。《斯德哥尔摩公约》可认为是继《保护臭氧层维也纳公约》（1987 年）和《气候变化框架公约》（1992 年）后，人类社会为保护全球环境而采取共同减排行动的第三个国际公约。该公约于 2004 年 5 月 17 日正式生效，2004 年 11 月 11 日对我国正式生效，截至 2017 年 9 月该公约已有 181 个缔约方。

（二）公约内容

首批列入《斯德哥尔摩公约》管制名单的 12 种/类 POPs 中包括多氯代二苯并对二噁英、多氯代二苯并呋喃、多氯联苯、滴滴涕、艾氏剂、狄氏剂、异狄氏剂、毒杀芬、七氯、氯丹、灭蚁灵、六氯苯。其中艾氏剂、狄氏剂、异狄氏剂、七氯、氯丹、灭蚁灵、毒杀芬、六氯苯、多氯联苯九种有意生产的 POPs 物质，公约要求消除；对于滴滴涕，公约要求限制；对于无意产生的二噁英、呋喃，公约要求减少或消除排放。

2009 年的《斯德哥尔摩公约》缔约方大会第四次会议决定对其附件 A、B 和 C 进行修改，增列了 9 种化学品、十氯酮、五氯苯、林丹、甲型六氯环氧己烷、乙型六氯环氧己烷、六溴联苯、四溴二苯醚和五溴二苯醚、六溴二苯醚和七溴二苯醚、全氟辛烷磺酸及其盐类和全氟辛烷磺酰氟。2011 年的《斯德哥尔摩公约》缔约方大会第五次会议决定将硫丹列入公约附件 A。此外，公约管制的 POPs 物质名单是开放的，将有越来越多的物质增列进入名单。

2016 年 7 月，第十二届全国人民代表大会常务委员会第二十一次会议决定：批准 2013 年 5 月 10 日经《关于持久性有机污染物的斯德哥尔摩公约》缔约方大会第六次会议审议通过的《〈关于持久性有机污染物的斯德哥尔摩公约〉新增列六溴环十二烷修正案》。这标志着我国在执行这一重要国际环境公约中，又新增了一种受控化学物质。

二、《香港国际安全与无害环境拆船公约》

国际海事组织（IMO）于 2009 年 5 月 15 日在香港正式通过《香港国际安全与无害环境拆船公约》（以下简称《香港公约》）（Hong Kong International Convention for the Safe and Environmentally Sound Recycling of Ships），加强了全球船舶建造和拆解废钢船的规范化管理。

《香港公约》具有三重目标：首先，从船舶设计、建造和运营方面确保拆船活动是安全和无害环境的；其次，拆船设施的运营和操作符合公约中有关安全、环保和职业健康的要求；最后，建立行之有效的拆船活动监管机制。《香港公约》要做到的是对船舶"从摇篮到坟墓"的全程管理。

《香港公约》既提高船舶设计、建造、营运，以至将废钢船送往拆船厂前准备工作的标准，同时又加强规范化管理岸上拆船设施营运。另外，公约也建立拆船业调查和发证、检验及报告制度，加强规范和管理。根据第 17 章规定，公约应在达到以下 3 个先决条件的情况下，在两年内全球生效。第一，15 个签约国在本国批准公约。第二，批准公约国家船只总吨位超过全球总数四成。第三，批准公约国家的船只拆解量超过全球总数 3%。此前，挪威、法国、比利时和刚果（布）共和国这 4 个国家批准了《香港公约》，2016 年 9 月，巴拿马正式加入《香港公约》，标志着批准该公约的国家增加到 5 个。2017 年，土耳其和丹麦相继批准《香港公约》，成为加盟该公约的第 6 和第 7 个成员。此外，2017 年 12 月，印度政府表示，正在就批准实施《香港公约》进行立法前的蹉商。作为船舶回收大国，印度的参与至关重要，印度一旦批准，将满足公约所需船舶总吨位比率的 50%以上的吨位。预计之后将有更多国家纷纷效仿。公约其中一项新增要求，是规定船舶须备有建造时所用有害材料的清单，并采取必要的措施保障工人的安全和保护拆船厂的环境。

《香港公约》目前尚未生效，其有效性和执行力有待观察，但可以肯定的是《香港公约》解决了关于拆船领域长期的法律空白问题，首次以国际规则和标准的方式来解决拆船这一具有复杂性和多面性的问题。

三、《关于汞的水俣公约》

（一）公约历程

自 2001 年开始，联合国环境署理事会通过了关于汞的第 21/5，22/4 V，23/9 IV，24/3 IV，25/5 III 号决定。

汞问题不限成员名额特设工作组分别于 2007 年 11 月和 2008 年 10 月召开了两次会议：第一次会议重点讨论了关于在全球范围内对汞实行控制的选择办法研究报告，工作组还讨论了每个优先领域可能最适合实施的各种备选办法的框架，包括可能适合的各种具有法律约束力的措施和自愿措施的范围；第二次会议审查和评估关于增强自愿性措施及新的或现行国际法律文书的备选办法，讨论了秘书处编写的汞框架内容草案及汞框架的选择办法。并汇报在联合国环境署汞方案下开展活动的情况，包括在编写汞大气排放研究报告方面的进展情况和在加强联合国环境署全球汞伙伴关系方面的进展情况。

联合国环境署从 2010 年开始，利用三年时间进行了 5 次政府间谈判，就全球汞污染控制拟定一项具有全球法律约束力的国际汞公约。首次政府间谈判委员会会议于 2010 年 7 月在瑞典举行，第二届会议（INC 2）于 2011 年 1 月 24 日～28 日在日本千叶召开，第三届会议于 2011 年 10 月 30 日～11 月 4 日在布基那法索举行，第四届会议于 6 月 27 日～7 月 2 日在乌拉圭埃斯特角城召开，2013 年 1 月 13 日～18 日在日内瓦召开的是第五届谈判委员会会议，147 个成员均派代表参加会议，充分表明了各国的重视程度。会议经过艰难磋商，最终于 1 月 19 日凌晨通过了有关限制和减少汞排放的《关于汞的水俣公约》（以下简称《水俣公约》），2013 年 10 月在日本熊本正式签署。2016 年 8 月 31 日，中国政府向联合国交存《水俣公约》批准文书，正式成为公约第三十个批约国。瑞士、马里、博茨瓦纳、厄瓜多尔、斯威士兰与安提瓜和巴布达分别于 2016 年 5 月、6 月、7 月和 9 月完成了《水俣公约》的批准程序，批约国现已增至 32 个。截至 2017 年 9 月，共有 128 个国家和地区签署公约，32 个国家和地区正式批准该公约。按照公约规定，其将在第 50 个国家和地区批准后第 90 天生效。2017 年 8 月 16 日起对我国正式生效。

《水俣公约》政府间谈判委员会第七届会议（INC 7）于 2016 年 3 月 10 日～15 日在约旦死海召开，来自 145 个国家政府、非政府组织、政府间国际组织逾 450 名代表参加了本次会议。经历了两次不限名额工作组会议的前期筹备和六次政府间谈判委员会会议，本届会议成为政府间谈判委员会的最后一次会议，主要目标是继续为公约的最终生效做准备，并大力推进缔约方大会第一次会议的举行。

（二）公约内容

《水俣公约》是"里约+20"峰会后通过的首个多边环境条约，是全球环保事业发展的新里程碑。经过中国和其他发展中国家的共同努力，公约延续了"里约精神"，重申"共同但有区别的责任"等重要原则。

《水俣公约》旨在让全世界牢记 20 世纪 50 年代日本因汞污染引发的水俣病给当地居民和环境带来的灾难，激励全球各方积极采取行动，通过履行国际公约在全球范围内减少汞的排放，减少汞污染对环境和人体健康的危害。

公约由 35 条正文，包括总述性条款、控制性条款和机制性条款三类，以及 5 个附件组成。公约提出：自 2020 年起，将禁止所有汞及其化合物、含汞产品生产和进出口贸易。《水俣公约》管控范围贯穿了汞的全生命周期，包括汞的供应和贸易，添汞产品，用汞工艺，汞向大气、水体和土壤的释放，汞储存，含汞废物，污染场地等，同时还涉及与汞有关的环境监测、环境风险评估、健康风险评估等。

四、《伦敦倾废公约》

20 世纪 70 年代初，某些工业发达国家把生产过程中的废料倒入海洋，造成部分地区海洋污染恶化。1971 年年初分别在伦敦和渥太华举行过两次会议，由若干国家专家组成的海洋防污染工作组提出并批准了关于防止海洋倾废的一些条文。1972年春，在雷克雅未克举行的各国政府级会议上工作组提出防止倾废污染海洋的公约草案，之后在伦敦又召开了该会议的续会。1972 年 2 月 15 日，联邦德国、比利时、丹麦、西班牙、芬兰、法国、英国、冰岛、挪威、荷兰、葡萄牙和瑞典 12 国政府代表在奥斯陆集会并发表了（奥斯陆）倾废公约，对防止倾废污染海洋的意义、目的和方法作了比较完整的条令性规定。该年 6 月在斯德哥尔摩召开的联合国人类环境会议上，建议各国政府致力于完成一个全面的倾废公约并力促早日生效，据此，英国政府同联合国秘书长商量后，在 1972 年 10 月 30 日至11 月 13 日在伦敦召开了会议，参考了上述工作组提出的防止倾废污染海洋的公约草案和（奥斯陆）倾废公约，发表了《伦敦倾废公约》。倾废公约的全称是《防止倾倒废物和其他物质污染海洋公约》（Convention on the Prevention of Marine Pollution by Dumping of Wastes and Other Matter），由于该公约是在伦敦议定的，并且具有全球性质，所以称为《伦敦倾废公约》。该公约于 1975 年 8 月 30 日生效，截至 2016 年 9 月共有 89 个缔约国。中国于 1985 年 11 月 15 日加入公约，同年12 月 15 日公约对中国生效。

　　《伦敦倾废公约》有 22 个条款，3 个附件，其中把所有准备在海上倾倒的物质分类，并分别列入黑单、灰单和白单。黑单中的物质禁止倾倒，灰单中的物质有特殊条件，而其他物质均属白单，可以在海洋中倾倒。缔约国应根据本公约规定条款，采取有效措施以使其早日贯彻。公约对"海洋"、"倾"和"废"分别做出说明，"海洋"是指有关国家海岸基线以外包括领海和公海的海域；"倾"是指有意识地用船舶从岸上载运废物往海洋倾倒，不是指船舶正常操作时所引起的或偶尔产生的废物的倾倒；"废"是指倾倒海洋的工业废料、垃圾、土方石块、放射性废料等。并根据对海洋污染危害程度分为三类，分别规定了禁止倾倒、经申请和批准在领取"特许证"和"一般许可证"后才可以倾倒等控制措施。

思　考　题

1. 简述《巴塞尔公约》提出的背景和条件。
2. 简述《巴塞尔公约》的主要内容和目标。
3. 简述《巴塞尔公约》的运行机制和管辖范围。
4. 简述《巴塞尔公约》的发展历程并发表你的看法。
5. 简述关于废物与化学品的其他国际公约及其主要内容。
6. 简述《关于持久性有机污染物的斯德哥尔摩公约》的发展历程。
7. 《香港公约》是否已生效？查阅相关资料并根据你的理解简述该公约未生效的主要原因。

第三章　国家或地区危险废物管理政策与法规

第一节　美国的危险废物管理

一、美国危险废物管理法规

（一）美国危险废物管理法规概况

美国联邦法律颁布了许多相应的法律以控制有毒有害物质对大众的侵害，减少其对公众健康和环境的潜在危险。这些法律包括以下 6 个方面：劳动保护、环境保护、化学品使用及评估、排放物的报告及净化、对无意处置的化学品的净化管理和污染防治。以上 6 个方面的主要法律列于表 3-1 中。

表 3-1　美国与危险废物有关的主要法律[8]

类别	法律名称
劳动保护	《劳动安全健康法》（OSHA）
	《超级基金法修正案和再授权法》（SARA）
环境保护	《清洁大气法》（CAA）
	《清洁水法》（CWA）
	《安全饮用水法》（SDWA）
	《资源保护与回收法》（RCRA）
化学品使用及评估	《联邦食品、药品和化妆品法》（FFDCA）
	《联邦杀虫剂、杀菌剂和杀鼠剂法》（FIFRA）
	《有毒物质控制法》（TSCA）
排放物的报告及净化	《清洁水法》（CWA）
	《危险废物运输法》（HMTA）
	《资源保护与回收法》（RCRA）
对无意处置的化学品的净化的管理	《全面环境响应、赔偿及责任法》（CERCLA）
	《清洁水法》（CWA）
污染防治	《污染防治法》（PPA）

1965 年，美国国会颁布了《固体废物处置法》（Solid Waste Disposal Act，SWDA），这是第一个用于改进固体废物处置的联邦法规。1970 年通过的《资源回收法》及 1976 年通过的《资源保护与回收法》（Resource Conservation and Recovery Act，RCRA）分别对《固体废物处置法》进行了修正。《资源保护与回收法》中增加了关于适当处置危险固体废物等规定，对美国的国家废物管理体系

进行了重新构建。1976 年之后，国会继续修改该法案，最重大的改变发生在 1984 年，国会通过了《危险废物和固体废物修正》（Hazardous and Solid Waste Amendments, HSWA），其中扩大了法规适用的范围和要求。1992 年的《联邦设施守法法案》（Federal Facilities Compliance Act, FFCA）对《资源保护与回收法》进行了修订。其中明确指出，联邦政府也是法治社会的一部分，联邦政府设施也要遵循法律法规的执法要求，包括罚款和违约金。RCRA 经国会修订，不断完善，成为迄今世界上关于固体废物管理的最全面和详尽的法规。

（二）资源保护与回收法

美国国会颁布的《资源保护与回收法》是美国固体废物管理的基础性法律，主要阐述由国会决定的固体废物管理的各项纲要，并且授权美国国家环保局为实施各项纲要制订具体法规。RCRA 分为 10 个部分（从 A 到 J），为美国国家环保局实现其目标提供了框架和授权。

RCRA 的重点是危险废物的控制与管理，它有三个主要目标：①保护人类健康和环境；②减少废物，节约能源和自然资源；③尽可能迅速地减少或消除危险废物的产生。

RCRA 法的核心是对危险废物的管理。它授权美国国家环保局负责废物尤其是危险废物的管理和处置活动，包括制定和颁布固体废物有害特性及鉴别标准，制定危险废物名录，制定废物产生者、运输者及处理、贮存、处置设施的业主和运行者标准，制定许可证的发放、撤销标准。充分体现了对危险废物"从摇篮到坟墓"的管理特点。

（三）超级基金法及超级基金法修正案

为解决废物填埋场问题，以及危险废物溢漏或其他因危险废物引起的紧急污染事故问题，美国国会在 1980 年 10 月通过了《全面环境响应、赔偿及责任法》（Comprehensive Environmental Response, Compensation, and Liability Act，CERCLA），俗称《超级基金法》。根据这项法律，授权美国国家环保局负责处理危及人体健康和环境的危险废物紧急事故，并设立了一项在 5 年内提供 16 亿美元的委托基金。《超级基金法》的主要内容有：①针对已关闭的或废弃的危险废物填埋场制定了禁令和要求；②为在这些填埋场中处置危险废物负有责任的人制定了相应的义务；③为那些无法认定责任团体的填埋场治理建立了一项可靠的基金。

1986 年 10 月，《超级基金法修正案和再授权法》（Superfund Amendments and Reauthorization Act, SARA）对 CERCLA 进行了修正，将基金的规模扩大到 85 亿美元。修正案反映了美国国家环保局在管理复杂的超级基金项目中最初 6 年中的经验，并对《超级基金法》进行了几点重要的修改和补充。

《超级基金法修正案和再授权法》的主要内容有：①强调了永久治理和创新的

处理技术在清理危险废物场地中的重要性；②超级基金行动考虑其他州和联邦环境法律法规中制定的标准和要求；③提供了新的执行权力和处置工具；④增加了各州在超级基金项目中各阶段的参与；⑤提高了对危险废物场址引起的人类健康问题的重视程度；⑥鼓励市民更多地参与清理场地方式的决策过程；⑦将基金的规模扩大到 85 亿美元。

SARA 同时要求美国国家环保局修改危险排名系统（Hazardous Ranking System，HRS）以保证能够准确评价国家优先名录（National Priorities List，NPL）中危险废物场地引起的人类健康和环境风险。只有在危险排名系统和公众提出对相应场地的意见后，相应的场地才能列入 NPL 中。NPL 的主要作用是提供信息，以及替政府和公众确定哪些场地或污染排放需要治理。

HRS 是美国国家环保局用来确定 NPL 中无控废物场地的基本机制。它是一个基于数据的评价体系，利用从最初有限的调研和初步评价及场地调查中得到的信息来评价场地对人类健康和环境影响的相对可能性。HRS 利用结构化分析步骤来为场地打分。这一步骤为基于场地状况的风险因素规定了数值。这些因素可概括为以下范畴：①一个场地已经释放或将危险物质释放到环境中的潜在可能性；②废物的特点（如毒性和废物数量）；③受污染物排放影响的人或敏感环境（目标）。

> 附注 3-1 针对 NPL 而对场地进行的认证主要对美国国家环保局的下述行为进行指导：
>
> （1）决定对哪些场地进行深入的调研以评价其对人类健康及环境风险的性质和程度；
>
> （2）确定哪些 CERCLA 资助的治理行动是适当的；
>
> （3）向公众通报哪些场地是美国国家环保局认为应进行深入调研的；
>
> （4）提醒某些相关团体注意美国国家环保局将开始某项 CERCLA 资助的治理行动。

在 HRS 中有四条打分路径：①地下水迁移（饮用水）；②地表水迁移（饮用水、人类食物链及敏感环境）；③土壤暴露（居住人口、附近人口和敏感环境）；④大气迁移（人口和敏感环境）。

一条或几条途径的分数计算出来后，将通过一个均方根方程式计算得出该场地的综合得分。HRS 分数并不决定资助治理行动的优先权，因为用来计算 HRS 分数的信息并不足以确定污染的程度或是对某一场地的适当反映。得分最高的场地并不一定最先成为 EPA 的考虑对象。EPA 依靠的是排名后所进行的治理调研/可行性研究中的详细研究。

二、美国危险废物管理体制

（一）美国国家环保局/州/地方政府管理权限

美国国会在 20 世纪 70~80 年代的一系列环境保护立法中授予了美国国家环保局、州政府及地方政府在环境保护方面的不同权限。根据 RCRA 的授权，美国国家环保局在全国危险废物管理上负有领导、监督、支持和部分实施的责任。美国国家环保局的领导作用主要体现在制定标准、政策和战略，财政支持及监督项目实施等方面。各州独立负责其辖区内危险废物项目（RCRA 项目）的管理和实施，美国国家环保局仅对其进行必要的监督，但各州 RCRA 项目实施权的获得必须得到美国国家环保局的批准。各州必须严格执行国家和州颁布的有关法律法规，保证其辖区内产生的危险废物得到妥善的管理。在危险废物管理方面，县市地方政府既是美国国家环保局和州政府的管理对象，也是合作伙伴。作为管理对象，地方政府必须执行相关的法律法规，并对污染场地的净化负有赔偿责任；作为合作伙伴，地方政府通常对其辖区内的私营企业造成的环境问题首先做出反应和处理，为州政府和美国国家环保局的管理提供资料和方便。

（二）美国国家危险废物管理机构

美国国家环保局设有固体废物应急响应署，负责执行 RCRA 及 CERCLA。该署设有废物计划执行司、固体废物司、应急救济反应司三个司，见图 3-1。其具体职责如下所述。

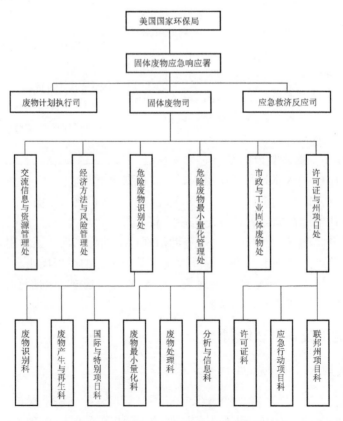

图 3-1　美国 EPA 危险废物管理机构

废物计划执行司：负责监督地区政府执行 RCRA 及超级基金计划，并提供必要的技术帮助。

固体废物司：负责制定固体废物及危险废物管理标准。

应急救济反应司：负责协调地方政府对已废弃关闭的危险废物填埋场进行补救。

固体废物司的工作目标为：通过削减废物实现资源保护；通过制定法规防止将来废物处置中可能出现的问题；对废物可能发生洒落、泄漏或处置不当的地区进行净化治理。

除与各州的业务协作之外，固体废物司还与企业、环保团体和公众进行密切合作，包括：确立国家环境目标、政策和优先项目；在环境教育方面发挥领导作用；制定反映生态风险和环境正义，并且是基于人体健康的适应性强的法规，以促进废物的安全处置。

固体废物司的政策在较大程度上依赖于志愿者行动与教育项目。固体废物司提倡和鼓励利用综合手段管理固体废物，包括：源头减量与废物防治，即减少废物产生量或其毒性的操作；再生利用，既减少了废物处置量，又保护了有限的自然资源；填埋和焚烧。

（三）美国各州危险废物管理制度

美国按地域将全国分为 10 个环境管理大区，每个大区内部设有与美国国家环保局相类似的组织机构分支，并与美国国家环保局保持密切的联系，负责执行联邦的各项环保法律和各项废物计划的实施。

如前所述，各州危险废物项目实施权的获得必须得到美国国家环保局的批准，审批程序称为"州授权"过程。为获得"州授权"，州政府必须向美国国家环保局提交的申请材料包括：该州州长要求得到授权的信件；该州的有关法律法规的复印件；有关公众参与活动的文件；有关该州具备实施项目合法机制的律师声明；该州欲代替联邦实施管理权

> **附注 3-2** 根据各州获得"州授权"的不同情况，可分为三种类型：
>
> （1）无任何授权，在这种情况下，所有项目均适用联邦法规；
>
> （2）部分授权，在这种情况下，得到授权的项目适用州法规，其余项目适用联邦法规；
>
> （3）完全授权，在这种情况下，所有项目均适用州法规。

的危险废物项目细节描述；该州与美国国家环保局之间在项目实施上达成的有关责任性质和协作程度的协议备忘录。

不管各州属于哪种情况，危险废物从产生到处置各个环节的管理都必须符合有关法律法规的要求。危险废物产生者和运输者必须持有政府颁发的识别号码，遵守其他有关危险废物操作的法规。危险废物处理、储存、处置设施的运营必须持有许可证，并满足更为严格的法规要求。

三、美国危险废物产生者管理

依照 RCRA C 部分的授权，RCRA 建立了一个全面的危险废物管理系统，对危险废物的管理涉及废物产生、运输、储存、回收利用、处理与处置的全过程，具体内容见表 3-2。危险废物的产生者就是从"摇篮到坟墓"的危险废物全过程管理系统的首端环节。根据 RCRA § 3002（a）的授权，美国国家环保局制定了危险废物产生者的标准，包括危险废物的现场收集、从产生到最终处置的全过程跟踪（清单系统）、标识、记录和报告的要求。

表 3-2　美国危险废物全过程管理的有关规定[27]

废物管理阶段	规定	有关内容
危险废物的定义与鉴定	固体废物　危险废物　危险废物的残余物	
	危险特性的鉴定	
废物的产生	基本的法规要求	转移联单与运输要求
	产生者的标准	储存要求等
废物的运输	基本的法规要求	转移联单
	运输者的标准	适用于运输者对生产者与 TSD 的规定
	危险废物的排放	包装、标牌、标签及其他
	运输部的规定	
废物的储存	TSD 设施的一般标准	
废物的再生	TSD 设施的一般标准	
	TSD 设施的许可条件	
废物的处理	TSD 设施的一般标准（设置个别的技术标准）	
特定的 TSD 设施	一般用途的 TSD 设施	容器、储槽、地下储槽
	处理设施	热处理设施，化学、物理与生物处理设施及其他
	处置设施	
	地下水保护与补救措施	焚烧、填埋、土壤处置、地表堆置等

美国将危险废物产生源分为大量废物产生者（large quantity generators, LQGs）、少量废物产生者（small quantity generators, SQGs）、有条件接受豁免的少量废物产生者（conditionally exempt small quantity generators, CESQGs）进行管理。LQGs 指每月产生 1000 kg 以上危险废物的污染源，SQGs 指每月产生 100 kg 以上、1000 kg 以下的危险废物产生源，如实验室、印刷店、干洗店等。这类产生者由各州要求申领美国国家环保局的一个鉴别号码，并遵从小量产生者管理规定，包括废物积累限制和适当储存、处理和处置要求。产生量在 100 kg 以下的源为得到豁免的小量源，被要求证明其危险废物符合存储量限制（任何时间小于 100 kg），并对其废物保证适当的处理和处置，如运送到场外处理处置厂，或适当处理[28]。对

于数量较多的 SQGs，美国倾向于将危险废物运输到集中处理处置设施进行处理；对于 LQGs，要求产生者承担鉴别废物种类、确定废物产生量、运输前的适当包装、签署转移联单、申请鉴别号码、现场废物管理、双年申报、记录保存等一系列法定义务。废物产生者规定中定义了上述三类危险废物产生者并解释每一类别所遵守法规的差异。

第二节　欧洲的危险废物管理

一、欧盟危险废物管理概述

欧盟对危险废物的管理是欧盟环境法的一项重要内容。欧盟法律包括法规、指令、决定等几种不同的形式。在废物管理立法方面，欧盟的法律主要包括四种类型[29]：一是框架性法律，如 1995 年颁布的关于废物的指令和 1991 年颁布的关于有害废物的指令；二是针对特定类型废物制定的法律，目前主要涉及废油、污泥的农用、含危险废物的电池和蓄电池、包装及包装废物、多氯联苯（PCBs）和多氯三联苯（PCTs）的处理、废弃车辆、在电子和电器设备上限制使用的某些有害物质等；三是制定废物管理作业的法律，目前主要涉及废物填埋、废物焚烧、船舶产生的废物及货物残余物的港口接收装置等；四是关于报告及调查方面的法律，主要涉及废物管理法律，实施过程中有关统计报告等事项。欧盟关于废物管理的立法见表 3-3[30]。

表 3-3　欧盟废物管理的立法表

指令号	（指令/决议）内容
A. 关于欧盟废物管理的立法框架	
1. 75/442/EEC	关于废物（91/156/EEC-91/692/EEC-96/530/EC）
2. 91/689/EEC	关于危险性废物
3. 2000/532/EC	关于废物清单（2001/573/EEC 号欧盟决议）
4. 欧洲理事会 259/93 号法规	关于欧盟境外货物运输的
补充立法：欧洲理事会 93/98/EEC 号决议	关于危险废物跨境运输和处置的公约（《巴塞尔公约》）
B. 欧盟废物处理处置的立法	
1. 99/31/EC	关于废物填埋的
补充立法：欧洲委员会 2000/738/EC 号决议	关于成员国执行情况调查表
2. 2000/76/EC	关于废物焚烧
3. 2000/59/EC	关于传播废物、货物残留港口接纳设施
C.欧盟关于特定废物管理的立法	
1. 75/439/EEC	关于废油处置
2. 78/176/EEC	关于二氧化钛工业废物

续表

指令号	（指令/决议）内容
3. 91/692/EEC	关于农用污泥
4. 91/157/EEC	关于含危险性物质的电池和蓄电池
补充立法：93/86/EEC	修订上述指令汇总的技术进展情况
5. 94/62/EC	关于包装和包装废物
6. 96/59/EC	关于 PCBs 的处置
7. 2000/53/EC	关于报废的汽车
补充立法： 2001/753/EC 2002/151/EC 2002/525/EC	关于成员国执行情况报告调查表的决议 关于颁发报废汽车销毁证书注销要求的决议 修订 2000/53/EC 号指令的附件 2
其他关于报废汽车的规定 2002/204/EC	关于荷兰汽车残骸处置系统的决议
8. 2000/95/EC	关于在电气电子设备汇总限制使用某些有害物质
9. 2002/96/EC	关于报废的电子电气设备（WEEE）
D.关于成员国执行情况报告和调查表的立法	
1. 91/692/EEC	关于成员国执行环境指令情况报告标准化和合理化
2. 94/741/EC	关于成员国执行废物指令情况报告调查表的决议
3. 97/622/EC	关于成员国执行废物指令情况报告调查表的决议
4. 1999/412/EC	根据欧洲理事会第 259/93 号第 41（2）条规定，关于成员国履行报告义务调查表的决议
5. 2000/738/EC	关于成员国执行 1999/31/EC 废物填埋指令情况报告调查表的决议
6. 2001/753/EC	关于成员国执行 2000/53/EC 号报废汽车指令情况报告调查表的决议
E. 其他有关信息	
1. 76/769/EEC	关于限制成员国使用和销售某些危险性物质和制剂的法律、规章和行政条款
2. 80/68/EEC	关于保护地下水，防治某些危险性物质的污染
3. 91/271/EEC	关于城市污水处理
4. 96/61/EC	关于综合污染预防与控制

欧盟通过政策文件和法规的形式明确规定或体现了对环境资源保护具有普遍指导意义的指导方针或指导性准则。其中，一体化原则、源头原则、综合污染防治原则是具有典型意义的原则，也是欧盟各成员国必须严格遵循的基本原则，它将废物管理与综合治理置于科学的、可持续的框架内。

2000 年欧盟委员会通过了 2000/532/EC 号决定，颁布了《欧盟废物名录》（European Waste List），构建了一个既包含危险废物又包含非危险废物的废物分类体系，全面取代了以往的欧洲废物目录和危险废物名录。规定所有成员国必须于 2002 年 1 月 1 日前采取必要措施来保障该名录的实施，该名录根据各成员国提供的使用反馈信息或最新研究成果，定期进行修订。

该名录包括 839 个废物代码，其中 405 个危险废物代码，131 个镜像条目。如某种废物分为两类，一类危险废物，另一类非危险废物，二者互为补充，这样的情况就属于镜像条目。该种情形表明，只有当废物中的危险物质含量超过限值，呈现一定危险特性，才能判定其属于危险废物。名录中每种固体废物都有一个 6 位数的固体废物代码。前 2 位为目录代码，4 位代码表示组代码，6 位代码是固体废物种类代码。其中危险废物带有"*"标志[31]。

欧盟国家的危险废物分级管理从危险废物的危害特性和含量两个方面着手，即分别对其危害特性和危险物质含量按照危害程度和含量大小划定了不同的等级，并且对各个等级采取不同程度的管理措施。参照《巴塞尔公约》的体系，运用环境风险与安全评价的方法，欧盟详细地定义了危险废物的特性，见表3-4。

表3-4　危险废物的特性清单

标记	说明	标记	说明
H1	爆炸性的	H8	腐蚀性的
H2	助燃的	H9	传染的
H3-A	易燃的	H10	致畸的
H3-B	可燃的	H11	致突变的
H4	刺激性的	H12	有毒气体的分离
H5	有害的	H13	处理后能与其他物质发生反应的，如浸滤液等
H6	有毒的	H14	有生物毒性的
H7	致癌的		

欧盟各成员国对于危险废物的管理在履行欧盟法律的同时，均有自己不同的管理制度，以下主要介绍德国和荷兰危险废物管理制度的相关内容。

二、典型欧盟国家危险废物管理实践

（一）德国

德国的废物政策由联邦环境部（BMU）制定，BMU 制定的法规、条例和管理条款目的是使废物以环境友好的方式进行处理处置。德国联邦法有关危险废物的法律主要有《防止污染扩散法》《污染源登记条例》《废物清除法》《污染控制法》《废物鉴别条例》《危险废弃物贮存控制条例》《废物运输条例》《环境统计法》《固体废物循环经济法》等[32]，有关法律制度主要有以下几项：①危险废弃物清除计划制度；②申报登记制度；③清除机构制度；④许可制度；⑤运输货单制度；⑥废物鉴定登记制度；⑦废物交换制度[33]。

1. 危险废弃物清除计划制度

德国法律规定，危险废物清除计划包括危险废物收集、运输、储存、处理、处置等。清除计划分为两种：一是政府计划，联邦、州等制定废物清除计划和方案，规划清除设施的兴建和设施的设置地点、数量、规模、清除方法、环境保护措施等。二是企业计划，包括废物产生企业的清除计划和专门清除机构的清除计划。废物产生企业必须制订减少、清除废物计划，限制废物产生、排放、处理，确定废物产生限量值、废物监测、无害回收措施、不能回收废物的清除措施等。德国危险废物清除计划类似于我国的危险废物规划和管理计划制度，清除机构类似于我国的危险废物综合处置场所。

产生固体废物的企业，必须有专门负责废物清除的代理人，要求代理人必须具备专门的知识和丰富的经验、有代理能力、为人可靠等。代理人由企业所有者或经营者书面任命、报政府环境保护部门备案，法律对代理人的条件、权利和职责行使保证等均有具体规定。

2. 申报登记制度

德国的申报登记称为污染源登记，产生固体废物的企业必须向环境保护部门报告并登记。登记内容包括企业名称、地址、产生废物装置和条件等。

3. 清除机构制度

危险废物一般由专门的清除机构清除，禁止废物产生者、所有者自行清除。清除机构属于独立法人，大部分是国家投资为主的有限公司，也允许私人设立清除公司。清除机构和清除机构所有经营的清除设备，均须获得许可。

4. 许可制度

许可制度中规定：环境保护部门接到处理、储存、处置危险废弃物的许可申请和审批程序后，应予公告，并将申请、资料（除保密部分）公开供公众查阅、评价，公开期为两个月，期限内应举行公众听证会。德国危险废物许可制度包括产生许可和清除许可两类。

5. 运输货单制度

运输危险废物实行运输货单制度，由废物产生者、运输者、接收者在货单上签字并各保留一份。货单内容包括：委托运输者（产生者）、运输者、接收者的名称、地址，运输路线，废物种类、数量、运输方式、运输工具状况，防护措施。德国法律规定，危险废物运输必须采用集装箱（或封闭式）运输。企业自行收集、运输危险废物须经批准，但业经许可的专门清除机构收集、运输除外。

6. 废物鉴定登记制度

处理、储存、处置危险废物，必须先对废物鉴别，按统一表格填写检验书。接收的废物登记内容包括种类、性质、来源、数量、接收设施、接收经手人等。

7. 废物交换制度

德国是最早实行废物交换制度的国家。1973 年德国化学工业联合会建立了废物交易所，1974 年以后德国工商协会等相继设立跨行业、地区的废物交易所。目前，废物交换组织主要有各种经济联合会、行业公会、其他社团和部分官方机构，各州设立的废物清除中心和收集站也会进行废物交易活动。

根据《环境统计法》规定，政府每两年统计并公布废物情况（包括废物种类、数量、收集、运输方式、清除、回收利用及设施兴建类型、地点等），由联邦统计局汇编公布。环境保护部门也会公布废物登记情况和资料以便废物交换使用。

（二）荷兰

荷兰政府于 1979 年颁发危险废物条款，20 世纪 80 年代为重点废物（食用油、电池、气体放电灯、受污染土壤等）制定了战略文件。90 年代在详细的文书密集调控基础上实现了管理系统：数量有限的许可证，具体的收集许可，调解处理能力，设备价格干预，储存不需要许可，设施之间的分配转向。1992 年开始关于危险废物的第一个多年计划（功能和高效的废物管理）。1997 年开始关于危险废物的第二个多年计划。总体而言，荷兰危险废物管理体系包括[34]以下几方面。

1. 层级制度

荷兰危险废物管理分为预防，再利用，物质循环，能量回收，焚化，堆填的层级制度。目前对危险废物的处理主要坚持三项原则：一是预防为主，尽可能避免危险废物产生，并最大限度地减少废物的产生量；二是循环使用，借助各种措施，实现危险废物的直接回收利用或循环再生；三是最终处置，对无法循环使用的危险废物则实行焚烧或填埋处理。

2. 严格标准

为了减少和限制利用填埋方式来处置垃圾废物，荷兰制定了废物法令《填埋禁止令》，尤其是限制和禁止可回收利用废物及可生物降解废物的填埋。荷兰的废物焚烧法令禁止对生活垃圾和商业垃圾进行直接焚烧处理。

3. 国家规划

实现废物一体化的国家废物管理计划是荷兰国家层次的规划。实现这一战略目标主要依靠三项措施：①推进废物回收利用，使废物资源得到最大限度的循环再生；②无法直接回收利用的废物作为燃料，实现废物的能源化；③选择多种废物再利用方式实现废物的有效利用。此外，荷兰政府还大力财政支持废物制燃料行业，如垃圾焚烧和生物制能等，利用废物制取能源。

4. 财政手段

在荷兰，环境保护的主要财政来源就是环境税，环境税在荷兰已经实施多年，并取得了很好的效果。主要包括居民的生活垃圾回收费用，进行废物填埋时高额的填埋税等。这些经济和财政手段，极大地鼓励了居民减少废物的产生。

5. 生产者责任制

生产者责任制包括销售产品的人员及需对该产品市场销售过程中产生的废物承担处理责任的生产者。这个责任制通过生产者和输入者之间的协议与法规规定或者两者结合来完成，如汽车轮胎、电池、电子废弃物、包装废弃物的销售和处置体系。

6. 运送登记制

通知和废物运送登记，可以有效执行及控制危险废物的运输转移，包括废物转移注册及运输登记整个系统。

第三节　日本的危险废物管理

一、日本危险废物的分类

日本在 1991 年修订废物处理法修订案中，把对人体健康和生活环境将会造成危害的废物区分为一般特别管理废物与特别管理产业废物。特别管理产业废物是指在产业废物中，有爆炸性、毒性、感染性，对人体和生活环境有危害性的，在相关政令中指定的废物，类似于中国危险废物的定义。修订案对特别管理产业废物方面做了如下规定[35]。

（1）燃烧的废油挥发油类，煤油（灯油）类，轻油类。

（2）有明显腐蚀性的废酸或废碱，废酸中 pH 2.6 以下，废碱 pH 12 以上。

（3）从医疗相关单位产生的感染性废物（含有或沾有感染性病原体的废物或有这种危险性的废物）。

（4）特定有害产业废物（废 PCBs 及受 PCBs 污染的物质），废 PCBs 等（废 PCBs 及含 PCBs 的废油）与 PCBs 污染物（沾有 PCBs 的废纸、塑料、铁屑）。

（5）特定有害产业废物（废石棉）或含有石棉、沾有石棉的产业废物中，并有飞散可能的由厚生省指定的污染物。

（6）除（4）、（5）以外的特定有害产业废物，如水银，氟，铅，有机磷化合物，六价铬，砷，氰，PCBs，三氯乙烯，四氯乙烯，二氯甲烷，四氯化碳，1,2-

二氯乙烷，杀草丹，苯，含有基准值以上硒的污泥，矿渣，废油，废酸，废碱，炉渣，煤尘等。

对于含有有害物质的产业废物，经过鉴别实验，如果超过规定浓度标准，同样会被列为特别管理产业废物。

二、日本危险废物管理法规

日本对于固体废弃物（简称废弃物）的管理比较早，1900 年制定的《污物扫除法》规定"垃圾应予以焚烧"。1970 年颁布了《废弃物处理和公共清洁法》（简称《废弃物处理法》），管理监督机构是日本环境省，1975 年，沼津市将垃圾分类并推广到全日本。在此后的 20 年，日本对废弃物的处理和控制日渐严格。1991 年出台了《再生资源利用促进法》，1992 年修订了《废弃物处理法》，对需要特别管理废弃物的指定日渐强化[36]。

日本于 1993 年 9 月加入了《巴塞尔公约》，同年 12 月作为《巴塞尔公约》的国内法规，正式实施了《危险废物和其他废物进出口控制法》（Law for the Control of Export，Import and Others of Specified Hazardous Wastes and Other Wastes）（以下简称《巴塞尔法》）。《巴塞尔法》是日本为履行《巴塞尔公约》专门制定的国内配套法律，其废物管制范围主要为《巴塞尔公约》附件一、三及各缔约方国内认定者。其处理原则为：国内产生的废弃物，应尽可能于国内妥善处理；国外产生的废弃物，为避免造成国内废弃物处理的困难，应限制其输入。

1995 年日本颁布了《容器和包装物的分类收集与循环利用法》（2000 年最终修订），该法律的最终目的是通过容器和包装废弃物的分类收集确保资源的有效利用。1998 年颁布了《废家用电器再生利用法》（2003 年最终修订）。2000 年制定了《循环型社会形成推进基本法》、《建设循环法》（2004 年最终修订）、《食品再生利用法》（2003 年最终修订）、《绿色采购法》以及 2003 年施行的《自动车循环法》等。

2003 年日本颁布了《循环型社会形成推进基本计划》，管理和监督机构为环境省。其主要内容为：根据排放者责任以及生产者责任延伸制来完善各种制度，确立防止和取缔非法倾倒、恢复原状的体制，正确运用促进各主体自主行动的经济手法，实现各种手续的合理化。

《废弃物处理法》是日本危险废物管理的基础，此外，2001 年 6 月颁布了《PCBs特别措施法》，2003 年颁布的《特定产业废弃物特别措施法》以及《循环型社会形成推进基本法》，2006 年，日本颁布法律全面禁用石棉材料等均与危险废物管理息息相关。相应法律的修订，也进一步完善了日本的危险废物管理体系，为建设循环型社会提供了法律保障。

三、日本危险废物管理体制

日本的危险废物分为特别管理一般废物与特别管理工业废物,与其他废物不同的是,危险废物的排放、分类、收集、搬运、再生、处置等处理程序和管理方式都得到了强化。具体的强化管理措施包括:排放机构有作为特别管理工业废物责任者的义务;设立特别管理工业废物的收集搬运业、处理处置业的许可制度;特别管理工业废物的保管标准及处理标准与其他废物不同等。

1. 统计制度

日本危险废物统计由企业、行业协会收集基础数据,如实填报,提交数据,由地方政府负责辖区的统计,包括发放表格、组织不定期抽查、回收并审核数据再汇总提交给中央政府等,由中央政府统筹全国危险废物统计工作。

由于统计工作覆盖范围的限制及行业划分变动等,需要对危险废物产生量进行校验与推算。凡是进行了实际调查并得到有效反馈数据的行业,得到的危险废物产生量是实际统计值,可直接使用。调查未覆盖的行业及进行了调查但未得到有效反馈数据的行业等,则需要进行一定的换算,得到危险废物的换算产生量再使用[37]。

2. 设施管理

日本为确保对危险废物处置设施的监督管理,对危险废物处理设施进行严格的管理并进行登记注册管理,采用完全封闭的铝合金集装箱型车辆运送医疗废物,用专用的焚烧设施进行焚烧处理,并对二噁英等焚烧尾气的浓度和温度等进行定期监测,焚烧后的残渣在最终处置场进行填埋处置。

另外,危险废物处置过程的监督管理工作具体由各都、道、府、县及市、町、村,日本全国产业废物联合会、危险废物恰当处理计划促进会和民间团体联合实行,对于易违法地点设置监视系统及地方居民的电话传真举报系统,对违法者将采取相应的处罚措施[38]。

3. 再生利用

随着最终处理设施(填埋场)可用容量的减少及填埋年限的缩短,日本逐渐推进固体废物的再生利用政策。日本危险废物在产生的同时,就明确了管理的方向性:不再局限于危险废物产生后的管理,在其各种产业社会活动(即原料加工、组装等)、生产过程中也予以考虑,最后从回收、资源化的角度探讨其管理对策。其中,对危险废物的管理而言,危险废物产生后的回收、资源化过程是最重要的。日本危险废物的试验方法参照美国 RCRA 中 TCLP(Method 1311)试验方法,从而能够进行危险废物的有害/非有害、必须处理的废物种类、废物处理/再生的判定。

4. 标准管理

特别管理工业废物在贮存、收集运输、中间处理、再生、最终处理过程中，必须遵循相应标准。同时，特别管理工业废物的搬运或者处理需要委托他人进行，并制定相应的委托标准。

第四节　中国的危险废物管理

一、中国危险废物管理法规

1. 危险废物管理现状

固体废物的管理与水、大气的环境管理差异较大，它是以具体的废物为管理对象，通过实施各种环境政策、措施、制度，防止固体废物污染环境。因此，固体废物管理具有显著的总量和过程特征。我国在固体废物污染环境防治工作中，始终将危险废物作为整个固体废物污染防治的重点，制定了若干相应的法律规定。1995 年颁布，2004 年、2013 年和 2017 年修订的《中华人民共和国固体废物污染环境防治法》（以下简称《固体法》），是我国固体废物管理专门性法律，是固体废物污染防治的法律基础，该法的制定使固体废物的环境管理得到了高度重视[39]。

> 附注3-3　2004 年 12 月 29 日，中华人民共和国第十届全国人民代表大会常务委员会第十三次会议通过《中华人民共和国固体废物污染环境防治法》的第一次修订；2013 年 6 月 29 日，第十二届全国人民代表大会常务委员会第三次会议通过《中华人民共和国固体废物污染环境防治法》的第二次修订；2015 年 4 月 24 日，第十二届全国人民代表大会常务委员会第十四次会议通过《中华人民共和国固体废物污染环境防治法》的第三次修订；2016 年 11 月 7 日第十二届全国人民代表大会常务委员会第二十四次会议通过《中华人民共和国固体废物污染环境防治法》第四次修订。

2009 年 1 月 1 日起施行的《中华人民共和国循环经济促进法》，旨在生产、流通和消费等过程中进行减量化、再利用、资源化活动，要求"对在拆解和处置过程中可能造成环境污染的电器电子等产品，不得设计使用国家禁止使用的有毒有害物质。禁止在电器电子等产品中使用的有毒有害物质名录，由国务院循环经济发展综合管理部门会同国务院环境保护等有关主管部门制定"。

为了加强对危险废物收集、储存和处置经营活动的监督管理，防治危险废物污染环境，2004 年 5 月 30 日国务院根据《固体法》制定《危险废物经营许可证管理办法》。2013年12月7日《国务院关于修改部分行政法规的决定》第一次修订：删去《危险废物经营许可证管理办法》第七条第二款；第五款改为第四款，并删去其中的"第四款"。2016年2月6日《国务院关于修改部分行政法规的决定》第二次修订：删去《危险废物经营许可证管理办法》第九条第三款、第二十九条第一款。

为加强对危险废物转移的有效监督，1999年5月31日经国家环境保护总局会议讨论通过了《危险废物转移联单管理办法》。国务院环境保护行政主管部门对全国危险废物转移联单（以下简称联单）实施统一监督管理。各省、自治区人民政府环境保护行政主管部门对本行政区域内的联单实施监督管理。省辖市级人民政府环境保护行政主管部门对本行政区域内联单具体实施监督管理；在直辖市行政区域和设有地区行政公署的行政区域，由直辖市人民政府和地区行政公署环境保护行政主管部门具体实施监督管理。

2. 危险废物管理法规体系

2016年11月7日最高人民法院审判委员会第1698次会议、2016年12月8日最高人民检察院第十二届检察委员会第58次会议通过，自2017年1月1日起施行的《中华人民共和国刑法》《中华人民共和国刑事诉讼法》中有关危险废物的规定，具有下列情形之一的，应当认定为"严重污染环境"。

（1）在饮用水水源一级保护区、自然保护区核心区排放、倾倒、处置有放射性的废物、含传染病病原体的废物、有毒物质的；

（2）非法排放、倾倒、处置危险废物3t以上的；

（3）排放、倾倒、处置含铅、汞、镉、铬、砷、铊、锑的污染物，超过国家或者地方污染物排放标准三倍以上的；

（4）排放、倾倒、处置含镍、铜、锌、银、钒、锰、钴的污染物，超过国家或者地方污染物排放标准十倍以上的；

（5）通过暗管、渗井、渗坑、裂隙、溶洞、灌注等逃避监管的方式排放、倾倒、处置有放射性的废物、含传染病病原体的废物、有毒物质的；

（6）两年内曾因违反国家规定，排放、倾倒、处置有放射性的废物、含传染病病原体的废物、有毒物质受过两次以上行政处罚又实施前列行为的；

（7）重点排污单位篡改、伪造自动监测数据或者干扰自动监测设施，排放化学需氧量、氨氮、二氧化硫、氮氧化物等污染物的；

（8）造成生态环境严重损害的。

2017年7月18日，国家环境保护部向世界贸易组织（WTO）提交文件，要求紧急调整进口固体废物清单，拟于2017年年底前，禁止进口4类24种固体废物，包括生活来源废塑料、钒渣、未经分拣的废纸和废纺织原料等高污染固体废物。这一举措显示了我国逐步禁止进口危险废物的趋势。表 3-5 所示为我国危险废物管理的国家标准和规划。

表 3-5　中国危险废物管理的国家标准和规划

类别	名称及发布单位
国家标准	《危险废物鉴别标准》（GB 5085.1～7—2007）
	《危险废物收集 贮存 运输技术规范》（HJ 2025—2012）
	《危险废物贮存污染控制标准》（GB 18597—2001）（2013 年修订）
	《危险废物焚烧污染控制标准》（GB 18484—2001）（2014 年修订）
	《危险废物填埋污染控制标准》（GB 18598—2001）
	《医疗废物集中焚烧处置工程建设技术规范》（HJ/T 177—2005）
	《医疗废物化学消毒集中处理工程技术规范》（HJ/T 228—2006）
	《医疗废物高温蒸汽集中处理工程技术规范（试行）》（HJ/T 276—2006）
国家规划	《全国危险废物和医疗废物处置设施建设规划》（国家环境保护总局、国家发展改革委员会，环发[2004]16 号，2004 年 1 月 19 日）
	《"十二五"危险废物污染防治规划》（环境保护部、国家发展改革委员会、工业和信息化部、卫生部，环发[2012]123 号，2012 年 10 月 8 日）

图 3-2 所示为我国危险废物管理的法规体系。

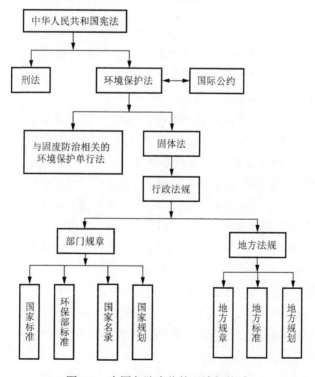

图 3-2　中国危险废物管理法规体系

二、中国危险废物管理体制

《固体法》全面规定了固体废物环境管理制度和体系，包括监督管理、污染防治、危险废物管理特别规定、法律责任和附则等部分。《固体法》在危险废物污染环境防治的特别规定中对危险废物的产生、收集、运输、转移、包装、储存、利用、处置、设施建设、监督管理等活动有比较系统的要求，明确规定了危险废物管理的具体方案和责任。如图 3-3 所示，对于危险废物的管理制度主要包括以下 9 个方面[39, 40]。

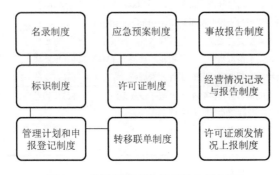

图 3-3　我国危险废物管理的主要制度

1. 名录制度

《固体法》规定，国务院环境保护行政主管部门应当会同国务院有关部门制定国家危险废物名录。世界上许多国家采用了"名录"或"清单"的方式来确定危险废物的种类和范围，如美国、英国、日本、德国、比利时、瑞典、丹麦、荷兰等国，均在法律中规定或确认了这一制度。1998 年我国颁布了《国家危险废物名录》，列出了 47 个类别的危险废物；2008 年 8 月 1 日起施行的《国家危险废物名录》（2008 版）有 49 个大类别 400 种危险废物，1998 版的同时废止。2016 年 8 月 1 日起施行的《国家危险废物名录》（2016 版）将危险废物调整为 46 大类别 479 种（362 种来自原名录，新增 117 种），2008 版同时废止。

为提高危险废物管理效率，2016 版名录修订中增加了《危险废物豁免管理清单》。列入《危险废物豁免管理清单》中的危险废物，在所列的豁免环节，且满足相应的豁免条件时，可以按照豁免内容的规定实行豁免管理。此次共有 16 种危险废物列入《危险废物豁免管理清单》，其中 7 种危险废物的某个特定环节的管理已经在相关标准中进行了豁免，例如，生活垃圾焚烧飞灰满足入场标准后可进入生活垃圾填埋场填埋（填埋场不需要危险废物经营许可证）；另外 9 种是基于现有的研究基础能够确定某个环节豁免后其环境风险可以接受，例如，废弃电路板在运输工具满足防雨、防渗漏、防遗撒要求时可以不按危险废物进行运输。

2. 鉴别标准/识别标志

《固体法》规定，国务院环境保护行政主管部门负责规定危险废物的鉴别标准和方法。危险废物鉴别相关技术规范：《危险废物鉴别标准　通则》（GB 5085.7—2007）；《危险废物鉴别标准　腐蚀性鉴别》（GB 5085.1—2007）；《危险废物鉴别标准　急性毒性初筛》（GB 5085.2—2007）；《危险废物鉴别标准　浸出毒性鉴别》（GB 5085.3—2007）；《危险废物鉴别标准　易燃性鉴别》（GB 5085.4—2007）；《危险废物鉴别标准　反应性鉴别》（GB 5085.5—2007）；《危险废物鉴别标准　毒性物质含量鉴别》（GB 5085-6—2007）；《危险废物鉴别技术规范》（HJ/T 298—2007）。

《固体法》（2016年11月7日修订版）第五十二条规定，对危险废物的容器和包装物及收集、储存、运输、处置危险废物的设施、场所，必须设置危险废物识别标志。《危险废物贮存污染控制标准》（GB 18597—2001，2013年修订）规定："盛装危险废物的容器上必须粘贴符合本标准附录A所示的标签。"具体标识可参见本书第一章第四节。

3. 管理/申报登记制度

《固体法》（2016年11月7日修订版）第三十二条规定，国家实行工业固体废物申报登记制度。产生工业固体废物的单位必须按照国务院环境保护行政主管部门的规定，向所在地县级以上地方人民政府环境保护行政主管部门提供工业固体废物的种类、产生量、流向、储存、处置等有关资料。

4. 转移联单制度

《固体法》（2016年11月7日修订版）第五十九条规定，转移危险废物的，必须按照国家有关规定填写危险废物转移联单。跨省、自治区、直辖市转移危险废物的，应当向危险废物移出地省、自治区、直辖市人民政府环境保护行政主管部门申请。移出地省、自治区、直辖市人民政府环境保护行政主管部门应当商经接受地省、自治区、直辖市人民政府环境保护行政主管部门同意后，方可批准转移该危险废物。未经批准的，不得转移。

转移危险废物途经移出地、接受地以外行政区域的，危险废物移出地设区的市级以上地方人民政府环境保护行政主管部门应当及时通知沿途经过的设区市级以上地方人民政府环境保护行政主管部门。

按照《危险废物转移联单管理办法》（原国家环境保护总局）有关规定，如实填写转移联单中接受单位栏目，并加盖公章；转移联单保存齐全，并与危险废物经营情况记录簿同期保存；需转移给外单位利用或处置的危险废物，全部提供或委托给持危险废物经营许可证的单位从事收集、储存、利用、处置的活动，并签订委托利用、处置危险废物合同。

5. 收集/储存/处置许可制度

《固体法》(2016 年 11 月 7 日修订版)第五十七条规定,从事收集、贮存、处置危险废物经营活动的单位,必须向县级以上人民政府环境保护行政主管部门申请领取经营许可证;从事利用危险废物经营活动的单位,必须向国务院环境保护行政主管部门或者省、自治区、直辖市人民政府环境保护行政主管部门申请领取经营许可证。具体管理办法由国务院规定。

禁止无经营许可证或者不按照经营许可证规定从事危险废物收集、贮存、利用、处置的经营活动。禁止将危险废物提供或者委托给无经营许可证的单位从事收集、贮存、利用、处置的经营活动。

许可证申领参考《危险废物经营单位审查和许可指南》(环境保护部公告 2016年第 29 号)执行。

6. 应急预案制度

《固体法》(2016 年 11 月 7 日修订版)第六十二条规定,产生、收集、贮存、运输、利用、处置危险废物的单位,应当制定意外事故的防范措施和应急预案,并向所在地县级以上地方人民政府环境保护行政主管部门备案;环境保护行政主管部门应当进行检查。参考《危险废物经营单位编制应急预案指南》。

7. 事故报告制度

《固体法》(2016 年 11 月 7 日修订版)第六十三条规定,因发生事故或其他突发性事件,造成危险废物严重污染环境的单位,必须立即采取措施消除或减轻对环境的危害,及时通报可能受到污染危害的单位和居民,并向所在地县级以上地方人民政府环境保护行政主管部门和有关部门报告,接受调查处理。参考《危险废物经营单位记录和报告经营情况指南》(环境保护部,2009 年 10 月 29 日)。

8. 经营活动/许可证上报制度

《危险废物经营许可证管理办法》(2016 年 2 月 6 日修订版本)第十八条规定,县级以上人民政府环境保护主管部门有权要求危险废物经营单位定期报告危险废物经营活动情况。危险废物经营单位应当建立危险废物经营情况记录簿,如实记载收集、贮存、处置危险废物的类别、来源、去向和有无事故等事项。

危险废物经营单位应当将危险废物经营情况记录簿保存 10 年以上,已填埋处置危险废物的经营情况记录簿应当永久保存。终止经营活动的,应当将危险废物经营情况记录簿移交所在地县级以上人民政府环境保护主管部门存档管理。

9. 危险废物产生者处置/强制/代行处置制度

《固体法》(2016 年 11 月 7 日修正版)第五十五条规定,产生危险废物的单位，必须按照国家有关规定处置危险废物，不得擅自倾倒、堆放；不处置的，由所在地县级以上地方人民政府环境保护行政主管部门责令限期改正；逾期不处置或者处置不符合国家有关规定的，由所在地县级以上地方人民政府环境保护行政主管部门指定单位按照国家有关规定代为处置，处置费用由产生危险废物的单位承担。

确定了"产生者处置"的原则。产生者应当承担对其所产生危险废物进行适当处置的义务。产生者无论是采取自行处置来履行义务还是委托他人代处置间接履行义务，其都是"产生者处置"原则的实现形式。

确立了"强制处置"的原则。产生者负有对危险废物进行处置的强制性义务，从另一个角度讲，这一规定实际上是间接地确立和宣告了禁止向环境排放危险废物的原则。

思　考　题

1. 简述美国危险废物管理法规的主要内容。
2. 简述美国《超级基金法》提出的背景和主要内容。
3. 简述美国国家环保局、州、地方政府危险废物管理的相关制度，并根据相关资料简述各部门管理的特点。
4. 简述美国对于危险废物产生者管理的特点。
5. 简述欧盟在危险废物管理立法方面的主要内容。
6. 简述德国危险废物管理的法律制度及主要内容。
7. 简述荷兰危险废物管理体系及其主要内容。
8. 简述日本对危险废物的分类及相应的管理体系。
9. 简述我国危险废物管理现状及相应的法规体系。
10. 仔细阅读本章节并查阅相关资料，简述德国、荷兰和日本在危险废物管理方面对我国的启示。

第四章　危险废物采样及鉴别

第一节　危险废物的采样和分析

固体废物分析的目的在于污染源监测、污染事故调查与监测、法律调查与仲裁；分析结果用于废物的综合利用与储存、处理处置，以及用于固体废物产生过程的工艺分析，用于环境影响评价等。固体废物处理处置设施的污染控制项目和场内外环境监测也是固体废物监测的重要内容。中国固体废物的危险特性鉴别中样品的采集和检测，以及检测结果判断等过程的技术要求在《危险废物鉴别技术规范》（HJ/T 298—2007）中有明确说明[8]。

一、危险废物的采样

国家颁布的《工业固体废物采样制样技术规范》（HJ/T 20—1998）详述了固体废物的采样与制样技术方法[41]。推荐的采样方法有简单随机采样法、分层随机采样法、系统随机采样法和权威采样法。其中采样方法、样品数、样品量、采样点位设置等因素与采样误差的关系，均以理论介绍或解释为主，仍需要大量的科学实验数据为依据。

（一）采样方法

在对固体废物采样前，必须根据采样目的制订出详细、可操作的采样计划。采样计划应包括调查手段、采样方法、样品保存和运输方法、样品分析手段及质量保证与质量控制方法。应该根据采样目的、废物性质、采样现场条件等选择适宜的采样方法，最常用的是简单随机采样法和分层随机采样法。

1. 简单随机采样法

简单随机采样是最常用、最基本的采样方法，有抽签法和随机数表法两种表达方式。基本假设为总体中所有个体成为样品的概率是均等而独立的。在对固体废物中污染物含量分布状况未知或废物的特性不存在明显非随机不均匀性时，简单随机采样法是最为有效的方法，如从沉淀池、储存池和大量件装容器的固体废物中抽取有限单元采取废物样品时。

2. 分层随机采样法

分层随机采样法是将总体划分为若干个组成单元或将采样过程分为若干个阶

段（均称为"层"），然后从每一层中随机采取样品。当危险废物是批量产生的，或产生的危险废物具有非随机不均匀性，但是可明显加以区分时，通常采用此法。通过分层采样，降低了层内的变异，使在样品数和样品量相同的条件下，误差小于简单随机采样法。此外，分层随机采样法也常用于生活垃圾的分类采样，如不同炊事燃料结构生活垃圾的组成、灰分、热值、渗滤液性质分析等。

3. 系统随机采样法

这种方法是利用随机数表或其他目标技术，从总体中随机抽取某一个体作为第一个采样单元，然后从第一个采样单元起按一定的顺序和间隔确定其他采样单元并采取样品。对连续产生或排放的废物、较大数量件装容器存放的废物等，常采用此法，有时也用于散状堆积的废物或渣山采样，但当废物中某种待测组分有未被认识的趋势或周期性变化时，将影响采样的准确度和精密度。

4. 多段式采样法

多段式采样法是将采样过程分为两个或多个阶段来进行，先抽取大的采样单位，再从大的采样单位中抽取采样单元。多段式采样是由于总体范围太大，难以直接抽取采样单元，因而借助中间阶段作为过渡，除了最后一阶段是抽取采样单元外，其余阶段均是为了得到采样单元而抽取的中间单位。多段式采样法常用于对区域生活垃圾产生量、废物分类和废物组分分析时的采样。

5. 权威采样法

这是一种依赖采样者对检测对象的认识（如特性结构、抽样结构）和判断，以及积累的工作经验来确定采样位置的方法，该方法所采取的样品为非随机样品。

（二）采样数量

表 4-1 列出了需要采集固体废物的最小取样数。固体废物为历史堆存状态时，以堆存的固体废物总量为依据，按照表 4-1 列出的分样数进行取样。当固体废物为连续产生时，应以确定的工艺环节一个月内的固体废物产生量为依据，按照表 4-1 确定采样量。如果生产周期小于一个月，则以一个生产周期内的固体废物产生量为依据。

表 4-1　需要采集的最少取样数

固体废物量（以 q 表示）/t	份样数/个
$q \leqslant 5$	5
$5 < q \leqslant 25$	8
$25 < q \leqslant 50$	13
$50 < q \leqslant 90$	20

固体废物量（以 q 表示）/t	份样数/个
$90<q\leqslant150$	32
$150<q\leqslant500$	50
$500<q\leqslant1000$	80
$q>1000$	100

样品采集应分次在一个月（或一个生产周期）内等时间间隔完成；每次采样在设备稳定运行的 8h（或一个生产班次）内等时间间隔完成。

固体废物为间歇产生时，应以确定的工艺环节一个月内的固体废物产生量为依据，按照表 4-1 确定采样量。如果固体废物产生的时间间隔大于一个月，以每次产生的固体废物总量为依据，按照表 4-1 确定需要采集的份样数。每次采集的份样数应满足下式（《危险废物鉴别技术规范》HJ/T 298—2007）要求：

$$n = N / p$$

式中，n 为每次采集的份样数；N 为需要采集的份样数；p 为一个月内固体废物的产生次数。

固态废物样品采集的份样量应同时满足下列要求：①满足分析操作的需要；②依据固态废物的原始颗粒最大粒径，不小于表 4-2 中规定的质量。

表 4-2　需要采集的最小份样量

原始颗粒最大粒径（以 d 表示）/cm	最小份样量/g
$d\leqslant0.50$	500
$0.50<d\leqslant1.0$	1000
$d>1.0$	2000

（三）样品采集/制备/保存

1. 采样工具与容器

采样工具与容器的选择，需综合考虑所需采取废物的种类、形态、特性及废物产生、储存、排放方式、工作场地等因素。采取生活垃圾样品的工具主要有锹、耙、锯、锤子、剪刀等。采取固态工业废物样品的采样工具主要有锹、锤子、采样探子、采样钻、气动和真空探针、取样铲等；采取液态工业废物样品的采样工具主要有采样勺、采样管、采样瓶（罐）、泵、搅拌器等。容器外表面的显著位置处必须有不易破损的标签或标志，标签或标志上应能清楚写出样品名称、编号、采样时间、地点及采样人。

2. 样品采集

固体废物采样包括生活垃圾采样、工业固体废物采样和固体废物处理处置设施及其场地环境监测采样。有关固体废物处理处置设施的采样可遵循有关污染控制标准或监测技术标准中规定的采样方法，没有相关规定的采用地表水、土壤、大气和生物常规采样技术。

1）固态废物件装容器采样

对于袋装块、粒状废物，将袋子倾斜 45° 打开袋口，用长铲式采样器从袋中心处插入袋底后抽出。对于袋装污泥状废物，打开袋口，将探针从袋的中心处垂直插入袋底，旋转 90° 后抽出，用木片将探针槽内的泥状物刮入样品容器内，然后在第一个采样位置半径 10～15cm 处按照相同的方法采取样品，直至采取到所需样品量。对于袋装干粉状废物，将盛装废物的袋子倾斜 30°，打开袋口，将套筒式采样器开口向下从袋中心处插入袋底，旋转 180° 并轻晃几下后抽出，将样品倒入预先铺好的塑料布上，再转移到样品容器中。对桶装废物，需打开桶盖，根据废物颗粒直径大小选择采样器，分层采取废物样品。

2）输送带上固态废物采样

分为停机采样和不停机采样：停机采样即在所选取的采样时间段内按照简单随机采样法抽取采样时间，或按照系统随机采样法等时间间隔停止输送带传送废物，在输送带的某一指定位置处采取所有废物颗粒作为样品；不停机采样在所选取的采样时间段内按照上述采样法等时间间隔从出料口采样，用勺式采样器从料口的一端匀速拉向另一端接取完整废物流，每接取一次作为一个样品。

3）固态废物储罐采样

应尽可能在装卸废物过程中按输送带采样或桶装废物采样方法进行操作。采样时，用布袋或桶接住料口，按设定的样品数逐次放出废物。每次放料时间相等，每接取一次废物，作为一个采样单元，采取 1 个样品。

4）固态废物池采样

将固态废物池划分为设定样品数的 5 倍，数若干面积大小的相等网格，顺序编号后用随机数表抽取与样品数相等的网格作为采样单元采取样品。当池内废物较厚时，应分上、中、下层采取样品，等量（体积或重量）混合后再作为一个样品。

5）车内固态废物采样

可按照桶装废物采样方法进行采样。一车废物既可以作为一个采样单元采取样品，也可以在车内采取多个样品。

6）板框压滤机固态废物采样

将压滤机各板框顺序编号，用抽签的方法抽取不少于 30% 的板框数作为采样单元，在完成压滤脱水后取下，用小铲将废物刮下，每个板框采取的废物等量（体积或重量）混合后作为一个样品。

7）散状堆积废物采样

对于堆积高度小于 0.5 m 的独立散状堆积废物，可将废物堆摊平 10 cm 左右厚度的矩形后，等面积划分出设定样品数 5 倍数的网格，顺序编号。用随机数表抽取设定样品数的网格作为采样单元，在网格中心位置处用采样铲或锹垂直采取全层厚度的废物，一个网格采取的废物作为一个样品。

8）渣山采样

当废物用输送带连续输送时，按输送带采样方法进行采样；当废物用运输车辆装卸时，用车内采样方法进行采样，无法在车内采样时，可用散状堆积废物采样的方法采取样品。在填埋作业面边缘采样时，在随机确定的采样位置处，用土壤采样器或铁锹垂直插入废物中采取样品。

9）容器装液态废物采样

将容器内液态废物混匀（含易挥发组分的液态废物除外）后打开盖子，将玻璃采样管垂直缓缓插入液面至底部，待采样管内液面与容器内液面一致时，用拇指按紧管的顶部慢慢提出，在管外壁附着的液体流下后，将样品注入预先准备好的采样瓶中，重复上述操作至满足样品量要求。

10）储罐（槽）装液态废物采样

在顶部入口处，将闭盖的重瓶采样器缓缓放入指定的液位深度后启盖，待瓶中装满液体后（液面不再冒气泡），闭盖提出，在瓶外壁附着的液体流下后，将样品注入预先准备好的盛样容器中，重复上述操作至满足样品量要求。

3. 样品制备

将采取的样品干燥、破碎，可采用圆锥四分法、份样缩分法或二分器缩分法，将样品缩至所需数量。份样缩分法是适合于样品数量较大时的一种缩分方法。样品混合后，将其平摊为厚度均匀的矩形平堆，并划分出若干面积相等的网格，然后用分样铲在每个网格中等量取出一份，收集并混合后即为经过一次缩分的样品。如需进一步缩分，应再次粉碎、混合后，按上述方法重复操作。二分器缩分法即将样品通过二分器三次混合后置入给料斗中，轻轻晃动料斗，使样品沿二分器全部格槽均匀散落，然后随机选取一个或数个格槽作为保留样品。

4. 样品保存

样品在运送过程中，应避免样品容器的倒置和倒放，并且要有空白样品。样品应保存在不受外界环境污染的洁净房间内，并避免样品相互间的交叉污染。应根据待测组分的性质，确定样品的具体保存条件和时间。

二、危险废物的分析

固体废物检测采用现代毒性鉴别实验与分析测试技术，以危险废物和城市生活垃圾填埋厂、焚烧厂等重点处理处置设施的在线自动监测为主导，以重点污染源排放的固体废物的人工采样——实验室常规监测分析为基础，逐步建立并形成我国完整的固体废物毒性实验与监测分析的技术体系，使我国环境监测系统具备了全面执行固体废物相关法规和标准的监测技术支撑能力[42]。工业固体废物的分析包括物理特性、化学特性和生物特性的分析。各种特性分析的主要方法列于表 4-3 中。

表 4-3　固体废物特性监测分析方法

特性	分析方法
pH	玻璃电极法
一氧化碳（CO）	非分散红外吸收法、气相色谱法
二噁英类	色谱-质谱联用法
二氧化硫（SO_2）	甲醛吸收副玫瑰苯胺分光光度法、甲醛吸收副玫瑰苯胺比色法
大肠菌值	发酵法
六价铬	二苯碳酰二肼分光光度法、硫酸亚铁铵滴定法
汞	冷原子吸收法、二硫腙双色法
细菌总数	培养法
总汞	冷原子吸收分光光度法
总悬浮颗粒物	重量法
总铬	二苯碳酰二肼分光光度法、直接吸入火焰原子吸收分光光度法、硫酸亚铁铵滴定法
氟化物	离子选择性电极法
氟化氢（HF）	滤膜·氟离子选择电极法
烟气黑度	林格曼烟度法
烟尘	重量法
砷	二乙基二硫代氨基甲酸银分光光度法
酚	4-氨基安替比林比色法
铜、锌、铅、镉	直接吸入火焰原子吸收法或 KI-MIBK 萃取火焰原子吸收法
氮氧化物	盐酸萘乙二胺分光光度法
氯化氢（HCl）	硫氰酸汞分光光度法、硝酸银容量法
焚烧残渣热灼减率	重量法
锑	5-Br-PADAP 分光光度法
锡	原子吸收分光光度法
锰	原子吸收分光光度法
腐蚀性	玻璃电极法
镍	直接吸入火焰原子吸收分光光度法、丁二酮肟分光光度法

第二节　危险废物鉴别

一、国外危险废物鉴别

本节介绍了美国、欧盟、日本等国家和地区危险废物毒性特性的定义及其鉴别指标体系，并与我国现行鉴别指标进行比较。

（一）《巴塞尔公约》

《巴塞尔公约》在附件一、二中规定了危险废物类别，在附件三"危险特性的等级"中规定了 14 类不同性质的危险特性，如爆炸物、易燃液体、有机过氧化物、反应性、毒性、传染性、腐蚀性、生态毒性等，并对各种特性进行了定义，除规定易燃性液态废物闪点外，对毒性、腐蚀性等特性没有制定鉴别指标。

（二）美国

美国国家环保局通过危险废物名录或危险特性鉴别确定危险废物，其中特性鉴别确定的危险废物占总量的 70%。美国国家环保局将危险特性分为以下 4 类：易燃性、腐蚀性、反应性和毒性特性，定义危险特性为一部分列入名录的固体废物提供依据，也可以鉴别未列入名录之内，但可能是危险废物的固体废物。为了缩小危险废物的鉴别范围，避免过大的管理成本，美国国家环保局制定了两条原则鉴别确定危险特性。

（1）反映危险废物的定义，这种固体废物可能是：①造成或很可能导致高死亡率、严重疾病；②在处理、储存、运输、处置或其他管理过程中由于不适当的处理处置对人体健康或生态环境造成极大的危害或风险。

（2）以上特性能够：①有合适和标准的测试分析方法；②由废物产生者或管理者通过相关专业知识和经验进行判断。

美国危险废物鉴别程序[43]如图 4-1 所示。

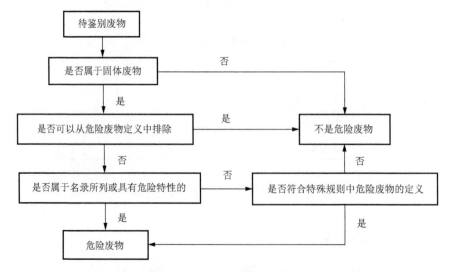

图 4-1　美国危险废物鉴别程序

（三）欧盟

欧盟环境署（EU-EEA）通过风险与安全评价，综合考虑在正常处理和使用危险品的过程中可能遇到的危险，提出了以下危险特性类别，主要包括易燃性、反应性、腐蚀性、有害、有毒、剧毒和致癌性、致畸性及致突变性（以下简称"三致"）、生态毒性等。依据指令 2000/532/EEC，对于上述部分危险特性制定了鉴别指标：①易燃性：闪点<55℃；②腐蚀性：致使严重烧伤，含量≥1%；致使烧伤，含量为≥5%；③急性毒性：剧毒、有毒和有害性物质规定的总含量分别为≥0.1%、≥3%和≥25%；④"三致"毒性：致癌、致突变、致畸性物质规定的总含量分别为≥0.1%、≥0.1%、≥0.5%。

在欧盟指令 94/904/EEC 中明确规定了毒性物质鉴别标准值的制定原则，标准值的制定综合考虑了毒性物质的风险与安全评价，具体的方法如下。

（1）确定毒性物质的危险特性，即对毒性物质进行危险性评估。通过毒理数据具体说明这些物质引起过敏、"三致"、对水体环境的毒害等危险特性。

（2）确定危险废物的暴露途径。假设废物通过某种暴露途径造成严重的伤害，急性和"三致"毒性物质考虑的暴露途径主要是经口、皮肤接触和吸入。

（3）急性危害（短期暴露产生的即时或延迟的负面影响）和长期毒性实验，实验方法在指令 67/548/ EEC 附录Ⅴ物理化学特性、毒性和生态毒性实验方法中做了明确规定。长期毒性实验重点考察的是"三致"毒性物质，这些物质一般要经过 1~5 年的毒性实验，并在随后进一步评估其对人体健康和环境的影响。通过以上风险评估和急性危害/长期毒性实验，欧盟确定了各种物质在表现剧毒、有毒、有害和"三致"等危害特性时的最低含量。

（四）日本

日本对于废物的毒性特性评估是根据废物的最终处置方法进行分类的，分为产业废物填埋处置鉴别标准、产业废物投海处置鉴别标准、特别管理产业废物填埋处置鉴别标准三大类，在这些标准中规定了汞、有机磷等 33 类重金属和有毒有机物的浸出浓度判定指标。

所有的鉴定方法根据处置方式采用不同的浸出液进行有害物质的测定。填埋处置的废物鉴定采用 pH 为 5.8~6.3 的微酸性水溶液进行浸取，保护目标为地下水；而投海处置则采用纯水进行浸取，保护目标为海洋。另外日本还制定了含油废物、含 PCBs 废物的判定基准及入场基准。

二、中国危险废物鉴别

为贯彻《中华人民共和国环境保护法》和《中华人民共和国固体废物污染环境防治法》，防治危险废物造成的环境污染，加强对危险废物的管理，保护环境，保障人体健康，国家环境保护总局制定了《危险废物鉴别标准》（GB 5085.1～7—2007）[44]，包括通则、毒性物质含量鉴别、反应性鉴别、易燃性鉴别、浸出毒性鉴别、急性毒性初筛、腐蚀性鉴别。详细规定了危险废物的鉴别程序和鉴别规则，适用于任何生产、生活和其他活动中产生固体废物的危险特性鉴别，适用于液态废物的鉴别；但不适用于排入水体废水的鉴别，不适用于放射性废物，以及危害性鉴别。

（一）危险废物鉴别程序

危险废物鉴别程序在《危险废物鉴别标准　通则》（GB 5085.7—2007）中有详细描述，具体可用图 4-2 表示。

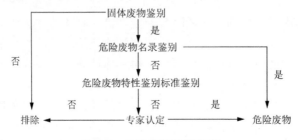

图 4-2　危险废物鉴别程序

固体废物与非固体废物的鉴别首先应根据《中华人民共和国固体废物污染环境防治法》中的定义进行判断；其次可根据《固体废物鉴别导则》所列的固体废物范围进行判断；根据上述定义和固体废物范围仍难以鉴别的，可根据《固体废物鉴别导则》第三部分固体废物的鉴别根据进行鉴别。

2016 版《国家危险废物名录》目前共 46 大类，479 种废物。危险废物名录鉴别除涉及《国家危险废物名录》外，还有《危险化学品目录》和《医疗废物分类目录》作为补充。另外，列入《危险废物豁免管理清单》中的危险废物，在所列的豁免环节，且满足相应的豁免条件时，可以按照豁免内容的规定实行豁免管理。

《危险废物鉴别技术规范》（HJ/T 298—2007）中明确规定，对无法确认固体废物是否存在 GB 5085 规定的危险特性或毒性物质时，按照下列顺序进行检测：①反应性、易燃性、腐蚀性检测；②浸出毒性中无机物质项目的检测；③浸出毒性中有机物质项目的检测；④毒性物质含量鉴别项目中无机物质项目的检测；⑤毒性物质含量鉴别项目中有机物质项目的检测；⑥急性毒性鉴别项目的检测。

（二）反应性鉴别

《危险废物鉴别标准反应性鉴别》（GB 5085.5—2007）规定了反应性危险废物的鉴别标准，适用于任何生产、生活和其他活动中产生固体废物的反应性鉴别[45]。

主要的鉴别规范如下:《氧化性危险货物危险特性检验安全规范》（GB 19452—2004）;《民用爆炸品危险货物危险特性检验安全规范》（GB 19455—2004）;《遇水放出易燃气体危险货物危险特性检验安全规范》（GB 19521.4—2004）;《有机过氧化物危险货物危险特性检验安全规范》（GB 19521.12—2004）;《危险废物鉴别技术规范》（HJ/T 298—2007）。根据鉴别标准，符合下列任何条件之一的固体废物，属于反应性危险废物。

（1）具有爆炸性质:常温常压下不稳定，在无引爆条件下，易发生剧烈变化;标准温度和压力下（25℃，101.3 kPa），易发生爆轰或爆炸性分解反应;受强起爆剂作用或在封闭条件下加热，能发生爆轰或爆炸反应。

（2）与水或酸接触产生易燃气体或有毒气体;与水混合发生剧烈化学反应，并放出大量易燃气体和热量;与水混合能产生足以危害人体健康或环境的有毒气体、蒸气或烟雾;在酸性条件下，每千克含氰化物废物分解产生≥250 mg 氰化氢气体，或者每千克含硫化物废物分解产生≥500 mg 硫化氢气体。

（3）废弃氧化剂或有机过氧化物:极易引起燃烧或爆炸的废弃氧化剂;对热、震动或摩擦极为敏感的含过氧基的废弃有机过氧化物。

（三）易燃性鉴别

《危险废物鉴别标准　易燃性鉴别》（GB 5085.4—2007）适用于任何生产、生活和其他活动中产生固体废物的易燃性鉴别[46]。主要的鉴别规范如下:《石油产品闪点测定法（闭口杯法）》（GB/T 261—2008）;《易燃固体危险货物危险特性检验安全规范》（GB 19521.1—2004）;《易燃气体危险货物危险特性检验安全规范》（GB 19521.3—2004）;《危险废物鉴别技术规范》（HJ/T 298—2007）。根据鉴别标准，符合下列任何条件之一的固体废物，属于易燃性危险废物。

（1）液态易燃性危险废物，闪点温度低于 60℃（闭杯实验）的液体、液体混合物或含有固体物质的液体。

（2）固态易燃性危险废物，在标准温度和压力（25℃，101.3 kPa）下因摩擦或自发性燃烧而起火，经点燃后能剧烈而持续地燃烧并产生危害的固态废物。

（3）气态易燃性危险废物，在 20℃，101.31 kPa 状态下，与空气的混合物中体积分数≤13%时可点燃的气体，或者在该状态下，无论易燃下限如何，与空气混合，易燃范围的易燃上限与易燃下限之差大于或等于 12 个百分点的气体。

（四）腐蚀性鉴别

《危险废物鉴别标准　腐蚀性鉴别》（GB 5085.1—2007）适用于任何生产过程及生活所产生的固体危险废物的腐蚀性鉴别[47]。对于水溶性废物，按照 GB/T 15555.12—1995 的规定制备浸出液:1L 蒸馏水+100g 样品，振荡 8h，静置 16h。过滤分离固液相测定 pH。pH≥12.5，或者 pH≤2.0，判定为危险废物。非水溶性废物在 55℃条件下，对 GB/T 699 中规定的 20 号钢材按照 JB/T 7901 测定腐蚀率。腐蚀速率≥6.35 mm/a 者为危险废物。

（五）浸出毒性鉴别

《危险废物鉴别标准 浸出毒性鉴别》（GB 5085.3—2007）的适用范围扩展到任何过程产生的危险废物[48]。固态的危险废物过水浸沥，其中有毒有害的物质迁移转化，污染环境。浸出有毒有害物质的毒性称为浸出毒性。若渗滤液中任何一种有毒有害成分的浓度超过表 4-4 所列的浓度值时，则该废物是具有浸出毒性的危险废物。固体废物浸出毒性浸出方法采用硫酸硝酸法（HJ/T 299—2007）。

表 4-4　浸出毒性鉴别标准值

序号	危害成分项目	浸出液中危害成分浓度限值/（mg/L）	分析方法代码
		无机元素及化合物	
1	铜（以总铜计）	100	A/B/C/D
2	锌（以总锌计）	100	A/B/C/D
3	镉（以总镉计）	1	A/B/C/D
4	铅（以总铅计）	5	A/B/C/D
5	总铬	15	A/B/C/D
6	铬（六价）	5	GB/T 15555/4—1995
7	烷基汞	不得检出	GB/T 14204—1993
8	汞（以总汞计）	0.1	B
9	铍（以总铍计）	0.02	A/B/C/D
10	钡（以总钡计）	100	A/B/C/D
11	镍（以总镍计）	5	A/B/C/D
12	总银	5	A/B/C/D
13	砷（以总砷计）	5	C/E
14	硒（以总硒计）	1	B/C/E
15	无机氟化物（不包括氟化钙）	100	F
16	氰化物（以 CN⁻计）	5	G
		有机农药类	
17	滴滴涕	0.1	H
18	六六六	0.5	H
19	乐果	8	I
20	对硫磷	0.3	I
21	甲基对硫磷	0.2	I
22	马拉硫磷	5	I
23	氯丹	2	H
24	六氯苯	5	I
25	毒杀芬	3	H
26	灭蚁灵	0.05	H

续表

序号	危害成分项目	浸出液中危害成分浓度限值/（mg/L）	分析方法代码
非挥发性有机化合物			
27	硝基苯	20	J
28	二硝基苯	20	K
29	对硝基氯苯	5	L
30	2,4-二硝基氯苯	5	L
31	五氯酚及五氯酚钠（以五氯酚计）	50	L
32	苯酚	3	K
33	2,4-二氯苯酚	6	K
34	2,4,6-三氯苯酚	6	K
35	苯并[a]芘	0.0003	K/M
36	邻苯二甲酸二丁酯	2	K
37	邻苯二甲酸二辛酯	3	L
38	多氯联苯	0.002	N
挥发性有机化合物			
39	苯	1	O/P/Q
40	甲苯	1	O/P/Q
41	乙苯	4	P
42	二甲苯	4	O/P
43	氯苯	2	O/P
44	1,2-二氯苯	4	K/O/P/R
45	1,4-二氯苯	4	K/O/P/R
46	丙烯腈	20	O
47	三氯甲烷	3	Q
48	四氯化碳	0.3	Q
49	三氯乙烯	3	Q
50	四氯乙烯	1	Q
分析方法			

代码	名称
A	电感耦合等离子体发射光谱法（ICP-AES）
B	电感耦合等离子体质谱法（ICP-MS）
C	石墨炉原子吸收光谱法（AAS）
D	火焰原子吸收光谱法
E	原子荧光法（AFS）
F、G	离子色谱法（IC）
H、I、N、P、R	气相色谱法
J	高效液相色谱法
K、O	气相色谱/质谱法

分析方法	
代码	名称
L	高效液相色谱法/热喷雾/质谱或紫外法
M	热提取气相色谱质谱法
Q	平衡顶空法
S	微波辅助酸消解法
T	碱消解法
U	分液漏斗液-液萃取法
W	硅酸镁载体柱净化法

（六）毒性物质含量鉴别

《危险废物鉴别标准 毒性物质含量鉴别》（GB 5085.6—2007）规定了含有毒性、致癌性、致突变性和生殖毒性物质的危险废物鉴别标准[49]。适用于任何生产、生活和其他活动中产生固体废物的毒性物质含量鉴别，具体要求见表4-5。

表 4-5　固体废物的毒性物质含量鉴别方法

危险废物判定	分析方法
是	附录 A 中的一种或一种以上剧毒物质的总含量≥0.1%
是	附录 B 中的一种或一种以上有毒物质的总含量≥3%
是	附录 C 中的一种或一种以上致癌性物质的总含量≥0.1%
是	附录 D 中的一种或一种以上致突变性物质的总含量≥0.1%
是	附录 E 中的一种或一种以上生殖毒性物质的总含量≥0.5%
是	附录 F 中的任何一种持久性有机污染物（除多氯二苯并对二噁英、多氯二苯并呋喃外）的含量≥50mg/kg；含有多氯二苯并对二噁英和多氯二苯并呋喃的含量≥15μg TEQ/kg

含有本标准附录 A 至附录 E 中两种及以上不同毒性物质，如果符合式（4-1），则按照危险废物管理。

$$\sum \left[\left(\frac{p_{T^+}}{L_{T^+}} + \frac{p_T}{L_T} + \frac{p_{Carc}}{L_{Carc}} + \frac{p_{Muta}}{L_{Muta}} + \frac{p_{Tera}}{L_{Tera}} \right) \right] \geqslant 1 \qquad (4\text{-}1)$$

式中，p_{T^+} 为固体废物中剧毒物质的含量；p_T 为固体废物中有毒物质的含量；p_{Carc} 为固体废物中致癌性物质的含量；p_{Muta} 为固体废物中致突变性物质的含量；p_{Tera} 为固体废物中生殖毒性物质的含量；L_{T^+}、L_T、L_{Carc}、L_{Muta}、L_{Tera} 分别为各毒性物质在表 4-5 中所示附录 A 到附录 E 中规定的标准值。

（七）急性毒性初筛

《危险废物鉴别标准 急性毒性初筛》（GB 5085.2—2007）适用于任何生产及

生活过程所产生的固体危险废物的急性毒性初筛[50]。符合下列条件之一的固体废物属于危险废物，经口摄取：固体 $LD_{50} \leqslant 200$ mg/kg，液体 $LD_{50} \leqslant 500$ mg/kg；经皮肤接触：$LD_{50} \leqslant 1000$ mg/kg；蒸气、烟雾或粉尘吸入：$LC_{50} \leqslant 10$ mg/L。

（八）危险废物混合后判定规则

具有毒性（包括浸出毒性、急性毒性及其他毒性）和感染性等一种或一种以上危险特性的危险废物与其他固体废物混合，混合后的废物属于危险废物[44]。危险废物与放射性废物混合，混合后的废物应按照放射性废物管理。

仅具有腐蚀性、易燃性或反应性的危险废物与其他固体废物混合，混合后的废物经 GB 5085.1、GB 5085.4 和 GB 5085.5 鉴别不再具有危险特性的，不属于危险废物。

（九）危险废物处理后判定规则

具有毒性（包括浸出毒性、急性毒性及其他毒性）和感染性等一种或一种以上危险特性的危险废物处理后的废物仍属于危险废物，国家有关法规、标准另有规定的除外[44]。仅具有腐蚀性、易燃性或反应性的危险废物处理后，经 GB 5085.1、GB 5085.4 和 GB 5085.5 鉴别不再具有危险特性的，不属于危险废物。

思 考 题

1. 简述危险废物样品采集方法、分析方法及注意事项。
2. 简述固体废物物化特性监测分析方法并详细介绍二噁英的分析方法。
3. 简述国外危险废物鉴别的原则和方法。
4. 简述我国危险废物的鉴别程序，并说明家庭日常生活中产生的废药品及其包装物、废杀虫剂和消毒剂及其包装物、废油漆和溶剂等，是否为危险废物。
5. 简述危险废物反应性、易燃性、腐蚀性、浸出毒性的鉴别标准及方法。
6. 简述我国危险废物毒性物质含量鉴别标准和方法。

第五章　危险废物污染预防

第一节　概　　述

我国政府对污染预防非常重视，努力将目前的环境管理方法转向污染预防。国家环境保护总局发布的《危险废物污染防治技术政策》（环发[2001]199 号）明确指出，对于危险废物技术政策的管理应遵循减量化（reduce）、资源化（reuse）和无害化（recycle）的"3R"原则[38]。"3R"原则是运用生态学规律把经济活动组织成一个"资源→产品→再生资源"的反馈式流程，实现低开采、高利用、低排放，最大限度利用进入系统的物质和能量，提高资源利用率，最大限度地减少污染物排放，提升经济运行质量和效益。其中，减量化为危险废物污染预防的第一原则，也是循环经济和清洁生产的第一原则。

为了促进循环经济发展，提高资源利用效率，保护和改善环境，实现可持续发展，我国于 2008 年 8 月通过了《中华人民共和国循环经济促进法》。循环经济，是指在生产、流通和消费等过程中进行的减量化、再利用、资源化活动的总称。其中，减量化，是指在生产、流通和消费等过程中减少资源消耗和废物产生。

减量化是对危险废物的数量、种类、体积、有害物质性质的全面管理。减量化可具体表现为减少废物的体积、数量，减少危险废物的种类，降低危险废物中有毒成分的浓度，减轻或消除其危险特性。废物减量化技术包含排放源的减少和废物循环利用两大分支，就循环经济的理念而言，危险废物的源减量比循环利用更为重要。废物减量化技术可以通过一系列实施方法和途径来实现，如图 5-1 所示。

危险废物源头控制的措施包括运营能力的提升、生产技术的改进、原料输入物的控制和产品的改进等。危险废物的再生和回收可以通过再利用、回收的综合利用途径。本章将对危险废物的源头控制途径进行介绍。

第二节　运营能力的提升

危险废物源头控制的主要途径是企业运营能力的提升，其中操作技术的改进是将废物管理的手段向生产过程的"上游"转移，从而减少对"下游"控制手段的过分依赖，避免用末端治理手段解决危险废物造成的环境问题。这样不仅可以减少危险废物的产生量，而且可以通过工艺的改进以及原材料的筛选减轻甚至消除废物的危害性或毒性。

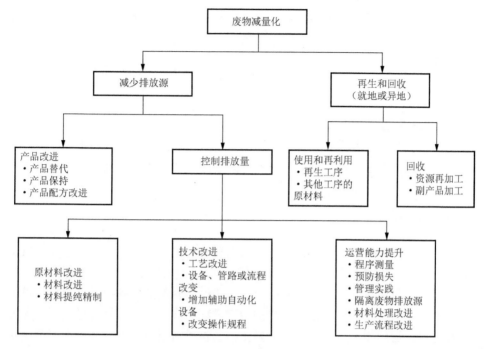

图 5-1　危险废物减量化技术[38]

操作技术的改进是指公司用于废物最小化的程序、行政和制度上的措施，是应用于生产操作中的主观方面。实施先进操作技术花费甚少，投资回收较快。这些操作技术能在工厂的各个方面得到实施，如生产系统、设备维护保养系统、原材料和产品储运系统。先进操作技术包括废物减量化程序、员工的参与、材料流转和库存情况、预防物料损失、废物隔离、成本统计核算和生产调度计划等全过程的最优化。

一、减量化程序

废物减量化程序是为系统地减少废物产生而建议的一系列有组织的、综合性的和持续性的工作程序。对整个系统而言，减量化程序的构成要素包括若干废物减量化专项设计以及建立在废物减量化评价基础上减少废物的具体实施方案。废物减量化程序应当体现企业管理部门对废物减量化的政策和方针目标，同时该程序也应在废物减量化方面体现出企业的运营能力。该程序的主要目标是减少乃至消除废物的产生，提高企业的生产效率。

　　附注 5-1　美国《资源保护与回收法》（RCRA）要求："危险废物产生企业必须采取恰当的程序，力求使生产过程产生的废物的量和毒性减低到经济上切实可行的程度。"

最简单和最廉价的在源头削减危险废物的方法，是提升企业内部管理和运行维护程序。以正确操作和预防为指导思想，进行严格的运行维护工作可以减少由于设备的问题所产生的废物。一个完整的运行维护体系主要包括：所有设备的性能和位置的相关信息；每一个设备或者每一部分设备的运行时间；在整个过程中至关重要的部分；存在问题的设备的相关信息；设备的维护指南和设备维修情况的历史记录等。

优化原材料处理程序可以削减废物的产生。储存区的设计应该便于对潜在泄漏源的检查，在储存区内必须设计足够的照明。进行指定性检查和不允许检查者去查看潜在问题都是达不到预期目的的。其他的管理包括保持过道清洁、将不同的化学品分开放置以避免污染或反应等。

二、员工参与

员工的参与包括雇员的培训、精神鼓励和物质奖励，以及其他促进雇员自觉地为减少废物产生而努力的方法。培训对象包括负责设备运行和维护的员工、管理生产原料的员工和处理废弃物质的员工。培训内容包括正确的操作流程、设备的正确使用方法和操作控制规范、维护检查日程及恰当的废物管理措施和处理方法。通过培训达到如下目标：①安全操作；②材料的正确处理；③关于有关废物产生和处置的经济环境影响；④检查有害物质排放；⑤紧急事故的处理；⑥工具的安全使用。

三、材料流通

材料流通及库存情况跟踪是为了减少因材料错误流通、过期失效和储存不当引起原材料的不当损耗而采取的程序。主要内容包括：①避免物料的过分购买；②只有在检查后再接收物料；③防止库存中存储的物料超过规定的时间；④仔细阅读物料的有关详细说明；⑤将过期的物料退回给供应商；⑥对过期物料的可用性进行试验和检测；⑦正确地在所有的物料容器上贴标签；⑧建立人工操作系统来分发化学药物与收集废物。

四、预防物料损失

预防物料损失是为避免和减少因设备泄漏而导致的物料流失。通常，长期的小量泄漏损失是难以发现的，但这会造成大剂量危险废物的产生。防止物料损失程序如下：①使用专用槽和管道；②保证所有的槽和管道的物理强度；③为所有的槽和管道安装监测报警系统；④为装卸运输操作制定书面制度；⑤禁止操作者绕过报警装置或连锁系统进行操作；⑥禁止操作者擅自改变生产过程的操作点；⑦当系统发生泄漏或不能正常工作时必须分离该出错的装置和生产线；⑧为收集漏液设备安装连锁报警装置；⑨使用密封泵和密封阀，并对系统中所有的阀门进行适当的规划布局；⑩评估物料的损失量与其实际价值；⑪为底下储存槽安装检测泄漏的设备。

五、废物隔离

危险废物源头削减的一个最基本原则就是避免废弃物的混合。危险废物和大量的无毒废弃物混合，会产生大量必须作为危险废物处理的废弃物原料[51]。废物的隔离是通过预防危险废物和一般废物混合而减少危险废物的排放量。废物隔离的操作应注意以下几个问题：①不允许将危险废物与非危险废物混合存放；②将危险废物与致污物分开存放；③将液体废物与固体废物分开存放。

减少废弃物体积的另一种方式，是将废弃物流体与冷却水分离开。许多制造企业的建筑是在重点考虑废弃物管理之前建造的，通常只有一个下水道，这样所有的液体废弃物都排放到公共的下水道里，此时安装新的管道系统来隔离废弃物是正确处理废弃物的方法。

六、成本统计核算

成本统计核算是指直接向责任车间和班组分摊废物处理处置费用的程序。此程序可以使责任车间班组主动关心废物处理处置效果，通过经济效益推动废物的减量化。

七、生产调度计划

合理地规划批量生产过程，有助于减少设备清洗频率，使废物产生量减少。合理的维修保养也可以削减生产损失，降低工厂设备的停工时间，同时可以防止由机器设备故障而引起的废物泄漏。生产调度计划内容如下：①尽量按最大批量生产；②使设备趋向以生产同类产品为主；③改变批量生产顺序，使清洗次数达最少（如从浅色的至深色投加物料）；④合理安排生产，使清洗次数达最少。

第三节　生产技术的改造

生产技术改造主要指改造生产过程的工艺和设备，实现废物减少的目的。技术改造的范围包括生产工艺或技术的改进、生产设备或装置的改进、工艺操作条件的改进和生产过程的自动化。

一、生产工艺改进

固体废物产生量大的一个重要原因是工艺落后，因此应采用先进技术，从发生源消除或减少废物的产生。其中，改进生产工艺可以显著地实现废物减量化。

为改进生产工艺，首先要全面考察在运行中的工艺流程，找出可以提高效率的地方。应注意考察对象是整个工艺过程，包括从生产过程到最终的产品包装。

技术创新是指开发新生产工艺来制造相同的产物而减少废物产量。工艺过程的重新设计包括在现有操作中加入新的操作单元或者是用新科技的产品或技术来取代过时的操作系统。例如，传统的苯胺生产工艺中采用的是铁粉还原法，该法在生产过程中产生大量的含硝基苯、苯胺的铁泥和废水，如果采用流化床气相加氢制苯胺，便不会产生铁泥废渣。

对生产工艺进行简单地改变也会在很大程度上减少废物量。例如，在生产管道附件时，将电镀时所使用铬的浓度降低到可以接受的最低值。当铬的浓度由3700 mg/L 降低到 3350 mg/L 时，产生需要处理的铅渣量就会减少 9%，而这丝毫不会影响产品的质量。

二、设备/装置改进

将危险废物产生强度大及环境风险大的落后工艺和设备进行淘汰，安装效率更高的生产设备或是对现有设备进行改造。新型的设备可以更为有效地利用原材料，同时产生更少的废物，即降低了购买原材料的成本和处理废物的成本。而必需的投资也可以通过生产效率的提高和废物处理成本的降低来得到补偿。从经济的角度来说，对现有的设备进行改造是一种非常划算的废物减量方法。

在典型的金属电镀工艺中，废酸洗液主要来源于淋洗槽，在大部分的电镀操作中都要使用，主要作用是从电镀金属的表面除去电镀溶液。双废酸洗液槽的使用能明显减少淋洗槽中的废酸洗液，这种装置和最后的流动淋洗槽不连接。除了明显减少废液的体积以外，电镀工作者还可以减少一半以上过程化学品的使用。

溢出或故意倾倒浓缩液体，可使无毒废物流变为有毒废物。因此，在电镀槽中安装简单的报警器，可避免危险液体溢出，保证用过的电镀槽转移到适当的容器内，以回收有用的金属。在清洗槽前安装一个控制阀门以减少水的消耗量，或是重新设计一个零件支架以减少在电镀过程中的拖带等。

表 5-1 是通过改进生产工艺而减少危险废物产生量的一些实例。

表 5-1　通过改进生产工艺实现危险废物减量的实例

工艺流程	技术
化学反应	反应中变量和反应器设计的最优化
	反应物加入方法的最优化
	停止使用有毒的催化剂
过滤和洗涤	停止或减少使用一次性的过滤器
	使用逆向洗涤法
	重复使用洗涤用水

续表

工艺流程	技术
表面修整	尽量去除玷污以延长使用寿命
	重复使用清洗用水
	安装清洗用水控制阀门
表面覆盖	使用不通风的气喷漆枪
	使用静电喷覆设备
	控制覆层的黏性
设备清洗	使用高压清洗设备
	使用机械擦拭
	使用逆向清洗
	再利用清洗用水
溢出和泄漏的控制	设置溢出池或防溢堤
	安装溢出控制装置

三、操作条件改进

工艺操作条件的改进主要是指对温度、压力、反应时间、流量等工艺参数的调整，这些改变通常是最容易、最廉价的减少废物产生的方法。一般来讲，工艺过程在最佳参数的设定下可以达到最高效率，同时产生较少的废物。

四、生产过程自动化

生产过程的自动化是通过装备生产效率的提高来实现废物的最小化，生产过程的自动化也包括生产设备管路等流程的自动化。

第四节　原料输入的控制

原料输入的控制包括对物料的总量控制、使用物料的纯化、原物料的替代和物料的稀释。

一、总量控制

通过建立一套原料采购记录和控制系统来减少生产过程中危险物质和其他原材料的使用量，即减少废物的产生量[52]。总量控制可以应用于各种类型和规模的企业，其最大的优点是成本低廉而且容易实施。

总量控制系统的实施步骤：①建立所有原料动态的采购记录，并且要求在原料采购之前就进行记录。在对需要采购的原料进行许可性评估时，首先要考虑它们是否具有危险性，其次考虑是否有其他无危险性的原料供选择作为替代。②确保只记录必需的原料量，这需要建立一个严格的总量跟踪系统。有时多余的和过期的原料会被简单地当作危险废物来处置，处置费用大大超过最初的购买费用，甚至是呈数量级地增长。因此，在购买时必须贯彻的原则是：确保所购买的原料都是必需的，在一段时间内只购买必需量的原料。

二、物料纯化

物料的纯化是指在整个生产过程中去除一些不纯的物质和杂质，如去离子水在电镀中的运用，乙烯二氮化物制造过程中用纯氧代替空气参与反应等。

三、物料替代

选择无毒害或者毒害较小的物质替代生产原料中的有毒有害物质可以在产品的生产及其最终使用过程中减少有毒有害废物的量。例如，在金属的电镀操作中使用非氰化物代替氰化锡、在清洗操作中使用毒性小的溶剂。将日用品生产除油过程中使用的氯化物蒸气换为碱性蒸气；将墨水生产时使用的含镉颜料去掉；制造电子部件时用臭氧代替冷却塔有机生物杀灭剂。

物料替代需要资金的投入和对员工再教育，但同时也会降低一定的成本。在生产流程中消除或减少有毒有害物质的使用，在减少固体废物的同时，还会降低空气和废水中有毒有害物质的含量，也相应地降低了为达到废物排放标准而在废物处理方面的投资。

四、物料稀释

在原料输入物的改变中，也可采用稀释的办法。例如，在清洁过程中用稀释的溶液清洗以减少洗液的排放量。

第五节　产品的改进

通过产品改进也可以达到废物减量化的目的，主要包括产品替代和产品配方的变更。例如，以水为底基的涂料代替以溶液为底基的涂料，可以减少含有危险废物毒性溶液的产生，同时也将减少对大气的有机物排放量。另外，许多被当成危险废物处置的物质都有可能另做他用。例如，被污染的物质可以作为溶剂或清洗材料，或者降级使用。在印刷工业，甲苯通常被作为印刷板的清洗剂和油墨的稀释剂，例如，使用过的甲苯还可以再用来稀释同样颜色的油墨。

要实现危险废物污染的有效预防，还需从以下方面加强危险废物的源头管理：首先是开展危险废物产生和污染现状调查，摸清重点行业危险废物产生源情况，加强风险排查，掌握危险废物流向和污染现状；其次，在此基础上建立全国和省级危险废物信息发布平台，调查、收集、整理和公布全国危险废物污染防治的信息和数据，并通过网站实现信息共享；最后，要积极推行清洁生产工艺技术，开展危险废物减量化试点工作，开展重点行业危险废物产排污强度评估，加大危险废物处理收费制度的执行力度，从源头减少危险废物的产生量[53]。

> 附注 5-2　Dow 化学公司通过对产品包装的改革实现了废物减量化。该公司生产的一种可溶性粉末状杀虫剂，通常是装在 2 L 金属罐里出售。这种罐子在处置之前必须先去除污染，这就造成了危险废物。现在 Dow 化学公司使用一种 4 oz（1 oz＝28.3495 g）容积的水溶性袋子来包装该杀虫剂。在使用时只要将其投入水中，包装会直接溶于水，不会对环境造成任何污染。

思　考　题

1. 简述危险废物减量化程序的主要内容。
2. 简述危险废物污染预防生产技术改造的主要途径。
3. 查阅资料，简述减少危险废物产生的先进生产工艺。
4. 简述通过控制原料输入物减少危险废物产生的途径。

第六章 危险废物设施建设与运营

截至 2015 年，全国各省份颁发的危险废物（含医疗废物）经营许可证共 2034 份。其中，江苏省颁发许可证数量最多，共 327 份。从利用处置情况来看，截至 2015 年，全国危险废物实际经营规模为 1536 万 t，其中，实际利用量为 1096.8 万 t，实际处置量为 426.0 万 t。全国各省份共颁发 288 份危险废物经营许可证用于处置医疗废物（其中，264 份为单独处置医疗废物设施，24 份为同时利用处置危险废物和医疗废物设施），全年实际经营规模为 76.3 万 t[54]。

第一节 危险废物设施的种类与功能

根据处理处置目的的不同，危险废物设施可以分为资源化设施、无害化处置设施、储存设施。除了储存设施，按处理处置设施技术的特点，可以分为回收设施、协同处置设施、处理设施、综合处理设施、其他处置设施。

回收设施：回收材料，使之作为可再销售产品（如溶剂、油、酸或金属）。

协同处置设施：工业窑炉。

处理设施：使用多种物理、化学、热力学或生物方法，目的是改变废物的物理和化学特性，如减容、减毒、固定有毒成分等。

综合处理设施：处理、焚烧、填埋。

其他处置设施：地下灌注（深井、矿井），矿井储存。

一、回收利用设施

广泛使用的危险废物回收技术包括废矿物油和废溶剂的蒸馏、萃取回收技术，废矿渣、废金属分选、冶炼回收技术等[19]。

（一）废溶剂再生

危险废物设施从废溶剂中分离污染物，将其转变为可再次作为溶剂使用的物质。常规的再生废溶剂包括：乙醇、脂肪族类、芳烃、氯化物、酯类、酮及一些混合溶剂等。所采用的技术通常有：吸收、吸附、离心、冷凝、滗析、蒸馏、蒸发、过滤、液-液萃取、膜分离、中和、盐析、沉淀、储存、气提等。废溶剂再生厂会根据所处理废溶剂的性质采用若干技术进行组合使废溶剂再生。

（二）废油回收

废油处理通常有两种方法：第一种方法是处理废油生成原料，作为汽车燃料或其他用料如吸附剂、脱模油、浮选油，所采用的处理方法有轻度加工（去除水和沉积物）、深加工（重燃料油脱除金属或重馏分）、热裂解（原料脱除金属和裂解）、加氢处理（减少硫和多环芳烃含量）、气化（转化为可燃气体 H_2+CO）；第二种方法是将废油转化为可用作生产润滑油的基础油，也称为再精炼，如废油较干净或使用要求不高可通过洗涤、再生后应用，如所需质量较高通常经过预处理、清洗、分馏和精制，将废油制成润滑基础油。

图 6-1 为一个回收设施图，该设施具有回收废溶剂和废油的能力。

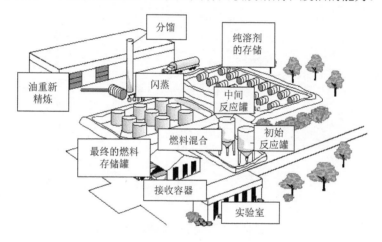

图 6-1　液体有机物回收设施[19]

（三）废酸回收

酸回收通常涉及将未反应的酸和废酸分离的过程（如钢铁行业产生的钢酸洗废液），钢铁行业采用的一种方法是冷却硫酸亚铁化合物，另一种方法是将酸注入喷射焙烧炉再生。通常的废酸再生设施主要是再生盐酸及硫酸。废硫酸的再生方式主要有以下几种：加热分解废硫酸生成 SO_2，作为接触法制备硫酸的主要原料或补充原料；浓缩废硫酸，分离或不分离可能含有的杂质；利用废硫酸作为整个工业生产工艺过程的一部分。

（四）金属回收

金属回收技术可分为火法和湿法冶金。火法是利用高温下各金属熔点、沸点的不同对其进行分离，通常选用焙烧或熔炼提供所需热量。湿法冶金是利用交换、电渗析、反渗透、膜滤法、吸附、污泥渗漏、电解冶金法、溶剂解析法及沉淀等方法，从液体废物中提取或浓缩金属的过程。非液体废物首先需溶解。

二、处理设施

（一）废液处理

废液处理系统是去除、中和溶解或悬浮在水中的污染物质。一个全方位服务的废液处理设施通常应含有下面过程单元的全部或大部分，如图 6-2 所示，其可处理任何废液：氰化物去除、铬减量、二次金属沉淀、调节 pH（中和）、固体物质过滤、生物处理、活性炭吸附、污泥脱水、凝聚/絮凝等。

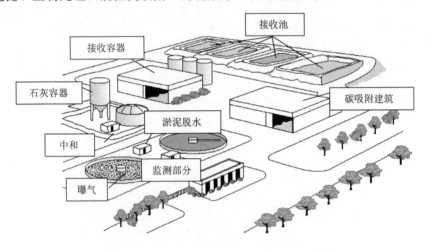

图 6-2　提供全方位服务的废液处理设施[19]

（二）物化处理

物化处理是危险废物集中处置过程中的一个重要工序，其目的是降低或解除液态危险废物（含部分固态）的危害性，并送往下一工序去做最终处置。主要处理的废物包括：废酸、废碱（含重金属废液）、废乳化液等。具体工艺过程见本书第八章。

（三）固化/稳定化

固化是利用固化剂改变废物的工程特性如渗透性、可压缩性、强度等的过程，使其转变为不可流动固体或形成紧密固体的过程。稳定化是选用适当的添加剂与危险废物混合，以降低废物的毒性和减小其中污染物到环境中的迁移率。稳定化处理可通过化学变化产生难溶解物质，也可用化学键形式把废物固定在金属晶格中，使废物具有较小的溶解度。固化/稳定化既是危险废物的一个单独处理过程，也是最终处置前的一个预处理过程。处理设施进行大规模的固化/稳定化处置，例如，在国外采用玻璃固化技术来稳定被有机物污染土壤的应用。具体工艺过程见本书第八章。

（四）生物处理

微生物在危险废物降解和转化过程中发挥着重要的作用。生物处理体系使用微生物降解有机废物使有机物质无机化或转变为含有较低分子量的化合物，具有投资少、运行费用低、最终产物少等优点。影响处理的基本因素是废物与微生物接触方式、湿度（如液体、泥浆或固体）、通风方法和程度。除降解有机废物外，微生物也可以通过氧化还原作用生成金属络合物、产生可以结合有毒重金属离子的有机络合物、通过细胞表面的特殊结构吸附等方式来处理典型重金属，如镉、砷、汞等。有些国家，生物处理设施主要设置在水处理公司，与已有的废水处理装置共同使用。

三、处置设施

目前，危险废物的最终处置方式主要有焚烧处置和安全填埋。

（一）焚烧处置

危险废物焚烧处置是一种在密闭空间内的可控制焚烧技术，其过程包括蒸发、挥发、分解、烧结、熔融和氧化还原等一系列复杂的物理化学反应，以及相应的传质和传热综合过程。在焚烧过程中，有机废物从固态、液态转换为气态，气态产物再经进一步加热，最终分解为小分子，小分子与空气中的氧结合生成气体物质，经过尾气净化装置，再排放到大气中。经过焚烧，危险废物的体积可减少80%～90%，新型的焚烧装置可使废弃物体积减小95%以上。另外，危险废物所含有毒有害成分在高温下被氧化、热解，最终达到解毒除害的目的，重金属成分也被浓缩并转移到稳定的灰渣和飞灰中。同时焚烧产生的热量在余热锅炉也可被回收，利用其发电或供热。因此，焚烧处置是一种可以同时实现危险废物处理减量化、无害化和资源化的技术。

一个完整的废物焚烧系统通常由许多装置和辅助系统组成，包括核心设备焚烧炉，以及作为辅助系统的原料储存系统、加料系统、送风系统、灰渣处理系统、废水处理系统、尾气处理系统和余热回收系统等。第九章将对焚烧及其设施进行详细介绍。

（二）安全填埋

安全填埋法是传统的废物处置方法，技术成熟，处置能力大，运行费用低，工艺操作简单。它是从传统的堆放和填地处置方法发展而来，其实质是将危险废物铺成一定厚度的薄层，然后压实并在其上覆盖土壤的处置方式。但是，安全填埋法会占用大量宝贵的土地资源，而我国土地资源在不断减少，因此安全填埋法也并不是最适合的处理处置方法[55]。

典型的危险废物安全填埋场必须具有两大基本构造系统：防渗层和渗滤液收集系统及覆盖系统。第十章将对安全填埋场进行详细介绍。

> 附注 6-1　填埋处置的关键是填埋场的防渗漏系统，它能将废物永久、安全地与周围环境隔离。填埋虽然隔离了废物，但是并没有彻底铲除和解决危险废物，而且随着时间的长久，防渗层也可能遭到破损，此时危险废物就会流出，对空气、土壤及地下水造成污染，进而影响人们的身体健康，所以安全填埋也存在安全隐患。

四、协同处置设施

危险废物协同处置是指处置两种或两种以上不同类型或属性的危险废物，或某些工业设施在生产物料产品过程中处置危险废物的过程。

工业窑炉作为将物料或工件进行冶炼、焙烧、烧结、熔化、加热等工序的热工设备，被广泛应用于废物处置。主要的工业窑炉包括水泥窑、钢铁生产的高炉、瓷器生产的砖窑、石灰窑和生产沥青的窑炉，其中水泥窑协同处置危险废物在我国得到了越来越多的重视。

水泥窑协同处置危险废物是指在水泥生产过程中，将满足或经过预处理后满足入窑要求的危险废物投入水泥窑，在进行水泥熟料生产的同时实现对危险废物无害化处置的过程。

水泥窑可以使用替代燃料与原料，能减少废物对环境的影响，减少温室气体排放，减少废物处理成本，降低水泥工业生产成本。原则上确保替代燃料和原料的使用不会对水泥窑的废物排放造成负面影响，协同处置也不应该导致水泥产品质量下降。以焚烧飞灰为例，其成分与水泥原料相近，因此生料调配成分容易，且水泥窑内温度高，其中火焰温度在 1700～1900℃，大型预分解窑可高达 2100℃；物料温度也达 1450℃[56]；燃烧气体在高温区停留时间较长，有害成分焚毁率可达99.99%以上，水泥窑处理焚烧飞灰不需要建设成套的处理设备、烟气净化设施，在现有工艺的基础上再做调整使处理焚烧飞灰的整体性难度降低。例如，在日本使用焚烧飞灰和污泥烧制生态水泥[57, 58]，与普通水泥相比这种水泥凝结时间短，强度高，但含氯量高，只限于道路、水坝用混凝土。水泥窑协同处置工艺的具体介绍见本书第七章第四节内容。

五、综合处理设施

综合处理设施通常由收集运输系统、综合利用系统、物理学处理系统、焚烧系统及安全填埋系统组成。天津滨海合佳威立雅环境服务有限公司于 2001 年建成了国内首座集资源化、焚烧、安全填埋为一体的现代化危险废物处理处置示范基地。它是一家集危险废物收集、运输、处理处置和资源回收为一体的综合性企业，严格贯彻危险废物转移联单制、实行危险废物由"摇篮到坟墓"的全过程管理。

焚烧车间负责废物的焚烧、燃料罐区燃料和溶剂废物的调配工作。将危险废物中可以燃烧的物料或高温分解的固体、半固体及液体物料通过炉内的高温氧化反应，最终变为以二氧化碳、水蒸气为主的废气和少量残渣。

焚烧系统由料坑、进料装置、焚烧装置、冷却装置、尾气处理装置组成，主体焚烧炉由回转窑和立炉组成。回转窑工作温度 900～1000℃，以柴油为辅助燃料。烟气进入立炉内进一步燃烧，温度高达 1100～1250℃。

固化车间主要对废物进行稳定化处理，固化后的废物运往填埋场进行安全填埋。填埋场总占地 $31480.16m^2$，一期填埋场面积为 $11442m^2$，使用年限为 20 年。其接收的废物主要为无机危险废物，这些废物来自各企事业单位及本公司物化处理车间的重金属污泥和焚烧车间的残渣。整个填埋场分为四个区，主要由双层防渗系统、排水系统、排气系统、沉降监测系统、地下水监测系统、覆盖系统组成。污水渗滤液泵至物化车间进行预处理。

物化处理车间主要负责处理直接焚烧和填埋以外的所有废物，使用物理化学方法使废弃物无害化，使其处理后的残渣达到焚烧或填埋的要求，废水达到污水处理系统生化处理要求。主要处理对象为重金属废液，高浓度有机废液，有机、无机废水、废酸、废碱等。资源化车间主要回收废物中的可再生资源，促进资源的循环再利用。

六、其他处置设施

（一）地下灌注

地下灌注（underground injection, UI）是指通过井将液体污染物（灌注液）注入地下多孔的岩石或土壤中的处置技术，即利用第四类环境介质——深层地质环境有效地处理污染物的一种方式，可以使污染物不进入生物圈的物质循环。工业废液的地下灌注及控制技术是当前环境保护和工业经济方面日益受到关注的一项新技术[59]。灌注井周围是由水泥井壁和耐腐蚀性液体的同心环状套筒，以及探测、防止液体废物泄漏到浅水层的灌注管组成。

美国应用地下灌注技术已有半个多世纪的实践经验，并制定了一整套完善的法规及相关管理条例。目前地下灌注已触及各领域，美国国家环保局依照注入介质类型将灌注井细分为六类，各类井的废物注入情况和应用领域见表 6-1，其中对 I 类危险性废物处置深井的管理最为严格[60]。根据 EPA 2007 年的统计，美国灌注井的数量已达到 80 万口，每年有超过 28 亿 t 的废液被注入地下[61]。

表 6-1　美国地下灌注井的分类[61, 62]

类型	注入介质类型	注入地层	应用领域
I	危险废物、其他工业和市政废液、放射性废物	所有地下饮用水源（USDW）之下。美国五大湖区典型的灌注井深度为1700～6000ft；在海湾地区灌注深度为2200～12000ft 或更深	炼油、金属制造业、化学品生产、制药、商业污水处理、市政污水处理和食品加工等
II	天然气储运作业或石油天然气采掘过程产生的废液和天然气脱出的混合废水；为了提高石油和天然气的采收率而注入的液体；储存标准温度和压力下为液态的烃类化合物	储油地层	石油天然气采掘业
III	过热蒸气、水或其他流体	依矿物埋藏的深度而定	盐类的溶剂采掘、铀或其他金属的现场滤取、采用 Frasch 工艺开采硫黄矿
IV	危险性废物和放射性废物	地下饮用水层之上	该类井由于直接危害公众健康，已被禁止使用
V	没有被以上四类井灌注废液	根据实际需要	热泵系统中空调水回灌含水层，地表流体的排泄，主要为暴雨径流回灌地层；含水层的补给井；控制地面沉降的地下水回灌井等
VI	CO_2	枯竭油气藏，地下含水层	应对全球气候变化

注：1ft=3.048×10^{-1}m。

用于处置危险废物液体的深井通常被称为 I 类井。灌注层通常在地下 1/4mi（1mi=1.609344km）到 2mi 之间并与地下可饮用水源通过几百英尺的非渗透岩层（隔挡层）隔开。用于化学废液处置的灌注区通常含有盐水并且没有诸如可饮用水这样具有潜在利用价值的资源。废液被泵入后储存于灌注区的空隙中。妥善选址、建造、操作和监控的深井永久性地将废液封存于灌注区，当深井达到服务年限后必须被封闭。妥善选址、设计、建造、操作和监控的深井已被证明是一种环保和技术上都可靠并可应用于多种化学废液的处置方法。

（二）矿井储存

矿井储存指的是盐矿井储存，盐矿井之所以用来处置危险废物，主要是它有以下优势：①盐的沉积层可以防止水渗漏，在盐矿地下的场地已有几百万年不受水的影响；②盐的沉积层既不透水也不透气，可以防止废物

附注 6-2　现在处置废物的矿井已经成为一个永久性的工厂而不是一个临时性的储存设施，尽管在这里处置的某些废物现在并未完全排除再回用的可能。

与其他地质组成发生反应；③盐具有吸水性，盐吸水后通过重结晶来修补矿井的裂缝，可保持其固有的不透水性；④盐矿岩层中慢慢释放出的 CO_2 气体可以被观察出来而不致造成危害；⑤盐的传热性能良好，可以挖掘以扩大空间与通道；⑥盐在受压时具有一定的可塑性，可以分散张力，从而增加全矿井稳定性[63]。

第二节　危险废物设施的规划选址

一、设施的规划

根据《中华人民共和国固体废物污染环境防治法》、《中华人民共和国放射性污染防治法》、《医疗废物管理条例》及《危险化学品管理条例》的规定，国家发展和改革委员会同国家环保部编制完成《全国危险废物和医疗废物处置设施建设规划》[64]。该规划以防止废物危害和疾病传播、保护环境、保障人体健康为出发点，以相关环保、卫生标准为依据，以危险废物包括医疗废物和放射性废物集中处置设施建设为主要任务，对全国危险废物处置目标、原则、布局、规模、投资等进行统筹规划，并建立、完善危险废物、医疗废物和放射性废物全过程的监督管理体系。

根据危险废物具有毒性、易燃易爆性、腐蚀性、反应性、传染性等危险特性，在设施规划中至少应考虑如下原则。

（1）危险废物处理处置技术路线应遵循"减量化"、"资源化"、"无害化"原则，符合国家有关法律、法规和标准的要求。

（2）对危险废物的收集运输、计量、鉴别、暂存、处理、处置全过程实行监控，危险废物的收集、运输原则上应由处理处置单位统一负责，对其危险特性实施严格控制。

> 附注 6-3 《全国危险废物和医疗废物处置设施建设规划》指明了危险废物设施规划的基本步骤：
> （1）分析处置现状和存在的问题；
> （2）明确指导思想、目标、原则和技术要求；
> （3）确定主要任务；
> （4）投资估算和资金措施；
> （5）对策和保障措施。

（3）功能齐全、综合配套，按照工程建设内容兼顾当前和今后发展，一次性规划，分期分步实施。功能齐全、综合配套有利于处理处置设施集中，提高处理处置和管理水平，减少不同处理设施之间物料转运量，利于废物流的顺畅，降低成本。初期建设规模不宜过大，可根据生产过程中废物的变化情况分期分步调整处理处置规模，尽量减小建设和营运风险。

（4）技术先进性、可靠性与经济合理性相统一。在"使用者自付费"的市场机制下，必须就每一废物种类选择投资和运行成本较低的处理方法。一般来说，不同危险废物处理设施的成本由低至高依次为安全填埋、生物处理、固化/稳定化处理、物理/化学处理、高温焚烧。

（5）危险废物每种废物数量不是很多，许多处理工艺都是不同处理单元的组合，性质相近的废物可采用同一设施处理，而且对现有设施稍作调整或稍新增一部分设施就可处理另一类废物。因此工艺设计应充分考虑通用性和普遍性，以利于处理设施运行的灵活性和广泛适应性。

（6）充分考虑危险废物处理处置的特殊性，加强劳动保护、安全卫生、消防和环境保护措施，提高机械化、自动化水平。

二、设施的选址方法

选择处理处置厂的地址，并对其选择获得相关部门许可的过程称为"选址"。设施选址的基本目标是保证新的处理处置厂建立在一个非常合适的地点，为公众健康和自然环境都提供了较高程度的保护。尽量地接近废物产生源是另一个重要的标准。

选择厂址的过程需要分阶段进行：首先应用区域筛选技术将较大区域（如整个区县）减小至一些可处理的分离区域，可以使用地理信息系统（GIS）；然后对这些筛选出的区域进行更详细的研究，选出其中候选厂址并进行更加细致的评估，用现场详细分析的方法为最终选择一个厂址提供基础。其中，有四种筛选方法：①直观法，决策者对各种数据进行总体检查来决定某场地是否可取；②分步排除法，相继检验各场地的某项因素，为该因素制定一个标准，并在进一步的检验中把这个标准用于其他区域；③换算法，对场地的各项因素进行加权，即将最初的因素资料相应地换算成数字，然后对每一个场地所有因素的数值加和，最终选择的就是得分最高的场地；④标准结合法，可以使用分步排除法或换算法，这种方法不是仅使用一种标准或者一种数字换算值，通常先选择结合一种标准对场地进行鉴定，看其是否满足所有标准，然后用另外一种结合方式来重复此过程。全部选址过程就是对不断减小的区域进行不断细致分析的过程。

三、设施的选址要求

很多厂址筛选方法都需要选址标准，选址标准来源于与所选场地特殊因素有关的各种具体考虑。例如，对于填埋场来说，渗滤液是否能够到达地下水就是一个重要的考虑内容。

危险废物处置场所选址时，还应该考虑其他不同的选址因素。表 6-2 列出了一些选址因素。选址因素可以分为两大类：强制性的和自由选择的。强制性标准代表了法律需要、法规性标准或者一些在任何情况下都不能违背的内容；大多数选址因素都是自由的，不是强制性要素。

表 6-2　危险废物设施的选址因素示例

类别	选址因素示例
地表水	洪水危险区域，饮用水供应，蓄水池
地下水	水力传导率，地下水深度，黏土沉积物厚度，含水土层/弱透水层，补注区，井附近，喀斯特地形区，地下水流方向
环境敏感土地	湿地，灭绝物种栖息地，公园
人口	聚居地附近，学校附近，人口密度
工业/废物产生源	主要废物产生源附近

第三节　危险废物设施的环境风险评价

一、环境影响评价

（一）评价程序

根据《中华人民共和国环境影响评价法》规定的要求，与设施相关的建设项目环境影响评价的管理程序包括 4 个环节，与之相对应的环境影响评价工作程序主要分为 3 个阶段，如表 6-3 所示。

表 6-3　环境影响评价管理与工作程序

管理程序	工作程序	工作内容
编制环境影响评价大纲	准备阶段	研究有关文件，初步工程分析，现状调查，识别影响因素，确定评价范围和工作等级
编制环境影响报告书（表）	正式工作阶段	进一步工程分析，环境质量现状评价，环境影响预测，公众调查，工程措施，厂址比选
评估环境影响报告书（表）	环境影响报告编制阶段	汇总、分析第二阶段工作的资料和数据，从建设的可行性给出评价结论和建议，完成报告书（表）的编制
审批环境影响报告书（表）		

（二）公众参与

人们通常认为所居住社区内的处置厂会带来真正的利益，但是它们也代表了未知的严重风险。公众对危险废物的关心促进了危险废物管理服务市场和相关法律法规的建立。《中华人民共和国环境影响评价法》（2016 年 7 月修订版）第五条规定"国家鼓励有关单位、专家和公众以适当方式参与环境影响评价"。第二十一条规定"除国家规定需要保密的情形外，对环境可能造成重大影响、应当编制环境影响报告书的建设项目，建设单位应当在报批建设项目环境影响报告书前，举行论证会、听证会，或者采取其他形式，征求有关单位、专家和公众的意见。建设单位报批的环境影响报告书应当附具对有关单位、专家和公众的意见采纳或者不采纳的说明"。

二、环境风险评价

在环境风险评价发展史上，人们普遍认为环境风险评价是环境影响评价和风险评价交叉发展的结果。在中国，环境风险评价是环境影响评价中重要和不可缺少的内容，《建设项目环境风险评价技术导则　总纲》（HJ/T 169—2004）将建设项目的环境风险评价正式并规范性地纳入环境影响评价。

环境影响评价是用各种模型和专家经验对确定性影响的程度和范围做出定量预测和判断，其研究重点是正常过程，采用确定性方法，评价时段较长，采用的多是常规和长期措施。环境风险评价则是推测不确定性时间发生概率及其发生后可能造成后果的严重程度和波及范围，其重点是以事故情况、评价方法及概率论和随机方法为主，评价的时段较短，其对策措施是以应急计划为主。

危险废物处理处置设施若在运营中出现事故，会对环境及居民健康造成极大的影响，因此有必要将环境影响评价扩展进行环境风险评价。表 6-4 列举了环境风险评价与环境影响评价的主要区别[65]。

表 6-4　环境风险评价与环境影响评价的主要不同点

次序	项目	环境风险评价	正常工况环境影响评价
1	分析重点	突发事故	正常运行工况
2	持续时间	很短	很长
3	应计算的物理效应	火、爆炸、向空气和地面水释放污染物	向空气、地面水、地下水释放污染物、噪声、热污染等
4	释放类型	瞬时或短时间连续释放	长时间连续释放
5	应考虑的影响类型	突发性的激烈效应及事故后启动长远效应	连续的、累积的效应
6	主要危害受体	人和建筑、生态	人和生态
7	危害性质	急性受毒；灾难性的	慢性受毒
8	大气扩散模式	烟团模式、分段烟羽模式	连续烟羽模式
9	照射时间	很短	很长
10	源项确定	较大的不确定性	不确定性很小
11	评价方法	概率方法	确定论方法
12	防范措施与应急计划	需要	不需要

三、设施的环境风险评价

本部分所介绍的环境风险评价是预测某设施（或项目）建成后可能造成的风险。本章对危险废物设施的环境风险分析主要针对填埋及焚烧设施。

（一）填埋场环境风险评价方法

1. 源项识别

源项识别是对危险废物安全填埋场基本构造中的废物接收系统、储存和预处理系统、防渗系统和渗滤液收集系统、覆盖系统和填埋气导排系统等可能发生事故的源项进行分析识别和评价。在危险废物安全填埋场中，最有可能发生的事故为渗滤液污染地下水。

2. 渗滤液泄漏事故健康风险评价

1）风险源污染物的确定

渗滤液污染地下水事故的风险来源于渗滤液，其中的风险物质主要包括重金属、亚硝酸盐及有机毒物（如卤代烃、芳香族化合物等）。确定渗滤液中重点风险源的方法可采取毒性得分法：对于非致癌化学物质，毒性得分 $TS=C_{max}/RfD$，其中，C_{max} 为渗滤液中该成分的最大检测值；RfD 为非致癌参考剂量。非致癌物有阈值效果，低于某特定剂量，这些物质不会对暴露人群产生不利影响，这个阈值被定义为参考剂量（RfD）。

对于致癌化学物质，毒性得分 $TS=SF\times C_{max}$，其中，SF 为致癌斜率因子。致癌物的剂量反应关系通常以一生中癌症的发病率（如概率）对剂量的关系——斜率因子（SF）来表示，其代表化学物质的致癌能力。

对于特定的暴露路线，分别计算出各有毒有害物质的毒性得分后，初步选择构成毒性得分 99%的物质作为评价对象，再考虑化合物的难降解性及迁移性等特点，进行再次筛选，最后确定主要风险物质。如果化学物质同时具有致癌和非致癌作用，则应该出现在各自的排序中。

2）暴露评价

暴露评价主要是把危险废物填埋处置设施在事故情况下产生的风险进行量化。渗滤液渗出后，首先在包气带中由上至下垂直迁移，最后进入潜水层，并被输送到地下水流经地区。毒害物质在地下含水层的最大浓度位于释放源下方的潜水含水层中。在评价中为充分保护环境和人体健康，应将有毒有害物质在浅层地下水中的最大浓度作为评价浓度。

3）风险表征

风险表征是风险评价的最后步骤，需要综合上面的计算结果，得出风险评价的结论。根据计算结果，与采用的风险指标做比较，得出结论，即发生渗滤液泄漏事故的风险是否可以接受，并对环境风险进行综合描述和评价。一般来说，对于致癌风险，采用 10^{-6} 作为风险接受与否的标准值，如果经过计算得出的各种风险物质造成的风险总和大于 10^{-6}，说明致癌风险大，超过了可以接受的范围；对于非致癌风险，一般采用与非致癌参考剂量做比较，如果风险的总和超过了 1，说明对健康影响较大，为不可接受风险。

4）危险废物安全填埋场的系统安全性分析

系统安全性分析的方法很多，如定性、定量或半定量评价方法。对于危险废物安全填埋场而言，针对可能发生的火灾、爆炸事故可以采用道化学指数评价方法。而最可能发生的渗滤液污染地下水事故，其造成的后果往往是长久性和潜伏性的，很多数据无法得到，因此采用故障树分析方法进行评价。

5）不确定性分析

不确定性的存在是风险评价的特性之一。数据、知识的不足或者发生事件的随机性都会导致不确定性。在风险评价过程中，应注意参数、基础数据的适用性，指明模型、方法的局限性并尽可能地广泛考虑可能出现的随机事件，尽量降低不确定性对风险评价的影响。

（二）焚烧设施环境风险评价方法

1. 正常情况健康风险评价

危险废物焚烧设施烟气正常排放时的健康风险评价主要包括危险识别、毒性评价、暴露评估和风险表征。

1）危险识别

危险识别是化学物质对受体负面健康影响的定量评价。危险废物焚烧设施的危险识别主要筛选有代表性的污染物，该污染物应包含能支持进行致癌风险和非致癌风险评估的化学物质。

2）毒性评价

在毒性评价阶段，主要考虑污染物质的致癌和非致癌效应：SF 和 RfD。这两个指标的数据来源有：①美国环境保护局的 IRIS（综合风险信息系统）；②联合国环境署国际潜在有毒化学品登记数据库；③中国预防科学研究院等有关卫生和环保部门的有毒有害物质数据库；④化学品或化学物质的物理化学手册。如果上述数据库或手册中没有致癌斜率因子，则可利用其他参数进行估算，如根据毒理资料或人群流行病学资料估算。

3）暴露评估

暴露评估是指估算在可能产生风险处人群所暴露的化学物质浓度。对于危险废物焚烧设施的环境风险评价，其主要是要估算烟气中的污染物在不同区域的浓度。可选用的公式如下。

（1）污染物质量浓度：

$$C_{air} = \frac{Q}{2PU_s R_y R_z} \exp -\frac{y^2}{2R_y^2} \left\{ \exp\left[-\frac{(z-H_e)^2}{2R_z^2}\right] + \exp\left[-\frac{(z+H_e)^2}{2R_z^2}\right] \right\} \quad (6\text{-}1)$$

式中，C_{air} 为污染物质量浓度（mg/m³）；Q 为污染物的毒性当量排放速率（mg/s）；U_s 为在排放高度 H_s 的风速（m/s）；R_y 为水平扩散参数（m）；R_z 为垂直扩散参数（m）；y 为水平扩散距离（m）；z 为地面高差（m）；H_e 为有效烟羽高度（m）。

（2）污染物通过呼吸作用进入人体的量：

$$I_c = \frac{C \times CR \times EF \times ED \times RR \times ABS}{BW \times AT} \tag{6-2}$$

式中，I_c 为每天平均呼吸摄入量；C 为在暴露点的质量浓度（mg/m³）；CR 为接触速率，即每天吸入的空气量（m³/d）；EF 为频率（d/a），焚烧炉取 365；ED 为暴露持续时间（a），取平均寿命 70a；RR 为保留因子；ABS 为血液系统吸收分数；BW 为体重（kg），成年人取 70，儿童取 16；AT 为平均时间（d）。

（3）地面最大浓度公式：

$$Q_{max} = \frac{2Q}{PuH_e^2} \times \frac{R_z}{R_y}$$

$$R_z \big| x = x_{Q_{max}} = HP\sqrt{2} \tag{6-3}$$

4）风险表征

风险表征主要包括计算致癌风险和非致癌风险：致癌风险 $R = (I_c + B_c) \times SF$。式中，$I_c$ 为致癌物质的长期日摄入量[mg/（d·kg）]；B_c 为致癌物质在人体内的背景值[mg/(d·kg)]；SF 为该致癌物质的斜率因子。非致癌风险指数 $HI = (I_c + B_c) / RfD$。

将所有的致癌物和非致癌物的风险分别相加，从而得到最终的致癌风险和非致癌风险。美国环境保护局定义的致癌物质可接受风险为一生中癌症发病率风险超过正常值（$10^{-6} \sim 10^{-4}$），非致癌物质的可接受风险指数小于 1.0。

5）不确定性分析

风险评价中每一步所用方法均有不确定性。在危险废物焚烧设施环境风险评价中不确定性的类型包括：①风险鉴别阶段，由于所依据的数据在监测、识别和描述时有一定的限制，会引入不确定性；②暴露评估过程参数模拟的不确定性（如模型表达的内容不全面或问题阐述的不充分）；③参数值的不确定性（如使用不完全的或有偏向性的数据）；④数据的不确定性，对许多污染物来说，关于给定暴露途径的致癌特性和非致癌特性的数据信息很少；⑤风险加和带来的不确定性。

2. 事故情况环境风险评价

事故情况下采用的环境风险评价，程序如图 6-3 所示。

1）风险事故发生概率的确立

危险废物焚烧设施环境风险的特点是发生事故的概率低，但影响是区域性、灾害性的，且破坏力大。该风险事故的概率求解需要对事故进行定性和定量的分析，因此常采用故障树分析法（FTA）。FTA 是把系统不希望发生的事件作为故障树的顶事件，找出导致该事件可能发生的所有直接因素和原因，并逐步深入分析，

直到找出事故的基本原因。然后，按照已编制的故障树结构，用福塞尔（Fussel）
法求出最小割集并计算顶事件发生概率。

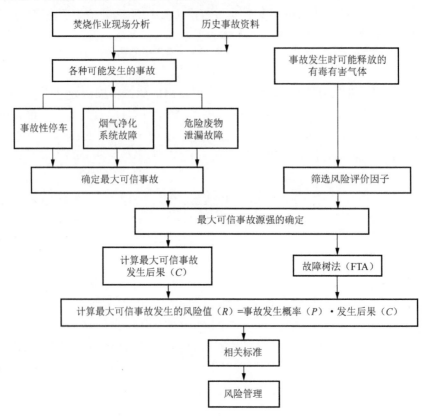

图 6-3 危险废物焚烧设施的环境风险评价流程

2）事故后果计算

危险废物焚烧设施易发生的事故所产生的后果大致可以分为爆炸和有毒有害
气体的直接排放。

（1）爆炸事故的后果分析。

当危险废物焚烧设施燃烧室破裂或操作失误引起燃烧室内易燃气体泄漏时，
气体泄漏速度（Q_G）按式（6-4）计算。

$$Q_G = YC_dAP\sqrt{\frac{Mk}{RT_G}}\left(\frac{2}{k+1}\right)^{\frac{k+1}{k-1}} \tag{6-4}$$

式中，Q_G 为气体泄漏速度；P 为容器压力；C_d 为气体泄漏系数；A 为裂口面积；
M 为分子量；R 为摩尔气体常量；T_G 为气体温度；k 为气体绝热系数；Y 为流出
系数。

爆炸的损坏半径 $R=C_s(NE)$

式中，E 为爆炸能量（kJ），$E=VH_e$，V 为参与反应的可燃气体体积（m^3），H_e 为可燃气体的高燃烧热值（K/m^3）；N 为效率因子，其值与燃料浓度持续展开所造成损耗的比例和燃料燃烧所得能量的数据有关。

（2）有毒有害气体直接排放的后果。

非正常排放条件下的地面质量浓度（C, mg/m^3）按式（6-5）计算。

有风情况（$U_0 \geqslant 1.5$ m/s）

$$C(x,y,z) = \frac{Q}{2PuR_yR_z}\exp\left[-\left(\frac{y^2}{2R_y^2}\right)\right] \times F \times G_1 \qquad (6\text{-}5)$$

$$F = \sum_{n=-k}^{k}\left\{\begin{array}{l}\exp\left[-\dfrac{(2nh - H_e - z)^2}{2R_z^2}\right] + \\[2ex] \exp\left[-\dfrac{(2nh + H_e - z)^2}{2R_z^2}\right]\end{array}\right\}$$

$$G_1 = \left\{\begin{array}{ll} 5\left[\dfrac{Ut - x}{R_x}\right] + 5\left[\dfrac{x}{R_x}\right] - 1, & t < T \\[2ex] 5\left[\dfrac{Ut - x}{R_x}\right] - 5\left[\dfrac{Ut - UT - x}{R_x}\right], & t > T \end{array}\right.$$

式中，F 为混合层反射项；G_1 为非正常排放项；h 为混合层高度；k 为反射次数，$k=4$。

在小风（1.5m/s>$U_0 \geqslant 0.5$ m/s）和静风（$U_0<0.5$ m/s）：

$$C(x,y,o) = \frac{QA_3}{(2\pi)^{3/2}\gamma_{01}^2} \times G_2 \qquad (6\text{-}6)$$

$$G_2 = \left\{\begin{array}{ll} \dfrac{1}{A_1}B_1 + 2\sqrt{\dfrac{\pi}{A_1}}A_2(1 - B_2) & t \leqslant T \\[2ex] \dfrac{1}{A_1}(B_1 - B_4) + 2\sqrt{\dfrac{\pi}{A_1}}A_2(B_3 - B_2) & t > T \end{array}\right.$$

$$A_0 = x^2 + y^2 + \left(\frac{\gamma_{01}}{\gamma_{02}}H_e\right)^2$$

$$A_1 = \frac{A_0}{2\gamma_{01}^2}$$

$$A_2 = \frac{ux + vy}{A_0}$$

$$A_3 = \exp\left\{-\frac{1}{2A_0}\left[\left(\frac{uy - vx}{\gamma_{01}}\right)^2 + (v^2 + u^2)\left(\frac{H_e}{\gamma_{02}}\right)^2\right]\right\}$$

$$B_1 = \exp\left[-A_1\left(\frac{1}{t} - A_2\right)^2\right]$$

$$B_2 = 5\left[\sqrt{2A_1}\left(\frac{1}{t} - A_2\right)\right]$$

$$B_3 = 5\left[\sqrt{2A_1}\left(\frac{1}{t-T} - A_2\right)\right]$$

$$B_4 = \exp\left[-A_1\left(\frac{1}{t-T} - A_2\right)^2\right]$$

式中，u，v 分别为 x，y 方向的风速；γ_{01}，γ_{02} 分别为小风和静风扩散参数的回归系数。

若事故发生后下风向某处化学污染物 i 的浓度最大值 $D_{i\max}$ 大于或等于化学污染物 i 的半致死浓度 LC_{50i}，则事故导致评价区内因发生污染物致死确定性效应而致死的人数（C_i）由式（6-7）计算。

$$C_i = \sum_{\ln} 0.5N\left(X_{i\ln}, Y_{j\ln}\right) \tag{6-7}$$

$N\left(X_{i\ln}, Y_{j\ln}\right)$ 为浓度超过污染物半致死浓度区域中的人数。

最大可信事故所有有毒有害物泄漏所致环境危害 C，为各种危害 C_i 总和：

$$C = \sum_{i=1}^{n} C_i \tag{6-8}$$

3）风险评价

风险评价的表征用风险值来表示，包括事故的发生概率和事故的危害程度。其中，危险废物焚烧设施最大可信灾害事故对环境所造成的风险：$R=P \cdot C$（R 为风险值，P 为最大可信事故概率，C 为最大可信事故造成的危害）。危险废物焚烧设施事故情况下的风险评价主要是指危险废物焚烧设施在事故情况下排放的有毒有害气体的风险评价。具体评价步骤为将计算得到的风险值与相关行业的标准相比较，也可以将最大可信事故发生情况下的各种污染物浓度值与国家的相关标准，如《工作场所有害因素职业接触限值》（GBZ 2—2007）及《工业企业设计卫生标准》（GBZ 1—2010）进行比较，如果超标，则认为该项目需要采取安全措施，以达到可接受水平，否则项目的建设是不可接受的。风险事故发生条件下的风险评价也具有不确定性，需要进行分析。

第四节　危险废物设施建设项目可行性研究报告编制

一、可行性研究报告

可行性研究报告是从事一种经营活动（投资）之前，双方要从经济、技术、生产、供销直到社会各种环境、法律等各种因素进行具体调查，研究、分析、确定有利和不利的因素、项目是否可行，估计成功率大小、经济效益和社会效果程度，为决策者和主管机关审批的上报文件。可行性研究是建设项目决策阶段最重要的工作。

（1）可行性研究的依据主要有：①项目建议书（或初步可行性研究报告）及其批复文件；②国家和地方的经济和社会发展规划、行业部门的发展规划；③有关法律、法规和政策；④有关机构发布的工程建设方面的标准、规范、定额；⑤拟建厂（场）址的自然、经济、社会概况等基础资料；⑥合资、合作项目各方签订的协议书或意向书；⑦与拟建项目有关的各种市场信息资料或社会公众要求等。

（2）可行性研究的基本要求：①预见性；②客观公正性；③可靠性；④科学性。

二、可行性研究报告编制大纲

可行性研究报告基本包括：

（1）总论：一般包括项目背景、项目概况和问题与建议三部分。

（2）市场预测：包括产品的主要用途、产品市场供需预测、产品市场供需平衡、产品目标市场分析、价格现状与预测、市场竞争力与营销策略和市场风险预测。

（3）建设规模与产品方案：包括建设规模和产品方案两部分。

（4）厂址选择：包括厂址所在位置现状、厂址建设条件分析和厂址条件比选。

（5）技术设备工程方案：包括技术方案、主要设备选择、自动控制方案和土建工程方案。

（6）主要原材料、燃料供应：包括主要原材料供应、燃料供应和原材料价格。

（7）总图运输与公用、辅助工程：包括总图布置、工厂运输和公用工程。

（8）节能措施：包括节能措施和能耗指标分析。

（9）节水措施：包括节水措施和水耗指标分析。

（10）环境影响评价：包括厂址环境条件、项目的污染源和污染物、环境保护措施方案、环境保护投资和环境影响评价。

（11）劳动安全卫生与消防：包括危害因素和程度、安全措施方案和消防设施。

（12）组织机构与人力资源配置：包括组织机构和人力资源配置安排。

（13）项目实施进度：包括建设工期、项目实施进度安排和项目实施进度表。

（14）投资估算：包括投资估算依据、建设投资估算、流动资金估算、项目投入总资金及分年投入计划。

（15）融资方案：包括注册资本筹措、债务资金筹措和融资方案分析。

（16）财务评价：包括财务评价依据、财务评价基础数据选取、销售收入估算、成本费用估算、主要财务评价报表的编制、财务评价指标和不确定性分析。

（17）国民经济评价：包括影子价格及通用参数的选取、效益费用范围调整、效益费用数值调整、国民经济评价指标分析、敏感性分析和国民经济评价结论。

（18）风险分析：包括项目主要风险因素识别、风险程度分析及防范和降低风险的对策。

（19）研究结论与建议：包括推荐方案的总体描述、问题与不同意见、主要对比方案及结论与建议。

不同项目可根据实际情况和影响调整相应章节。

第五节　设施的运营管理与监测

一、设施运营管理

危险废物处置设施的运营包括五个子系统：装载运输前的废物分析、废物接收、废物储存和预处理、废物处理、残渣管理。这些系统都需要在一定量特殊预防措施保护下运行。预防措施包括安全、检查、维护、培训、事故预防措施、应急计划、保险装置、监测、记录保存、审计和汇报等。

（一）废物接收

用车辆进行废物的运输时，处置厂、废物产生者和运输者要共同承担事故责任。废物运输前完成分析并且安排好运输接收的时间表十分关键。运输车辆在接收站进行包装检查、车辆称重和检测验证参数收集样品。所收集的样品，一部分用于参数验证，另一部分用于其后进行的可处理参数验证。验证完成后在卸载区卸载，离开处置场前再次称重。

如果所盛装的废物已经层化、盛装容器已经泄漏或者已经发生了固化反应，卸载后空车辆的处理，按计划的工作程序及准备的特殊设备解决。需要对车辆进行消毒来去除可能剩余的残渣，清洗后的废水应该作为危险废物进行处理。

（二）废物储存和预处理

废物储存地点包括存放大量液体的储罐或蓄池、存放固体或污泥的储料斗、放置各种容器的房间或仓库。储存和预处理的目标包括：①在进行处理处置过程前，安全地存放废物；②在不能立即进行处理处置的情况下，提供足够长的存放时间；③尽可能地对废物进行混合和重新包装；④允许向不同的废物中分步注入随后处理过程所需的试剂。

进行安全储存的关键问题是兼容性，包括：废物与盛装废物所用的容器、罐，以及与废物接触衬层的材料相兼容；储存在一起的各种废物间应相兼容。防火措施应该是一个重要的安全考虑。储存某种类型的危险废物时需要自动报警系统和可能的喷水装置。处置场所需提供足够的、用以灭火的水量，以及收集储存这些水的设施。储存或处理任何与水反应的废物时，需要其他类型的防火系统。

（三）废物处理

在废物储存期间，应制订废物处理进度表，包括对处理废物的鉴定、废物的储存地点、所有必需的预处理过程、预处理方法和废物处理时的进料率。通过管道或者传输机的进料系统来把废物传输至指定的废物处理装备中。废物处理操作可采用连续进料或间歇进料的方式，处置厂须通过仪器、人力观察和化学分析方法对此操作进行仔细监测，保证此操作可以达到预期效果，并生成详细的数据记录。

处理方法一般分为四类：相分离（沉淀、蒸气剥离）；组分分离（离子交换、电解）；化学转化（化学氧化、焚烧）；生物转变（好氧固定生物膜处理）。处理方法的选择，不仅取决于待处理废物的类型，也取决于废物的物理性质、化学性质及其他特殊性质。对危险废物的处理过程通常是一个多步系统，即把各个分离的子处理单元结合成一个整体的处理单元，其可以更有效地进行废物处理工作。

（四）残渣管理

每种废物处理方法都可能产生废气、废水和残渣，这些废物如果不进一步处理就需对其进行管理。一个全服务的处置场所可以为残渣提供必需的处理。特殊的处置场所应该储存这些残渣并把它们作为危险废物运输到有能力处理的场所。

（五）特殊措施

危险废物处置场所需要对其日常操作采取特殊的预防措施。这些措施对于全服务的处置场所、商业处置场来说非常复杂，然而对于单一目的、就地处置的场所来讲却是比较简单的。所有的处置场所都需采取措施来预防事故，同时必须提供详细的计划和程序来确定执行这些预防措施。这些措施包括：安全、检查和维护、事故预防、应急计划、职员培训、保险装置、监测、报告、记录、审计。

（六）关闭

关闭计划为处置厂停止运行后，提供了明确的关闭步骤和方法，以保证关闭的处置厂对环境和人体健康的危害最小，以及关闭后所需要的维护最小。

填埋场的封场不同于废物处理设施的关闭。在填埋场中，废物没有被去除，而是被永久地安置在填埋场内。这就需要安装覆盖系统，并且在封场后提供长期的泄漏管理、监测、维护、安全保证和其他的措施，这些措施的制定都应以30年为最小期限。

二、设施的监测

（一）监测项目

为实现保障人类身体健康和保护环境的目标，任何危险废物设施都必须开展监测活动，对排放到环境中的危险废物进行监测和评价。

危险废物焚烧设施的监控系统包括主体设备和工艺系统在各种工况下安全、经济运行的参数；仪表和控制用电源、气源、液动源及其他必要条件的供给状态和运行参数；电动、气动和液动阀门的启闭状态及调节阀的开度；辅机运行状态及必需的环境参数。以上全部测量数据、数据处理结果和设施运行状态，应能在监控系统的显示器上得到显示。同时，焚烧烟气中的烟尘、硫氧化物、氮氧化物、氧或一氧化碳、二氧化碳污染物应设置在线监测。与焚烧设施比较，填埋场的监测较为复杂，涉及衬层、排气、渗滤液、动植物、土方石工程、最终覆盖层等多方面。以上这些内容都将在第九章和第十章进行详细介绍。

（二）专项验收

危险废物经营许可证和专项验收申请可同时向环保部门提出，两项申请均涉及监测环节，可避免重复工作。危险废物处置设施专项验收的范围包括消防验收、规划验收、劳动安全卫生验收、职业病危害防护验收、防雷装置验收、建设项目竣工环境保护验收（"三同时"验收）、工程档案验收、竣工财务决算审计。

思 考 题

1. 简述我国危险废物设施的种类，并结合资料简要介绍设施的主要功能。
2. 简述我国危险废物经营许可证制度及危险废物处理处置现状。
3. 简述我国广泛使用的危险废物综合利用技术。
4. 简述我国危险废物处理、处置设施的主要内容。
5. 简述我国危险废物协同处置设施的主要内容和优势。
6. 简述我国危险废物处理处置设施规划选址的程序和方法。
7. 简述环境风险评价与环境影响评价的主要不同之处。
8. 简述安全填埋场和焚烧设施环境风险评价方法的主要步骤和内容。
9. 简述危险废物设施运营系统及其可能存在的问题。

第七章　危险废物资源化利用

危险废物资源化是指采取工艺技术，从危险废物中回收有用的物质与资源，减少后续处理处置的负荷。对生产过程中产生的危险废物，推行生产系统内的回收利用；对生产系统内无法回收利用的危险废物，通过系统外的危险废物交换、物质转化、再加工、能量转化等措施实现回收利用。

危险废物资源化是固体废物管理的重要原则之一，资源化原则，包括再利用（reuse）和再循环（recycle）两个方面，以废物利用最大化为目标。资源化原则要求生产者采取产业群体间的精密分工与高效协作，使产品—废物的转化周期加大，以经济系统物质能量流的高效运转，实现资源产品的使用效率最大化。

第一节　危险废物交换

一、概述

废物交换（waste exchange）是危险废物循环再利用的媒介。通过危险废物交换，可以使废物再次进入生产过程，由废物转变为原料，成为有用而廉价的二次资源，实现废物的资源化；通过危险废物交换，把危险废物委托给有资质的专业处置单位代为处置，既节省了危险废物产生单位的污染治理投资，又可以使危险废物得到安全、有效的处理处置，实现无害化和减量化。废物交换的典型模式就是生态工业园区的建设。

1972 年，荷兰首先提出了"废物交换"并创建了世界上第一家废物交换机构。随后，欧洲、北美等地的许多国家相继接受了这种思想，仅美国、加拿大就成立了 320 多家废物交换机构，形成了北美废物交换网络，每年召开一次年会。

日本是第一个接受废物交换思想并进行大范围实践的亚洲国家，1975 年开始第一个废物交换方案，1976 年在分县建立废物交换系统，1989 年以来，废物交换在 25 个地区实行，效益显著。我国于 20 世纪 90 年代开始接受这种思想，1992 年，当时的国家环保局首先在上海和沈阳两市开展废物交换试点。

哈尔滨工业废物交换中心成立于 2001 年，武汉市环保洪山废弃物交换中心成立于 2002 年，均为国有企业，目前主要经营工业固废的收集、储存、处理、交换、咨询服务。天津经济技术开发区于 2005 年 4 月开通了泰达工业固体废物交换网，该网站是中国第一个工业固体废物交换专业网站。该网站的开通对园区内物质流的循环、资源的循环利用产生积极的推动作用。

　　深圳市环境保护局也于 2007 年 4 月筹建了深圳市固体废物交换中心。该中心是一个管理型、服务型、非营利性的管理机构，该中心的建立，为管理部门提供了政策法规的宣传平台和审批、跟踪、监管的控制平台，也为产废企业和经营单位提供了简便实用的申报平台和信息交流平台。

二、废物交换定义及类型

　　废物交换就是依据废物相对性原理，通过使某一生产过程的废物或副产品成为另一个生产过程的原材料等手段和途径，在产废者和（潜在）使用者之间建立起废物交换与使用网络的过程[66]。其核心思想是：废物不是废物，而是放错了地方的原料。通过建立废物交换信息系统促进废物交换和产业共生已经成为当前国内外生态工业园区建设和发展循环经济的重要途径和手段。一般来说，固体废物交换有两种类型：信息交换和实物交换，主要是交换对象不同及交换中心（交换经营者）在交换中所起的作用不同。

（一）信息交换

　　信息交换中，产废者、经营者（交换中心）、潜在使用者之间传递的是信息。在这种交换模式下，固体废物交换中心大多数是非营利性的，主要起协助作用，帮助产废企业公布危险废物产生情况和潜在价值及帮助使用者寻找所需的废旧物资，在产废者和使用者之间起媒介作用。信息交换工作主要由固体废物信息的收集、整理、发布及废物交换的协调和咨询等组成[67]。

（二）实物交换

　　实物交换中，产废者、经营者（交换中心）、潜在使用者之间直接传递废物。实物交换中心往往是营利性的，在交换中所起的作用更主动一些。作为独立的经济实体，交换中心必须更主动地寻找交换机会，促进交换的顺利进行。交换双方不直接接触，实物交换中心充当中间商的角色。若废物不完全符合使用者的要求，交换中心需要对废物进行一定的处理。在此过程中，交换双方并不直接接触。

　　实际工作中不可能把信息交换和实物交换截然分开，许多交换中心往往身兼两者，既从事信息交换，同时又在能力许可范围内进行实物交换。两种交换模式中，信息交换通常起主导作用。只有及时、准确地获得信息、传播信息，才能促使交换的进行。

三、废物交换流程及创新回收模式

（一）废物交换流程

　　废物交换的本质是有效的信息交流和废物交易。在废物产生者和废物利用者之间架起一座信息的桥梁；在一个地方废弃的东西转移到另一个地方可以从中回收物料或能源，为废物变成资源铺设道路。它的主要任务是收集信息、完善信息和转让信息。

废物交换流程一般分为以下几个步骤：

（1）信息收集。废物交换信息收集的方式多种多样，主要有废物申报、废物供求调查、废物供求者填表等。

（2）信息整理汇总。信息收集以后，首先要对大量的资料和数据进行分类、登记、编号和汇总等。

（3）信息发布。信息发布一般以定期或不定期的刊物、小册子等宣传品形式向潜在的客户发放，或张贴在网上，信息发布一般包括废物提供情况和废物需求情况。

（4）信息咨询。信息发布以后，由潜在的客户向交换中心提供咨询，并索要更详细的信息。

（5）意向性配对。对有交换意向的供求双方进行配对，双方提供更详细的材料。

废物交换基本流程图如图 7-1 所示。

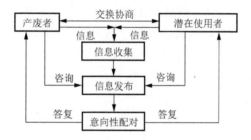

图 7-1 废物交换流程图

（二）创新回收模式

随着废弃电器电子产品回收处理行业的快速发展，越来越多的企业着力创新回收模式，提高回收水平。2016 年，回收宝、爱回收、国美在线等"互联网+回收"的废弃电器电子产品回收渠道快速发展，回收覆盖的城市越来越多，回收的产品从手机等小型产品扩展到主要的家电产品；"绿色消费+绿色回收"的废弃电器电子产品的新回收模式也取得了一定的成效。

工信部联合商务部、科技部和财政部组织的"电器电子产品生产者责任延伸试点（2016）"工作已经运行了将近一年时间，电器电子产品的生产者通过逆向物流建立废弃电器电子产品绿色回收渠道；易再生、爱博绿等多个废弃电器电子产品交易平台的建立，也促进了回收体系的完善。这些新模式在未来多元化的回收体系建设中将初见成效，同时推动了回收行业绿色转型升级。

四川长虹格润再生资源有限责任公司依托先进的信息智能技术，开发应用于社区的废旧电子智能回收 ATM 机，打造国内领先的智能回收平台，具体内容如下所示。

（1）"地网"——回收门店的建设和回收商的培育。长虹格润通过业务下沉，建立起覆盖四川全省主要社区和乡镇的回收渠道体系。并在此基础上，通过规范上门回收流程、废家电定价，以及保护用户隐私等多方面建立回收网络和健全回收服务。未来，长虹格润一方面将进一步整合社会资源，以区域（社区）为单位开发地面回收网络，另一方面进一步实施回收渠道下沉，减少资源的中转环节，同时将现有的回收模式拓展到省外的陕西和安徽市场，以获得更为优质和稳定的回收资源供应。

（2）"天网"——回收信息中心的建设。长虹格润目前已建立起回收热线（400-835-3333）、回收门户网站（http://www.gerunzs.com/）、微信等多渠道的信息技术平台，并初步显现出成果。

爱回收，全国最大的 O2O 电子产品回收及以旧换新服务互联网平台。专注于手机、平板电脑、笔记本、数码相机等电子数码产品的回收服务，共计覆盖 9 个品类、近 8000 个型号。爱回收网采用当下最热的 O2O 商业模式，线上下单与线下交易相结合，承诺彻底粉碎旧机内的用户信息，通过百万回收商实时竞价给到用户全网最高价，并提供优质便捷的免费上门回收服务与热门商圈门店全覆盖，致力于为用户提供"安全、高价、便捷"的一站式手机回收服务。并与京东、1号店、三星等知名品牌合作，创新式地提出"以旧换新"服务，帮助用户以更低的成本置换新机。

四、废物交换系统

（一）废物交换系统

废物交换系统是以现代数据库为核心，把有关信息存储在计算机内，在计算机软件、硬件支持下，实现对信息的输入、输出、更新（修改、增加、删除）、传输、保密、检索和统计计算等各种数据库技术的基本操作，完成有关废物交换的特殊功能。废物交换管理信息系统提供废物交换状况查询、废物交换的实际效益分析和预测，尤其是实现繁杂的信息收集、分类、整理、统计、汇总等工作量较大的工作，减少人工的劳动量，提高工作效率及工作的准确性，其目标是利用互联网的特性来促进废物的交换。

（二）废物交换案例

为配合中国某经济技术开发区开展国家级生态工业示范园区工作，开发的废物交换原型系统包括废物交换、企业数据上报、开发区信息发布、企业信息统计汇总、生态工业园区（EIP）指标体系共五项功能模块[68]。数据来源渠道包括开发区管理委员会统计数据、问卷调查数据和现场调研数据。

其中，废物交换是系统最为重要的核心功能。系统为此开设了"废物供应信

息发布""废物需求信息发布""废物供应信息""废物需求信息""成功案例"五
个菜单项，界面如图 7-2 所示。所有企业发布的废物交换信息均会保留在系统中，
政府部门可以提取所需的信息进行分析，同时系统自身也提供了一定的分析汇总
功能。政府也可利用这些数据与排污申报等其他数据进行对比分析，从另一方面
评价企业的废物产生情况。

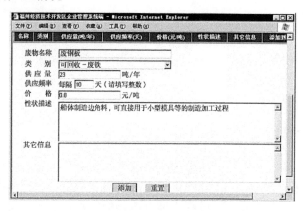

图 7-2　填写废物发布信息界面[69]

　　EIP 指标体系模块包含两部分功能：指标管理与数据维护。指标管理功能提
供对指标的添加、修改、删除等维护功能。考虑到部分指标是可以通过其他指标
计算而得，系统为指标提供了"公式"属性，在输入正确的计算公式后，系统即
能完成对指标值的计算过程。指标维护界面如图 7-3 所示。同时，使用系统的统
计图绘制功能，可以直观地显示指标的变化趋势，可选的统计图格式有曲线图、
散点图、折线图、条形图等。

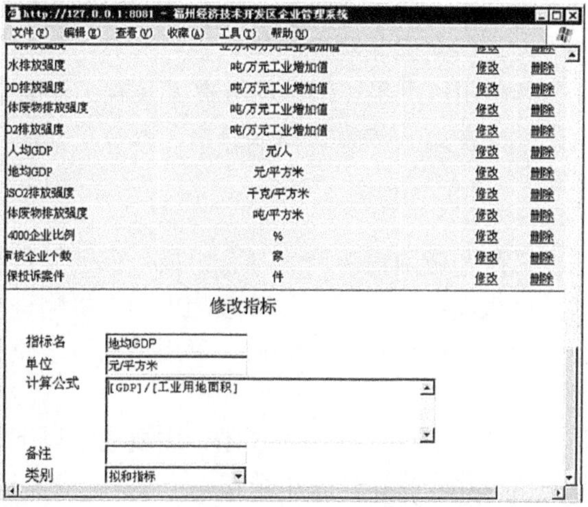

图 7-3　指标维护界面示意图[68]

第二节　有价物质回收

一、危险废物有价物质回收原则

危险废物有价物质的回收必须遵循以下原则：①技术可行；②效果较好，有较强的生命力；③所处理的危险废物应尽可能在排放源附近处理使用，以节省危险废物在存储运输等方面的投资；④产品应当符合国家相应产品的质量标准。从危险废物中回收有价物质具有去除某些毒物、减少危险废物的存储量、能耗和产品成本低、生产效率高等优势。

二、危险废物有价物质回收方法

危险废物中有价物质回收是指利用回收技术提取废物中有价值的材料。此过程需要考虑四方面的因素：废物的化学组成对再利用生产过程的影响；回收废物的经济价值是否值得改变工艺过程来迎合废物的回收再利用；可供回收再利用废物的产量及连续性；能耗问题[38]。常见的危险废物有价物质回收方法如下。

（一）废有机溶剂回收技术

工业有机溶剂应用范围广，使用量大，较为常见的有机溶剂有苯、甲苯、二甲苯、溶剂汽油、二氯乙烷和四氯化碳等。大多数废有机溶剂具有易燃、腐蚀、易挥发或反应性等特性而被列入危险废物名单，若不严格规范控制，会污染水源、大气和土壤，并危害人体健康[69]。

在众多的废有机溶剂中，有一部分具有较高的回收利用价值，如三氯乙烯、二氯甲烷、异丙醇等。常用的回收利用技术包括：分离污染物使溶剂再生，生产再生溶剂或低一级的其他用途产品。溶剂的分离方法有：蒸馏（精馏）、萃取、吸附等，其中蒸馏及萃取法在第八章中有详细介绍，本节只介绍吸附法。

1. 活性炭吸附法

活性炭吸附法由吸附和脱附再生两大部分组成，保证了过程的连续性。其原理是吸附剂有较大的比表面积，能够对危险废物中的有机物进行吸附，此吸附多为物理吸附，过程可逆；当吸附达到饱和后，可用适当方法脱附再生，再生的活性炭可以循环使用。

活性炭吸附是目前使用最广泛的回收技术，主要用于以下有机溶剂的回收：①脂肪族与芳香族的碳氢化合物，C 原子数在 $C_4 \sim C_{14}$；②大多数的含卤素溶剂，包括四氯化碳、二氯乙烯、过氯乙烯、三氯乙烯等；③大多数的酮（丙酮、甲基酮）和一些酯（乙酸丁酯、乙酸乙酯）；④醇类（乙醇、丙醇、丁醇）。

2. 废溶剂再生系统

废溶剂再生系统是在充分掌握所回收废有机溶剂组分的前提下，采用闪蒸、精馏、过滤、吸附、气提等单元操作技术，进行单元组合和回收能力、容量计算，使系统最大限度发挥回收能力，以达到废溶剂再生的目的。该技术关键是使用较少的单元过程，形成一整套废有机溶剂等危险废物再生及处理的社会化、资源化、无害化管理模式[70]。

图 7-4 所示的废有机溶剂再生处理系统由多套处理设备及蒸馏、精馏装置组成，可再生处理丙酮、异丙醇、甲苯、甲醇等多种废有机溶剂[71]。

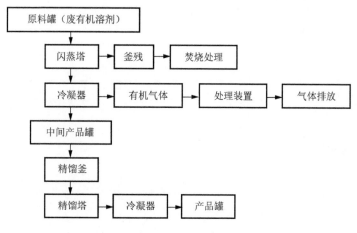

图 7-4　废有机溶剂再生处理流程

废有机溶剂原料品质一般差异较大，需将同品类桶装废有机溶剂泵入原料罐，进行混匀预处理；然后将废有机溶剂泵入闪蒸塔，进行蒸气加热，同时启动冷凝器及有机气体处理装置；冷凝器回收的中间产品进入中间产品罐，蒸馏残渣由釜底放出装桶后集中送至焚烧设施；中间产品继续进行精馏处理。根据不同品种，控制相应的温度、回流比等参数，精馏后得到产品，其中部分半成品经过脱水装置处理后，重新进入蒸馏装置[72]。分离出的有机废水装桶，集中送至焚烧装置，最终产品通过冷凝器回收进入产品罐。各冷凝器未能回收的有机气体通过活性炭气体处理装置处理，处理效率高于 95%，剩余气体集中排放至大气。

（二）废矿物油的资源化利用

废矿物油是因受杂质污染、氧化和热的作用，改变了原有的理化性能而不能继续使用、被更换下来的矿物油。废矿物油主要来源于石油开采和炼制产生的油泥和油脚；矿物油类仓储过程中产生的沉积物；机械、动力、运输等设备的更换油及清洗油（泥）；金属轧制、机械加工过程中产生的废油（渣）；含油废水处理过程中产生的废油及油泥；油加工和油再生过程中产生的油渣和过滤介质。

一般来说，含油量高的废油可直接回收，含水量高的废油则需要先进行分离和浓缩处理。含水、泥的混合物需要进行预处理，回收的部分可以再次使用。一些国家对未经加工的废油用作燃料实行某些管理和限制，但一般不禁止使用。因此，大量废油被用作替代燃料，用于替代具有同等性质的原始燃油。

目前的废矿物油回收技术有多种，但是考虑到安全和环境因素，现有的再生技术都相对较昂贵[73]。一般来说，除非对废矿物油用作燃料有某种限制或有关油类专用性极强，价值很高，值得进行再生加工，否则再生加工工艺不具备经济竞争力。所有再生加工工艺涉及的技术都较为复杂，因此其操作人员需要具有专业知识及认真细致的操作。表 7-1 从能源要求、废物产生特点、加工所需化学品等方面分析了部分工艺的特点[74]。

表 7-1　各种废油回收技术的比较

项目/工艺	硫酸-黏土	真空蒸馏-黏土	真空蒸馏-加氢处理
润滑油产量 [a]	低	中等	中等
精制润滑油料 [b]	回收	丧失	丧失
所需动力 [c]	低	低	高
总能源 [d]	高	低	中等
危险化学品	硫酸	苛性碱	苛性碱
酸性污泥	多	无	无
含油黏土废物	多	少许	无
苛性污泥或废碱	无	少许	少许
加工用水	少	中等	多

　　a. 润滑油产量：硫酸-黏土工艺的油产量低是因为油损失到酸性污泥中。两个蒸馏工艺不能回收精制润滑油料，因而它们回收的润滑油量属于中等。

　　b. 精制润滑油料：只有硫酸-黏土工艺可以回收精制润滑油料，在废油中含精制润滑油料的比例很高的情况下宜采用这一工艺。

　　c. 所需动力：在此指外部能源需求量（电力和燃料）。

　　d. 总能源：指外部能源加上因未能回收油而可能损失的能源。

（三）贵金属污泥回收技术

贵金属包括金、银和铂族元素（铂、铱、钯、钌、铑、锇）及其合金，由于开采和提取比较困难，价格较一般金属贵，因而得名。它们密度大、熔点高、化学性质稳定、能抵抗酸碱、难以腐蚀（除银和钯外），因此广泛应用于电气、电子工业、航空航天工业及高温仪表和接触剂等工业。贵金属回收主要采用的方法有火法冶金和湿法冶金。火法冶金是利用不同金属熔点和沸点的差异，将废物加热至高温而达到分离金属的目的，主要设备有焙烧炉和熔融炉；湿法冶金是通过萃取、浓缩过程从液相中分离回收金属，金属分离的方法有离子交换、电解、反渗透、膜过滤、吸附、污泥浸沥、电解沉积、溶剂吹脱和沉淀等。

1. 电镀污泥

我国电镀工业每年产生大量含重金属的电镀废水，处理后的电镀污泥中含有 Cu、Ni、Zn、Cr 和 Fe 等金属成分（金属含量见表 7-2），属于危险废物，其组分因厂家镀种的不同而不同，成分复杂[75]。

表 7-2　电镀污泥中主要金属成分（干基）

金属成分	含量/%	含量平均值/%
Cu	3.7～8.4	6.0
Zn	3.2～10.8	7.0
Cr	3.6～5.0	4.3
Ni	1.2～25.0	13.1
Fe	10.1～22.0	16.0

电镀污泥中贵金属的回收技术主要有以下几种。

1）酸浸法和氨浸法

酸浸法是一种常见的电镀污泥金属回收方法。其中硫酸由于具有价格便宜、挥发性小、不易分解等优点而被广泛使用，它是一种有效的浸取试剂[76]。研究发现，硫酸对铜、镍的浸出率可达 95%～100%，此外也可以使用其他酸性提取剂，如酸性硫脲来浸取电镀污泥中的重金属。王文瑞等利用廉价的工业盐酸浸取电镀污泥中的铬，浸出率高达 97.6%[77]。酸浸法的优点是对铜、锌、镍等有价金属的浸取效果较好，缺点在于对杂质的选择性较低，特别是对铬、铁等杂质的选择性较差。

氨浸法相较于酸浸法应用较少，它一般采用氨水溶液作为浸取剂，因为氨水具有碱度适中、使用方便、可回收使用等优点。采用氨络合分组浸出—蒸氨—水解渣硫酸浸出—溶剂萃取—金属盐结晶回收工艺，可从电镀污泥中回收绝大部分有价金属，总回收率在 90% 以上。氨浸法则对铬、铁等杂质具有较高的选择性，但对铜、锌、镍等的浸出率较低[78]。

2）生物浸取法

生物浸取法主要是利用化能自养型嗜酸性硫杆菌的生物产酸作用，将难溶性的重金属从固相溶出进入液相成为可溶性的金属离子，再采用适当的方法从浸取液中加以回收。目前该工艺的最大难题是电镀污泥中高含量的重金属对微生物的毒害作用[78]。

3）熔炼法和焙烧浸取法

熔炼法以煤炭、焦炭为燃料和还原物质回收电镀污泥中的铜与镍。焙烧浸取法是先高温焙烧预处理污泥中的杂质，然后用酸、水等介质提取焙烧产物中的有价金属[78]。

2. 废催化剂污泥

大部分有机化学反应都需要使用催化剂来提高反应速率,因此催化剂在有机化工生产中得到了非常广泛的应用。催化剂在使用一段时间后会失活、老化或中毒,使催化活性降低,这时就要定期或不定期报废催化剂换入新催化剂,于是就产生了大量的废催化剂污泥[69]。

废催化剂的回收方法一般可分为四种:干法、湿法、干湿结合法和不分离法。回收废催化剂时,应根据催化剂的种类采取相应的回收方法,但一般都需要预处理。预处理的目的在于除去废催化剂上吸附的水分、有机物、硫等有害杂质,同时通过改变废催化剂的外形和内在结构,使之符合后续处理工序的要求[74]。以下介绍催化剂中钯和铂的回收工艺。

1)吸附法回收钯

钯碳催化剂的载体是椰壳活性炭,活性物质为贵金属钯。新催化剂含钯 0.5%,使用时处于水溶液内,有少量钯流失,失活后拆卸时用水洗涤,废催化剂含水一般为 30%~40%,形成的废钯碳催化剂污泥中含钯量为 0.2%~0.3%。

2)从废铂催化剂中回收铂

含铂催化剂主要用于石油化学工业的催化重整及异构化。因催化剂失效,我国每年产生大量的含废铂催化剂泥渣。废铂催化剂中除含铂外,还含有碳和铁。采用甲酸沉淀法,铂的回收率可达 99.6%,铂纯度可达 99.9%。其工艺流程如图 7-5 所示[79]。

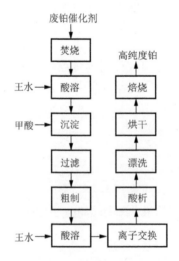

图 7-5　甲酸沉淀法回收铂的工艺流程图

(四)工业废渣的资源化技术

工业废渣不仅占用大量土地,需要投入大量的运行和维护费用,而且对环境造成了极大的危害，因此对工业废渣进行资源化利用势在必行。以下是几种工业废渣中有价物质回收技术简述。

1. 含铬废渣

铬渣是金属铬和铬盐生产过程中排放的废渣，铬渣中的有害成分主要是可溶性铬酸钠、酸溶性铬酸钙等六价铬离子，会对周围生态环境造成持续性的污染[80]。一般铬渣的化学成分如表7-3、表7-4所示。

表7-3　含铬废渣的主要化学成分

成分	Al_2O_3	Cr_2O_3	Na_2O	MgO	SiO_2	CaO
含量/%	72~78	11~14	3~4	1.5~2.5	1.5~2.5	1

表7-4　铬盐生产过程中排放铬渣的主要化学成分

成分	Al_2O_3	MgO	SiO_2	CaO	Fe_2O_3	总铬
含量/%	5~10	27~31	4~30	30~40	2~11	1~5

铬渣具有硬度大、熔点高等性质，所以，人们常将铬渣制成铸石、砖等建筑材料，或用作某些产品的替代原料，并使 Cr^{6+} 转变为 Cr^{3+} 或金属铬，达到解毒和资源化综合利用的双重目的[81]。目前，比较成熟的铬渣综合利用方法有：①用作建筑材料，包括生产辉绿岩铸石、生产铬渣棉、制砖、制水泥；②用于玻璃制品的着色剂；③代替石灰用于炼铁；④代替蛇纹石生产钙镁磷肥；⑤制防锈颜料；⑥制备其他铬系产品。铬渣经过还原、分离、浸取、蒸发、酸化等工序，可制成 $Na_2Cr_2O_7$、Na_2S 等产品；铬渣与废盐酸混合，加入解毒剂、添加剂，可制成铬黄、石膏和氧化镁等[80, 82]。

> 附注7-1　Cr^{6+}的化合物具有很强的氧化性，对人体健康的危害极大。Cr^{6+}对人体的最小中毒量为110 $\mu g/m^3$，我国规定居住区大气中 Cr^{6+} 的最大容许浓度为 0.0015 mg/m^3。

2. 硫酸废渣

硫酸渣（也称黄铁矿烧渣）是硫酸工业生产过程中硫铁矿（黄铁矿等含硫铁矿物）或含硫尾矿等原料氧化焙烧脱硫后产出的粉末状固体残渣。硫铁矿主要由硫和铁组成，伴有少量有色金属（铜、铅、锌等）和稀贵金属。硫酸渣中含有的多种金属元素具有回收价值，除可从中回收铜、铅、锌、钴、金、银等外，还可以用它制铁粉、生产三氯化铁和铁氧红、作为水泥的辅助材料及用于炼铁等[83, 84]。

3. 含铟废渣

目前我国回收铟的最常用工艺有以下四种：①含铟铁矾经干燥—硫酸浸出—萃取—置换—碱熔—电解精炼得到精铟；②含铟烟尘及氧化锌粉等粉尘物料采取

硫酸浸出—萃取—置换—碱熔、除杂—电解精炼得到精铟；③锡电解液经多次萃取—置换—碱熔、除杂—电解得到精铟；④粗铅中提铟先进行氧化造渣，然后经浸取—萃取—置换等步骤得到铟[85]。

4. 含汞废渣

汞渣是工厂、矿山等生产过程中排出的含汞固体废物，如汞矿和冶炼厂排出的含汞矿石烧渣；化工厂排出的含汞盐泥、含汞污泥、汞膏、汞粒；军工生产排出的雷酸汞、废汞弧整流器、废水银灯、破碎的玻璃水银温度计、大气压力表、含汞的废电池等。

汞渣种类不同，治理和回收利用的方法也不同，国内外普遍采用焙烧法处理并回收废渣中的金属汞[86]。对于含汞污泥和固态含汞废物，一般均需加入碱系药剂处理后才能送去焙烧；对于含汞金属类或玻璃类废物，需先进行破碎，并用药剂洗涤处理，再焙烧。处理含汞废物的焙烧器有立式焙烧炉、螺旋式电气炉、回转焙烧炉等。

5. 铜镉废渣

铜镉废渣主要来源于有色金属采选及冶炼、镉化合物生产、电池制造和电镀行业等。从铜镉渣中提取镉，常用锌粉置换或萃取，在锌渣的酸浸液中加入一定量的锌粉，在 $40 \sim 50 ℃$ 的条件下反应 $1h$，制得的海绵镉品位为 70% 左右，其余为过量的锌粉和铜、铅等杂质。从铜镉渣中提取金属镉的工艺流程如图7-6所示[87]：

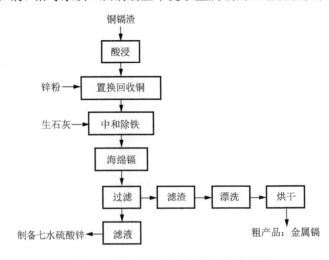

图 7-6　铜镉渣制取金属镉的工艺流程图

6. 含铝废渣

铝工业废渣，又称赤泥，是以铝土矿为原料生产 Al_2O_3 过程中产生的固体废渣。我国每生产 1t 氧化铝排出 1.0～1.7t 铝废渣,目前铝废渣的利用率仅为 15% 左右,大量的铝废渣仍然排往堆放场堆积。铝废渣的应用主要包括用于建筑材料、制备保温材料及回收有价金属。铝废渣中的有价资源包括 Fe、Si、Al、Ca、Ti、V、Sc、稀土金属、Ta 等[88]。图 7-7 是国外从铝废渣中回收 Al_2O_3、Fe、TiO_2 的烧结工艺和还原工艺流程图[89]。

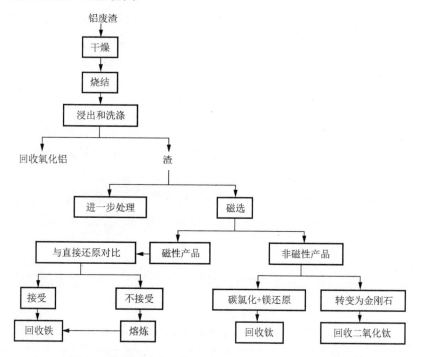

图 7-7　从铝废渣中回收 Al_2O_3、Fe、TiO_2 的工艺流程图

铝工业废渣的综合利用是一个世界性的难题。目前对铝废渣低附加值的利用已用于实践且取得了一定的成效,如建筑材料和筑路材料的利用等;但是对于铝废渣中高附加值产品如有价元素的回收和开发存在技术上可行和经济上不合理的矛盾[90]。

(五)废电池资源化技术

首先,废电池中含有汞、铅、镉、镍等重金属及酸性电解质溶液,如不进行适当的处理,会污染土壤和地下水;其次,这些有毒物质通过各种途径,如饮用水或食物链直接或间接地进入人体,损害人的神经系统、造血功能和骨骼,干扰和损伤肾功能、生殖功能,容易使人慢性中毒、瘫痪,甚至致癌[91]。同时,废电池中的金属也是重要的二次资源,回收价值高。因此,对废电池进行回收处理,具有经济和环境双重效益[92, 93]。

1. 废干电池回收利用技术

干电池主要是指锌-锰酸性电池和锌-锰碱性电池。干电池的有价物质回收技术主要有湿法冶金和火法冶金两类处理方法[92]。

（1）废干电池的湿法回收。干电池中的锌、二氧化锰等物质可溶于酸，湿法回收技术是基于此原理使废电池与酸作用生成含锌、锰的盐溶液，溶液经净化后生产金属锌、二氧化锰或生产化工新产品（如立德粉、氧化锌）、化肥等。废干电池的湿法回收方法所得产品的纯度较高，但流程长，二次污染难以处理，而且近年来逐渐实现电池无汞化，加上受铁、锌、锰市场价格的影响，导致湿法回收成本过高，该技术的应用正在减少。

（2）废干电池的火法回收。废干电池的火法回收是在高温下使其中的金属及其化合物氧化还原、分解、挥发及冷凝的过程。火法又分为常压冶金和真空冶金两类。常压冶金在大气中进行，而真空冶金则是在密闭的负压环境下进行。大多数专家认为真空冶金是回收利用废干电池的最佳方法，与湿法及常压冶金相比，真空冶金的流程短、能耗低、对环境的污染小，因此极具发展前景[94]。

2. 废铅酸蓄电池回收利用技术

铅酸蓄电池是世界上各类电池中产量最大、用途最广的一类电池，废蓄电池的组成如表 7-5 所示[95]。

表 7-5　废蓄电池的组成

名称	主要成分	总含量/%
外壳	聚丙烯	3
铅头	Pb-Sb 合金	40~50
膏泥（粉）正极填料	PbO、PbO_2、$PbSO_4$	45~50
膏泥（粉）负极填料	Pb、PbO_2、$PbSO_4$	
杂物	纸、废酸	<2

废铅酸蓄电池的回收方法如下[95]。

（1）塑料外壳。主要为聚丙烯等热塑性塑料，它的回收工艺流程如图 7-8 所示。

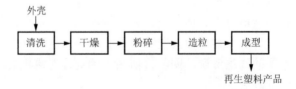

图 7-8　废铅蓄电池外壳处理流程图

（2）铅头。包括电极与连接片，主要组成：Sb 3%～6%，其余为 Pb-Sb 合金。因铅、锑都是低熔点金属，容易熔融回收，仍可作为 Pb-Sb 合金使用（如制蓄电池）。铅头回收工艺主要包括清洗、干燥—熔融—浇注—铅锭。

（3）阴、阳极充填物（膏泥）。阴、阳极充填物中含有铅、铅氧化物、硫酸铅盐，可采用湿法处理，提取其中的 PbO 及可转化的铅盐（$PbCO_3$）。制得的 PbO 和 $PbCO_3$ 可以继续作为生产三盐基硫酸铅系列产品和铬黄系列产品的原料。

3. 废锂离子电池回收利用技术

大量不经处理的废锂离子电池给环境造成巨大威胁和污染，同时也是一种资源浪费：锂离子电池平均含钴 12%～18%，锂 1.2%～1.8%，铜 8%～10%，铝 4%～8%。对废锂离子电池进行资源回收利用是社会关注的热点问题，废锂离子电池中有价金属的回收技术主要有干法技术、湿法技术和生物浸出技术[96]。

（1）干法技术。干法是通过还原焙烧分离回收金属钴、铝的一种处理方法。该方法将电池放置于隔绝水分与空气的环境中，一般是在氮气或氩气环境中进行，将锂离子电池在高温下焚烧，分离出各种金属。干法工艺相对简单，不足之处是能耗较高，电解质溶液和电极中其他成分通过燃烧转变为 CO_2 或其他有害成分，如 P_2O_5 等。但是，焚烧去除有机物的方法易引起大气污染，合金纯度较低。

（2）湿法技术。湿法是以无机酸溶液将废锂离子电池中的各种有价成分浸出后，再以络合交换、溶剂萃取、沉淀等分离提纯技术加以回收。湿法处理废锂离子电池金属浸出率高、流程短，但会消耗大量酸，产生二次废液。此外，分离提纯过程金属流失严重，选择性差。因此湿法处理废旧锂离子电池工艺需要进一步研究[97, 98]。

（3）生物浸出技术。微生物浸出是用微生物将锂电池中的有用组分转化为可溶性化合物并选择性地溶解出来，得到含金属的溶液，进而回收有价金属。生物浸出工艺有许多优点，如成本低、金属溶出率高等，具有极好的应用前景。但是用生物浸出工艺还有许多问题需要解决，如菌种的选择与培养、浸出条件的控制、如何缩短整个工艺的时间等。

4. 混合电池的回收利用技术

混合电池是没有经过分拣的电池，它的处理目前主要采用模块化处理方式。即首先对电池进行破碎、筛分等预处理，然后按类别分选全部电池。混合电池的处理采用火法或湿法与火法相结合的方法。通过将废电池准确地加热到一定温度，使所需分离的金属蒸发气化，然后再收集，对废电池中的金属进行回收。

第三节　危险废物综合利用

一、概述

危险废物综合利用已经成为我国固体废物的主要处置方式之一。我国危险废物的综合利用方式可以分为建材利用、土地利用、制备新型材料、生产化工/矿产原料等，涉及的典型再生利用工艺单元包括：清洗、干燥、破碎、分选、中和反应、絮凝沉淀、氧化/还原、结晶、烧结、热解、生物处理等。本节将以含铬废渣、废催化剂、废酸液、废碱液和废电路板为例，介绍危险废物的综合利用方式及其产品。

二、含铬废渣的综合利用

铬废渣对环境和人类有较大毒性，但由于它含有钙、镁、硅、铝等元素，以及一定量反应不完全的 Cr_2O_3，且具有硬度大、熔点高等性质，因此可以作为资源进行再利用，使之变害为利，变废为宝[99]。国内已经开展了包括铬渣烧结炼铁、制水泥和玻璃着色剂等建筑材料在内的十余项综合利用技术，达到了废物无害化和资源综合利用的双重目的[100]。

1. 铬渣炼铁

铬渣炼铁需用石灰石、白云石作熔剂。铬渣中 CaO 和 MgO 含量共计 50%～60%，Fe_2O_3 含量为 10%～20%，可以代替部分石灰石、白云石作为烧结炼铁的熔剂，同铁矿粉、煤粉混合，经烧结炉烧结后再送往高炉进行炼铁。在烧结过程中，铬渣中 Cr^{6+} 被 C 和 CO 还原为 Cr^{3+}，之后经过高炉冶炼，Cr^{3+} 及残余的微量 Cr^{6+} 可还原为金属铬进入生铁中，其他成分熔入熔渣，经水淬后可作为水泥混合材料。这种方法生产 1t 铁可处理铬渣约 0.6t，并且生铁中铬含量的增加使其硬度、耐磨和耐腐蚀性能提高。铬渣炼铁具有吃渣量大、还原彻底、金属铬回收利用率高的特点，是国内比较成功的综合利用技术。孟凡伟等[101]利用烧结炼铁技术处理铬渣，结果表明，控制掺渣量在 1.5%以内，成品矿的性能指标符合相关标准要求。

2. 铬渣制水泥

铬渣中含有水泥活性组分中的硅酸二钙和铁铝酸钙，因此可应用于水泥生产。铬渣制备水泥有三种方式：铬渣干法解毒后作为水泥混合料、铬渣作为水泥原料之一烧制水泥熟料、铬渣代替氟化钙作为矿化剂烧制水泥熟料。由于铬渣中存在低熔点物质，掺加铬渣的水泥生料在煅烧过程可使水泥烧成温度降低约 50℃，降低了生产过程中的能耗，同时窑内的 CO 可将铬渣中的 Cr^{6+} 还原为 Cr^{3+}，实现了

Cr^{6+} 的解毒作用。付永胜等[102]通过生产性试验提出了铬渣作为水泥矿化剂的最佳工艺条件为：立窑法生产水泥，铬渣掺加量为 2%，炉温控制在 1300～1400℃，按此工艺可使水泥强度提高 6%～10%，并使 Cr^{6+} 还原率达到 96.2%。

利用冶炼废渣生产水泥产品是目前较为成熟的综合利用技术，冶炼废渣经超细磨后，其超细粉可大比例（30%～70%）替代水泥熟料，从而节约大量的石灰石、煤炭、黏土等自然资源，例如，仅将全国矿渣中的 1 亿 t 资源化产品应用到建材行业，就可替代 1 亿 t 水泥熟料，节约 1.5 亿 t 石灰石，节煤 1800 万 t，同时减少 CO_2 排放量 6600 万 t，减少 SO_2 排放量 50 万 t[103]。

3. 铬渣制玻璃着色剂

绿色玻璃的着色剂主要有铬铁矿、红矾钠、三氧化二铬等，可以用铬渣代替铬系原料作绿色着色剂。着色原理为玻璃料在高温熔融时，Cr^{6+} 不稳定，转化为 Cr^{3+}，而使玻璃呈现绿色。该法要求铬渣粒度为 0.2 mm 左右，含水量低于 10%。由于各厂所用原料的化学组成不尽相同，铬渣的加入量也有差异。根据部分厂家的经验，铬渣作玻璃着色剂的加入量应为 3%～5%。

这种方法可以使 Cr^{6+} 彻底解毒，而且不会降低玻璃的质量，相反地，由于铬渣内含有一定的熔剂，能降低玻璃料的熔融温度，缩短熔化时间，同时，铬渣中的 MgO、CaO、SiO_2 等也可以作为玻璃组成部分，降低生产成本[104]。

4. 其他利用技术

在实际应用中除上述三种技术之外，铬渣综合利用技术还包括制耐火材料、代替蛇纹石生产钙镁磷肥、制防锈颜料、烧制红砖或青砖、烧制彩釉玻化砖、人工骨料、微晶玻璃等。总而言之，铬渣的利用应综合考虑投资成本、技术可行性、环境的二次污染控制等因素，因地制宜地选择适合铬渣治理的工艺措施。

三、废催化剂的综合利用

石油冶炼产生大量废催化剂，失活的催化剂多采用填埋法进行处理。但由于废催化剂中含有一些有害的重金属，填埋法处理会造成土壤污染；若填埋时不做防渗处理，废催化剂受雨水淋湿后，其中重金属如镍、锌等溶出，造成水环境污染。而且废催化剂颗粒较小，一般为 20～80 μm，易随风飞扬，增加空气中总悬浮颗粒的含量，污染大气环境，成为大气污染不可忽视的来源之一。

另外，这些废催化剂中含大量贵金属、有色金属及其氧化物，且有价金属的含量高于矿石中相应金属的含量。因此，从控制环境污染和合理利用资源两方面考虑，均应对废催化剂进行回收利用。第七章第二节已经对废催化剂的贵金属回收方法进行了讲述，本节主要介绍废催化剂的综合利用途径。

1. 废催化剂再生

催化剂在使用一段时间后，常因表面结焦积炭、中毒、载体破碎等失活。国内废催化剂再生处理流程如下：焙烧—酸浸—水洗—活化—干燥。其中焙烧是烧去催化剂表面上的积炭，恢复内孔；酸浸是除去 Ni、V 的重要步骤；水洗是将黏附在催化剂上的重金属可溶盐冲洗下来；活化是恢复催化剂的活性；干燥是去除水分。国外的废加氢催化剂再生采用的是物理化学法去除催化剂上的结焦，回收沉积金属，再对催化剂进行化学修饰，恢复其催化性能。

由于我国废加氢精制催化剂的失活机理与国外不同，不能采用国外的再生工艺，所以，亟待开发适用于我国的再生工艺，用再生技术替代目前的催化剂废渣处理方法。近年来，山东大学对某厂的废加氢精制催化剂的再生进行了初步研究，采用先焙烧，再按体积比为 1：1 加入溶剂，剧烈振荡去除催化剂上沉积的 Ni、Fe 和 V 等金属，再对经溶剂处理过的催化剂进行化学修饰，恢复其催化性能（结果见表 7-6）[105]。再生催化剂的脱硫活性比新鲜催化剂还高。废催化剂再生过程中，基本没有废气和废水产生。

表 7-6　废加氢精制催化剂再生前后重金属含量和反应活性对比（%）

样品	ω（沉积金属 Ni）	ω（沉积金属 Fe）	ω（沉积金属 V）	活性
新鲜催化剂	—			100
废催化剂	0.95	5.13	0.56	68.6
再生催化剂	0.12	0.94	0.02	106

注：ω 为质量分数的符号；设新鲜催化剂活性为100%。

2. 废催化剂精制石蜡

在生产商品蜡时，炼油厂一般使用活性白土作吸附剂对蜡膏进行精制。废催化剂有大量微孔和较大的比表面积，和白土的结构相似，因此废催化剂在吸附性能上和白土也有相似之处。南阳炼油厂开展了在白土中掺加废催化剂作吸附剂精制石蜡的研究，实验结果表明：当白土中掺加 45%（对白土）以下的废催化剂时，所得精制石蜡样品与用纯白土精制出来的蜡样在光安定性、色度等多项指标上基本一致，回收率在 97% 以上。该厂在不改变生产工艺的条件下，以减三线蜡膏为原料，在白土中掺入 40% 的废催化剂，在生产装置上进行了 58 号半精炼蜡试生产。试生产所得产品指标全部达到了 58 号半精炼蜡的质量指标要求，并且减少了滤饼中的含蜡量，提高了过滤速度。

3. 精制催化裂化柴油

柴油颜色变深、胶质增多等不安定性大多源于其中的一些极性较高的物质，而催化裂化（FCC）催化剂对极性化合物的吸附能力较强，可用于吸附柴油中的不安定组分，近年来国内关于利用废催化剂精制 FCC 柴油的研究较多。

石油大学炼制系用废催化剂对济南炼油厂 FCC 柴油进行吸附精制，在剂油比为 20g/500mL 时，吸附物中的氮与 FCC 柴油中的氮之比为 19∶2；精制油中染色能力较强的胶质含量下降约 1%，精制油的酸度和碱性氮质量浓度与 FCC 柴油相比分别下降约 50% 和 72%，碘值也有所下降。同时，在回收被吸附剂所吸附油的情况下，精制油的收率可达 99.55%，即使不回收，也可达 97.96%，且其质量达到了优级轻柴油的指标要求[106]。

4. 其他用途

制作废料：将合成氨工艺用的废催化剂粉碎后，按比例用黏土造粒，可用于制作阳肥，或加入复合肥中制成含微肥的复合肥，该催化剂中含有大量植物生长所必需的微量和中量元素：铁、硼、锰、铜、镁等。黑化集团硝铵厂已成功地将用含氧化锌、氧化锰的废催化剂制作锌肥、锰肥等，在农业上获得了较好的效果。

含 Cu-Zn 催化剂，如 Cu/Zn/Al 催化剂，主要用于合成氨工业、制氢工业的低温变换反应，合成甲醇和催化加氢反应。由于都是使用还原状态的铜，因此易因硫中毒、卤素中毒、热老化等而报废。研究表明，这类废催化剂可以用来生产硫酸铜、氯化亚铜、五水硫酸铜、氧化锌和铜锌微肥；废 Cu/Zn/Al 催化剂中的 CuO 和 ZnO 具有较大的硫容，可作为精脱硫剂使用；并且经过硝酸溶解、共沉淀、洗涤和煅烧后可使催化剂得到再生。

四、废酸液的综合利用

大部分废酸液来源于电化学精制、酸洗涤、酯水解等工艺，为黑色黏稠的半固体[107, 108]，相对密度 1.2～1.5，游离酸浓度 40%～60%，除含油 10%～30% 外，还含叠合物、磺化物、酯类、胶质、沥青质、硫化物及氮化物等。

1. 废酸液回收

目前国内废硫酸多送到硫酸厂，将废酸喷入燃烧热解炉中，废酸与燃料在燃烧室中热解，分解为 SO_2、CO_2 和 H_2O。裂解气除尘后冷却至 90℃，再通过冷却器和酸雾静电除尘器，除去酸雾和部分水分，经干燥塔除去残余水分，防止设备腐蚀和转化器中催化剂失活，在 V_2O_5 的作用下，SO_2 在转化器中生成 SO_3，稀酸吸收制成浓硫酸。

2. 废酸液浓缩

废酸液浓缩的方法很多，目前使用比较广泛是塔式浓缩法。此法可将 70%～80% 的废酸液浓缩到 95% 以上。其缺点是生产能力小，设备腐蚀严重，检修周期短，费用高，处理 1t 废酸耗燃料油 50kg。

五、废碱液的综合利用

废碱液主要来自石油产品的碱洗精制，因被洗产品不同，废碱液的性质也有所不同，多为棕色和乳白色，也有灰黑色等，有恶臭，相对密度 1～1.1，游离碱浓度 1%～10%，含油 10%～20%，环烷酸和酚的含量一般在 10% 以上，还含有磺酸钠盐、硫化钠和高分子脂肪酸等。

1. 硫酸中和回收环烷酸、粗酚

常压直馏汽、煤、柴油的废碱液中环烷酸和粗酚的含量高，可以直接采用硫酸酸化的方法回收。其过程是：先将废碱液在脱油罐中加热，静置脱油，然后在罐内加入浓度为 98% 的硫酸，控制 pH 为 3～4，发生中和反应生成硫酸钠和环烷酸，经沉淀可将含硫酸钠的废水分离出去，将上层有机相进行多次洗涤以除去硫酸钠和中性油，即得到环烷酸产品。若用此法处理二次加工的催化汽油、柴油废碱液，即可得到粗酚产品。

2. CO_2 中和回收环烷酸、碳酸钠

为减轻设备腐蚀和降低硫酸消耗量，可采用 CO_2 中和法回收环烷酸。此法一般是利用 CO_2 含量在 7%～11%（体积分数）的烟道气碳化常压油品碱渣。回收过程是：先将废碱液加热脱油，脱油后的碱液进入碳化塔，在塔内通入含 CO_2 的烟道气进行碳化。碳化液经沉淀分离，上层即为回收产品环烷酸，下层为碳酸钠水溶液，经喷雾干燥即得固体碳酸钠，纯度可达 90%～95%。

3. 柴油废碱液作浮选剂

采用化学精制处理常压柴油产生的废碱液，可用加热闪蒸法生产贫赤铁矿浮选剂，用其代替一部分塔尔油和石油皂，可使原来的加药量减少 48%。

4. 液态烃碱洗废液造纸

液态烃废碱液指的是 Na_2S 2.7%、$NaOH$ 5%、Na_2CO_3 36% 的水溶液，另外还含一些酚等。造纸工业用的蒸煮液是硫化钠和烧碱的水溶液。使用废碱液造纸时，可根据碱液成分，适当补充一部分硫化钠和烧碱。

六、废电路板的综合利用

电路板是玻璃纤维树脂和多种金属的混合物，对其进行有效的资源化回收利用是电子废弃物处理的关键。电路板中的重金属（如铅、镉）、多氯联苯、含溴阻燃剂等物质，都被列入了《国家危险废物名录》，对人体和环境有极大的危害。因此，急需研发高效、环境友好的技术手段来实现废旧电路板的无害化处理和资源化利用[109]。

废电路板中金属主要是铜、铅、少量贵金属，非金属材料又包括有机物质和无机组分，分别占40%和60%。有机物质通常为树脂、溴化阻燃剂、双氰胺固化剂、固化促进剂等；无机物通常是以 SiO_2、CaO、Al_2O_3 为主的多种氧化物制成的玻璃纤维。本节将着重介绍废电路板非金属材料的资源化综合利用。图 7-9 所示为废电路板资源化工艺路线。

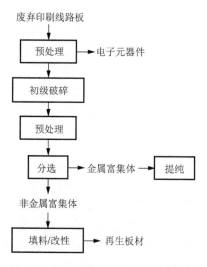

图 7-9　废电路板资源化工艺路线[110]

废电路板非金属再生利用技术和方法包括：热处理回收能量，作为填料制备再生板材或生产建筑材料[110]。

（一）热处理

1. 焚烧回收能量

非金属材料中的热固性树脂具有良好的热利用价值，可以通过燃烧得到能量。例如，把非金属材料以 10%的比例和生活垃圾混合燃烧；一般塑料废弃物的热值平均可达 40 MJ/kg，接近燃料油的热值。但是，非金属材料废物由于含有无机增强材料玻璃纤维，其平均热值略低，见表 7-7。此外，由于非金属材料中含有卤素阻燃剂及铅锡焊料，焚烧过程操作不当极易产生二噁英（400～800℃）等剧毒有害物质。因此，非金属材料废物的焚烧处置一般应在高温焚烧炉中进行，并且必须配备完善的烟气处理系统。

表 7-7　常见电子废物塑料的热值

材料	ABS	PS	PVC	PET	PP	非金属材料	燃料油	煤	复合材料
热值 /（MJ/kg）	35	41	18.4	22	44	11	44	29	7.5

2. 热解回收燃料

热解,在工业上也称为干馏。热解法与焚烧不同,它是将有机物在隔绝空气条件下加热,或者在少量氧气存在的条件下部分燃烧,使之转化为有用的燃料或化工原料的过程。热解主要应用于处理铜金属含量较低的废电路板或是分离金属铜后的非金属材料,将其中的树脂塑料部分转化为气体或液体燃料而回收。热解技术被认为是一种有效的塑料类废物回收再生方法。

热解非金属材料回收轻质油的技术、方法或设备并不成熟,回收效率较低,而且对于热解过程产生的有毒有害物质还缺乏有效了解和控制。例如,需明确热解过程含溴阻燃剂的转化和迁移规律,以及其中少量铅类重金属污染物的释放迁移特征。尤其需要防止热解过程及尾气处置过程中二噁英的产生和排放。

(二)生产材料

1. 复合材料

制备或生产复合材料是目前塑料树脂废物利用的主要途径。非金属材料主要由热稳定性较好的聚合物构成,能承受较高的热力学检验和苛刻的环境条件,其具有填料的普遍性质,可用于涂料、铺路材料、塑料制备的填料,或是作为增强材料和绝缘胶黏材料用于制造阻火剂和建筑材料,具有良好的应用前景。按照聚合物基材的不同,以聚合物为基体材料、非金属材料为填料制备的复合材料分为两种:热塑性复合材料和热固性复合材料。

2. 建筑材料

以非金属材料作为填料制备建筑材料也是其再生利用的方法。例如,可用于生产路基材料(如沥青添加剂)、建筑砖、水泥砂浆填料等。Ban 等[111]以非金属材料做水泥砂浆添加剂,结果表明,当非金属材料粉料粒径大于 0.08mm,水浸出膨胀率超过 2.0%时,其改性制得的水泥制品性能优于标准水泥制品。

第四节　水泥窑协同处置

我国危险废物通过集中处置设施进行安全处置量仅占处置量的 11%,大部分危险废物是在低水平下进行处置的,易造成二次污染[112]。水泥窑是发达国家协同处置危险废物即将其入窑混烧的重要设施,此技术已得到广泛的认可和应用[113]。我国是水泥生产和消费大国,水泥厂数量众多,分布广泛,借鉴发达国家的先进经验,将危险废物处置与水泥工业的可持续发展结合起来,利用水泥窑焚烧处理危险废物,是较为符合我国国情的做法[112, 114]。

一、水泥窑协同处置技术简述

硅酸盐水泥的生产一般分为三个阶段：①石灰质原料、黏土质原料和少量校正原料经破碎后，按一定的比例配合、磨细，并调配为成分合适、质量均匀的生料；②生料在水泥窑内煅烧至部分熔融，得到以硅酸钙为主的硅酸盐水泥熟料；③熟料加适量石膏，有时还加适量混合材料或外加剂共同磨细为水泥。

水泥的生产方法按照生料制备方法的不同，分为以下四类：将原料同时烘干和粉磨或先烘干后粉磨成生料粉后入窑煅烧，称为干法；将生料粉加入适量水分制成生料球后入窑煅烧，称为半干法；将原料加水粉磨成料浆后入炉煅烧，称为湿法；将湿法制备的生料浆脱水后，制成生料块入窑煅烧，称为半湿法。

熟料的煅烧可以采用立窑和回转窑。立窑适用于规模较小的工厂，而回转窑适合大中型厂。回转窑又分为干法窑、立波尔窑、湿法窑。目前新型干法预热回转窑因其高效、低耗、环保而得到越来越广泛的应用。在回转窑内，固体与气体的流动方向相反。生料从回转窑高端、冷端（窑尾）加入，随着回转窑的旋转，逐渐向低端、热端移动，一般要经过干燥预热带、煅烧带、烧结带、冷却带，物料在 850~1450℃的停留时间超过 15~30 min；而燃烧气体从回转窑低端、热端（窑头）进入，逐渐向高端、冷端运动，最高温度可达 1750℃，停留时间超过 4~6 s。

二、危险废物水泥窑协同处置

（一）危险废物水泥窑协同处置的原则

水泥窑协同处置危险废物应遵循以下基本原则：①同其他废物处置方式一样，应尽可能在废物最小量化的基础上进行；②废弃物在水泥原料和燃料中要达到一定的比例以产生环保和经济效益；③水泥厂处置废物是在水泥生产过程中进行的，废物处置不能影响水泥厂正常生产，不能影响水泥产品质量，不能对生产设备造成损坏，不能对操作工人健康造成危害，不能对厂区及周围环境造成明显影响；④生产工艺过程和产品不能对环境产生二次污染，不能带来水泥厂污染物排放的显著升高；生产的水泥要有尽可能大的适用范围；⑤必须满足国家及地方有关法律法规和废物处置规划的要求；⑥应比该废物的其他处置方式在经济上、生态上、环保上更为可行。

（二）危险废物水泥窑协同处置的特点

从焚烧工艺来看，水泥窑处置危险废物具有以下特点。

（1）焚烧温度高。水泥窑内物料温度高达 1450℃，气体温度则高达 1750℃左右，而专业危险废物焚烧炉的焚烧温度在 850~1200℃。在窑内高温下，废物中的毒性有机物彻底分解，焚毁去除率可达 99.999%以上，实现废物中有毒有害成分被彻底"摧毁"和"解毒"[112, 114]。

（2）停留时间长。水泥窑是一个旋转的筒体，一般直径 3.0～5.0 m，长度 45～100 m，以 100～240 r/h 的速度旋转，焚烧空间很大，危险废物在回转窑高温状态下停留时间长。据一般统计数据，物料从窑头到窑尾总的停留时间在 40 min 左右；气体在温度高于 950℃以上的停留时间大于 8 s，高于 1300℃以上停留时间大于 4 s，可以使废物长时间处于高温下，更有利于废物的焚烧和彻底分解，而专业危险废物焚烧炉气体在 1100℃以上的停留时间仅为 2 s。

（3）焚烧状态稳定。水泥窑焚烧系统由金属筒体、窑内砌筑的耐火砖及在烧成带形成的结皮和待煅烧的物料组成，热惯性很大，燃烧状态稳定。而且新型回转式水泥窑运转率高，一般年运转率大于 90%，不会因为废物投入量和性质的变化造成大的温度波动而影响焚烧效果。

（4）良好的湍流。水泥窑内高温气体与物料流动方向相反，湍流强烈，湍流度一般大于 10^5 雷诺数，比专业危险废物焚烧炉内的湍流度高一个数量级，有利于气固相的充分混合、传热性质与热化学反应的进行。

（5）废气处理效果好。生产水泥采用的原料成分决定了回转窑内是碱性气氛，水泥窑内的碱性物质可以和废物中的酸性物质（如 HCl、HF、SO_2、CO_3^{2-} 等）中和为稳定的盐类，有效地抑制酸性物质的排放。而且水泥工业烧成系统和良好的尾气处理系统使燃烧之后的废气经过较长的路径进入冷却和收尘设备，污染物排放浓度较低。

（6）无废渣排出。在水泥生产的工艺过程中，只有生料和经过煅烧工艺所产生的熟料，收尘器收集的飞灰返回原料制备系统重新利用，没有废渣排出，而一般的专业危险焚烧炉焚烧均有大量飞灰和底渣需要进行再次处置。

（7）固定重金属离子。利用水泥工业回转窑煅烧工艺处理危险废物，可以将废物中的绝大部分重金属离子固定在熟料中，最终进入水泥成品，避免了再次扩散。

（8）减少总废气排放量。由于可燃性废物对矿物质燃料的替代，减少了水泥工业对矿物质燃料（煤、天然气、重油等）的需求量。总体而言，水泥窑处置废物比单独的水泥生产和焚烧废物产生的废气（CO_2、SO_2、HCl、HF 等）排放量要少。

（9）建设投资较小，运行成本较低。利用水泥窑处置废物，虽然需要在工艺设备和给料设施方面进行必要的改造，并需新建废物储存和预处理设施，但与新建专用焚烧厂相比，还是大大节省了投资。在运行成本上，尽管设备的折旧、电力和原材料的消耗、人工等费用增加，但是替代燃烧和替代原料的使用降低了水泥生产的燃料和原料成本。

表 7-8 为水泥回转窑与专业焚烧炉的主要工艺参数比较。

表 7-8　水泥回转窑与专业焚烧炉的主要工艺参数比较

参数	专业焚烧炉	水泥回转窑
气体温度/℃	1200	1750
物料温度/℃	850	1450
气体停留时间/s	2	4
物料停留时间/min	2~20	30~35
湍流数（雷诺数）	10^4	10^5

（三）危险废物水泥窑协同处置的问题

水泥窑协同处置废物也有一定的限制，需要注意以下几个方面的问题[115]。

（1）不能影响水泥质量：将废物引入现有的水泥窑中有可能破坏工艺过程或影响产品的质量，如废物中 S、Cl、F 等的含量过高会造成水泥窑运行上的问题，因此必须对废物做仔细研究，并对适合处理的废物做出限定。

（2）污染物排放达标：将废物引入现有的水泥窑焚烧可能产生额外的或更高负荷的污染物排放，因此需要对用作燃料的废物进行严格的筛选和控制，对系统排放的气体进行更加严格的限制，增加必要的在线测量装置和收尘设备。

（3）配备化验、测量和安全设备：为了保证废物，尤其是危险废物在收集、储存、运输、装卸、计量、投入过程中的安全，需要增加一系列化验、测量和安全设备，增加了操作、控制的难度和复杂性，同时也需要一定的人力资源消耗。

（4）增加预处理设施：为了便于工艺操作，提高废物处理效率，保证水泥厂的安全生产，必须对某些废物进行预处理。主要的预处理操作见表 7-9。

表 7-9　水泥工业处理废物的预处理操作

预处理操作	描述	备注
混合	将不同类型的废物混合均匀，满足进料要求	适用于所有废物类型，特别是液态废物
中和	酸碱性废物互相中和或加药剂中和	特别适用于液态无机废物
干燥	某些固体废物需要首先烘干去除水分	特别适用于干法水泥窑
颗粒分选	通过粉碎、粉磨、分离，满足做燃料或原料要求	替代燃料或替代原料均需要分选
热分离或热解	从无机物中去除挥发性或半挥发性组分，进行资源回收利用	如油污土壤分离出油作燃料从窑头加入，土壤作原料从窑尾加入
球粒化	将污泥或固体制成均匀球粒	均匀球粒作为固体燃料从窑头加入

三、危险废物在水泥生产中的利用途径

根据成分和性质，不同的危险废物在水泥生产过程中具有不同的用途，主要

包括以下四个方面[112]。

（1）替代燃料：主要为高热值有机废物。典型的替代燃料有各类废油及残渣、废木材、汽车轮胎与其他橡胶废物、废纸、石油焦炭、塑料、罐底污泥、油漆及胶合剂、炼焦残渣、含焦油废物、印刷油墨、聚酯材料等。

（2）替代原料：主要为低热值无机矿物材料废物。典型的替代原料有焚烧飞灰、冶炼炉渣、被有机物污染的土壤或建筑废物、脱水污泥及铝工业赤泥等。

（3）混合材料：适合添加于水泥粉磨阶段成分单一的废物。典型的材料有纸浆焚烧灰、锅炉烟气脱硫产生的石膏、废物高温热处理产生的玻璃熔融体。

（4）工艺材料：可作为水泥生产某些环节，如火焰冷却、尾气处理的工艺材料的废物。典型的材料有含氨废物、未被卤化溶剂污染的液态废物、显影液。

为了保证烟气排放、水泥质量、水泥生产运行、操作和健康安全等达标，或者有其他更好的处置方式，不能协同处置的危险废物包括：放射性废物；爆炸物及反应性废物；未经拆解的废电池、废家用电器和电子产品；含汞的温度计、血压计、荧光灯管和开关；未知特性和未经鉴定的废物。

四、国外水泥窑协同处置应用现状

国外从 20 世纪 70 年代开始研究将可燃性废料作为替代燃料应用于水泥生产。美国的实验都是在美国国家环保局或州环保局的指导下进行，所用的废料种类也多种多样：有机物、润滑油、甲苯等废溶剂等。在实验中对排放的尾气进行监测，结果表明：主要有毒有害有机物的焚毁率达 99.99%以上，颗粒物、HCl、SO_2、NO_x 的排放量与不用替代燃料时没有显著区别。截至 2017 年 9 月，美国共有约 237 家用于焚烧处置危险废物的工业炉，有 23 个水泥窑用于协同处置危险废物。主要炉型为危险废物焚烧炉（incinerator），固体燃料锅炉（solid fuel boiler），水泥窑焚烧炉（cement kiln），液体燃料锅炉（liquid fuel boiler），HCl 生产炉（HCl production furnace），轻质骨料窑炉（lightweight aggregate kiln）六大类，其中大部分水泥厂使用液体的可燃性废料[116]。

欧洲发达国家的大部分水泥厂也是使用替代燃料，且替代燃料的数量和种类不断扩大，主要包括废塑料、废轮胎、生物质燃料、污泥等。其中，荷兰是目前世界上水泥行业燃料替代率最高的国家，2007 年其燃料替代率达 85%以上。德国水泥行业二次燃料应用方面也有较快的发展，2009 年其二次燃料替代率仅为58.4%，2010 年达 61.2%，2013 年则达 80%左右。此外，比利时、瑞士、奥地利、挪威和捷克燃料替代率也达 50%以上。

日本的协同处置技术始于 20 世纪 90 年代，且其发展速度较快，废弃物利用率较高，现已发展成全国 50%以上水泥企业协同处置各种垃圾废弃物，实现垃圾无害化、资源化处理。此外，韩国、巴西、墨西哥、巴基斯坦及印度等也相继开展了利用水泥窑处置城市废弃物替代传统化石燃料的研究。表 7-10 所示为国际上部分已投运的回转窑焚烧装置[117]。

表 7-10　国际上部分城市危险废物回转窑焚烧装置简介

地点或单位	处理量	结构尺寸/m		停留时间		运行温度/℃		备注
		回转窑	后燃室	废物在窑内	烟气在系统中	窑膛	后燃室	
韩国能源研究中心	100 t/d	L=12 D=2	—	48 min	3 s	800	—	逆流式
意大利米兰 Polotecnico	380 kg/h	L=4.43 D=1.52	L=3.64 D=1.72	—	—	900	1200	逆流式
路易斯安那州美国 Dow 化学公司	17 MW	L=10.7 D=3.2 R=0.1~0.25 r/min	—		后燃室 2 s	800	1000	顺流式
新泽西 Princeton Hyon 废物处理公司	630 L/h 16 MW	L=3.05 D=3.05 R=1 r/min	L=5.8 D=3.05		后燃室 1 s	980	1090~1650	顺流式
德国 Leverkusen Bayer 化学公司	140 t/h	L=12.2 D=3.5 r=0.1~0.4 r/min	—	60~120 min	2~4 s	1200~1300	1300	顺流式
得克萨斯 Park, Rollins 环境公司	360 kg/h 33 kW	L=4.9 D=1.6 r=0.2 r/min	10.6×4.0×4.3 m	—	2~3 s	1300	1300	顺流式

五、国内水泥窑协同处置应用现状

我国利用废弃物作为水泥生产替代原/燃料的历史并不短。早在 1930 年，上海水泥厂就成功地将本厂自备电站锅炉煤渣用于原料配料，既解决了炉渣出路，又开创了利用炉渣的先河；1953 年又成为首家成功试用电厂粉煤灰的厂家。1998年经过对欧美等发达国家和地区处置工业废弃物技术系统的考察后，北京水泥厂成为利用水泥窑处置工业废弃物（危险废物）技术的试点企业，目前也是北京市最大的危险废物和工业废物处理单位。但有目的地把水泥窑作为处理危险废物的焚烧设备，还是最近十多年才逐渐开展起来的[114]。

根据我国水泥行业的生产技术水平，一般生产 1 吨水泥需要原料 1.6t，按我国水泥产量 6 亿 t/a 计，我国每年利用的各种工业废物即达 1.92 亿 t。可见水泥行业确实是利废大户，既节省了宝贵的资源，又解决了工业废物的环境污染问题，同时也为水泥工业带来了一定的经济效益[118]。随着水泥技术的不断发展，作为水泥代用原料的范围也必将越来越大。

鉴于我国固体废物污染的严重性以及水泥行业的转型升级，我国从"十二五"时期开始推广水泥窑协同处置各类固体废物的技术和装备。其中，水泥窑能够协同处置绝大多数危险废物，但因未形成标准体系，且参与的水泥企业较少，发展较慢，截至 2016 年年底，我国 4000 余家水泥企业中仅有 24 家企业获得了水泥窑协同处置危险废物经营许可证。在协同处置固体废物的水泥企业中，协同处置危险废物的约占 25%，全国水泥协同处置危险废物的总能力近 2 万 t/d[119]。以浙江省为例，截至 2015 年年底，水泥窑协同处置危险废物的能力为 18.03 万 t/a，占全省焚烧填埋等处置能力的 50.57%[120]。

我国水泥窑协同处置面临的问题主要有以下三方面。

（1）我国水泥窑协同处置危险废物总体上仍处于起步阶段，相关政策标准还有待进一步完善。目前国内水泥生产企业产能过剩，快速向协同处置转型，但缺乏统筹规划，企业无序发展，产品质量缺乏管控标准，存在环境安全风险。

（2）我国水泥窑协同处置危险废物技术支撑不足。关键或特殊的预处理和协同处置预处理及协同处置技术未能完全掌握，水泥企业自身技术能力欠缺，且砷、锡、锑、镉、铅等重金属在水泥窑内的迁移转化特性仍不明确，环境风险评估能力不足。

（3）我国水泥窑协同处置地方环保监管水平待提升，企业运行管理操作能力不足。由于我国水泥窑协同处置基础薄弱，地方环保监管能力，以及企业自身运行管理和技术操作能力都存在不足。

我国水泥窑协同处置工作建议及未来发展方向如下所述。

（1）开展水泥窑协同处置危险废物配套政策及标准研究。针对预处理及协同处置产业完善标准规范体系，严格准入门槛，鼓励行业协会、处理企业等制定预处理产物质量标准、预处理技术指南和水泥制品环境安全控制标准等。

（2）加强水泥窑协同处置危险废物基础技术研究。针对协同处置和污染控制，鼓励科研院所等开展研究扩充协同处置的固体废物类别，提高水泥生产的原料和燃料替代率，并开展水泥窑协同处置重金属类固体废物迁移转化机理研究，开展危险废物协同处置长期风险评估。

（3）开展水泥窑协同处置固体废物/危险废物培训。针对企业在政策标准解读、技术实践操作、工程案例等方面有培训需求，面向环保管理、企业管理、技术操作人员等，持续、深入开展水泥窑协同处置相关社会化培训，提高管理及行业管理技术水平。

（4）促进危险废物协同处置伙伴关系建设。整合政府、企业、研究机构等，推动工业窑炉协同处置固体废物/危险废物的伙伴关系建设，建立技术和管理经验共享平台，促进工业窑炉和区域固体废物管理。

六、水泥窑协同处置标准体系

危险废物水泥窑协同处置标准体系主要应由三部分组成：（输出）烟气和烟尘排放标准、水泥产品质量标准；（输入）替代原料和替代燃料接受标准。从国家政策层面的行动举措，可以清晰看出水泥窑协同处置废物的受重视程度：

2010 年发布的《水泥窑协同处置工业废物设计规范》（GB 50634—2010），2013年发布的《水泥窑协同处置固体废物技术规范》（GB 30760—2014）以及《水泥工业大气污染物排放标准》（GB 4915—2013），规定了协同处置固体废物水泥窑的设施技术要求、设备建设要求、入窑废物特性要求、运行技术要求、污染物排放限值、生产的水泥产品污染物控制要求、监测和监督管理要求。

2013 年 1 月，国务院下发的《循环经济发展战略及近期行动计划》明确提出鼓励水泥窑协同资源化处理城市生活垃圾、污水厂污泥、危险废物、废塑料等废弃物，替代部分原料、燃料，推进水泥行业与相关行业、社会系统的循环链接。

2013 年年底，环保部同时发布了《水泥窑协同处置固体废物环境保护技术规范》（HJ 662—2013）和《水泥窑协同处置固体废物污染控制标准》（GB 30485—2013），在此基础上水泥窑协同处置固体废物逐渐形成规模。

2014 年 5 月，发改委联合环保部等七部委发布《关于促进生产过程协同资源化处理城市及产业废弃物工作的意见》，提出利用现有水泥窑协同处理生活垃圾的项目开展试点。

2015 年工信部发布的《水泥行业规范条件（2015 年本）》明确要求"新建水泥项目须兼顾处置当地固体废物"

2016 年 2 月，环境保护部对《水泥窑协同处置废物污染防治技术政策》开始征求意见，为推进这项技术提供更明确的政策支持。

2016 年 6 月，环境保护部修订发布的《国家危险废物名录》（2016 版）明确提出"水泥窑协同处置过程不按危险废物管理"。

2016 年 11 月国务院印发《"十三五"生态环境保护规划》提出了"要引导和规范水泥窑协同处置危险废物"。

2016 年 12 月，《水泥窑协同处置废物污染防治技术政策》正式出台，水泥窑协同处置固体废弃物迎来真正意义上的"春天"。

2017 年 5 月《水泥窑协同处置危险废物经营许可证审查指南（试行）》、2017年 8 月《排污许可证申请与核发技术规范 水泥工业》，确保水泥窑协同处置危险废物行业在我国健康、有序发展。

水泥窑协同处置已被工信部列入 2017 年工业节能与绿色发展重点信贷项目，无论是各地方省市，还是各大水泥企业，均颇为重视。资料显示，国内已经形成了以海螺、中材、金隅、华新以及华润为代表的五大水泥窑协同处置城市垃圾技术"流派"。

思　考　题

1. 简述危险废物交换的类型、流程及特点。
2. 简述我国废物交换的发展历程及重要事件。
3. 简述危险废物有价物质回收的原则和影响因素。
4. 简述常见的废有机溶剂回收技术和废矿物油资源化途径。
5. 列举贵金属污泥回收技术和几种工业废渣资源化技术。
6. 列举几种废电池及废电路板资源化技术和最近研究进展。
7. 列举几种废酸、废碱综合利用的技术和最新研究进展。
8. 简述危险废物水泥窑协同处置及需要注意的问题。
9. 简述国内外水泥窑协同处置现状，并分析我国存在的问题。

第八章 危险废物处理技术

危险废物在最终处置前可采用不同的方法进行处理，其主要目的是改变废物的物化性质，如减容、固定有毒组分、解毒等。危险废物的处理技术涉及物理、化学、生物和机械等多种学科，主要包括物理处理、化学处理、生物处理及混合技术等。其中，物理处理技术主要用于处理含重金属污泥、含金属废渣、石棉、工业粉尘、焚烧残渣、有机污泥和多氯联苯污染物等；化学处理技术主要用于处理一些无机废物，如酸、碱、重金属废液、乳化液等；生物处理技术可用于修复被有机物污染的废水、土壤等[121]。

第一节 物理处理技术

物理处理技术是通过浓缩或相变来改变危险废物的结构，使之便于运输、储存、处理或处置，主要包括各种相分离及固化。实际上，常规物理处理技术只能针对某些特定的危险废物使用，且大多是进行深度处理处置前的预处理。物理处理涉及的方法包括压实、破碎、分选、固化、沉降、增稠、萃取、蒸馏等。

一、压实

压实是利用机械方法将危险废物中的空气挤压出来，减少孔隙率以提高其聚集程度，增大松散状态下的容重。压实的目的其一是减少废物体积、增大容重，便于其装卸、运输和填埋；其二是制作高密度惰性块料或建筑材料，便于储存或处理处置。例如，危险废物进入填埋场后用压路机对其进行压实作业以减小体积，增加填埋量，防止沉降，或危险废物经预处理后压实制成高密度惰性块料再进行填埋。

二、破碎/分选

破碎是在外力作用下克服固体废物质点间的内聚力使大块物料破碎成小块，通过破碎可以达到分选所要求的粒度，便于分选有用或有毒有害物质，破碎与分选技术联用多使用在电子废物处理过程中；破碎处理可使废物混合均匀、比表面积增加，提高焚烧、热解等作业的热稳定性和效率；经过破碎处理后的废物由于消除了大的空隙，在填埋过程中更容易压实[122]。按照破碎固体废物所需的外力，即消耗能量的形式，破碎方式可分为机械能破碎和非机械能破碎。

　　机械能破碎是借助于各种破碎机械，如破碎机的齿板、锤子、球磨机的钢球等对废物施力而将其破碎。由于被破碎物料的形状不规则、物料性质不同，所以采用的破碎方式也不同。按施加外力的不同，破碎可分为压碎、劈碎、折断、磨碎和冲击破碎等形式[123]，如图 8-1 所示。

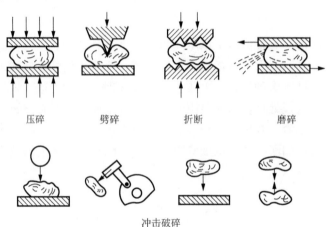

压碎　　　　　劈碎　　　　　折断　　　　　磨碎

冲击破碎

图 8-1　机械能破碎的主要形式

　　机械能破碎由于环境污染小、回收率较高，目前在德国、瑞典、加拿大、美国、日本等都建有专门的工厂，采用机械处理技术从电子废物中回收金属和其他材料[124]。废弃的印刷电路板具有较强的韧性，采用传统的挤压、冲击或摩擦方式很难实现电路板特别是基板的破碎，只有利用高强度的剪切、拉伸等破碎机理才能实现破碎[125]。

　　非机械能破碎是利用电能、热能等对固体废物进行破碎，包括低温破碎、热力破碎、减压破碎和超声波破碎等。其中，低温破碎的基本原理就是利用制冷技术使物质脆化而容易被破碎。目前，低温破碎技术开始用于废电路板的破碎，在液氮冷却下，废电路板变脆，很容易粉碎，但是低温破碎液氮冷却装置成本较高。德国 Daimler-Benz Ulm Research Centre 公司开发了四段式机械处理工艺：预破碎、液氮冷冻后粉碎、筛分、静电分选。液氮冷却后，废旧电路板变得易于破碎，还可防止破碎时产生大量的热使塑料燃烧产生有害气体[126]，工艺流程如图 8-2 所示。

　　电子废物或其零部件经破碎后需进行分选，分选是将混合废物中可回收利用的或不利于后续处理、处置工艺要求不同的成分分离出来，以便于分别进行相应的处理、处置。分选方式主要有两种，人工分选和机械分选，目前废弃电器电子产品的分选推荐机械分选为主，辅助人工分选。机械分选是利用物质间物理性质（如密度、磁性、形状及表面性质等）的差异来实现物质的分离。机械分选包括湿法分选和干法分选，湿法分选包括水力摇床、浮选、水力旋流分级等，干法分选包括电选、磁选和气流分选等[127]。

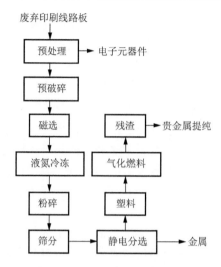

图 8-2　Daimler-Benz Ulm Research Centre 的废电路板处理流程

　　破碎后的印刷电路板，金属与非金属基本解离。金属是以铜为主的富集体（所含的铁磁性物料已通过磁选分离出来），非金属主要是玻璃纤维和树脂、热固性塑料、碳化硅等，绝大部分属于绝缘材料，因此十分适合静电分选。静电分选机器有多种类型，按结构特征可分为滚筒式、带式、滑板式、圆盘式等，其中滚筒式静电分选机最常见且应用最广泛。温雪峰等[128]采用高效冲击破碎机实现金属与非金属的有效解离后，通过调节滚筒静电分选机的参数，实现废旧电路板中金属富集体的有效回收。

　　苏州伟翔电子废弃物处理技术有限公司拥有一套完整的废电器电子产品资源化回收生产线，其中废电路板资源化利用技术采用破碎、筛分、电选工艺。在破碎过程中采用角切破碎机、剪切破碎机、锤式破碎机对废电路板进行破碎，该工艺可以得到高品位的金属富集体和塑料富集体，金属回收率达到90%以上。

三、固化

　　固化技术是将废物转化为不溶性的坚硬物料，通常用作填埋处置前的预处理，将废物与各种反应剂混合转化为一种水泥状产物。固化法能降低废物的渗透性，将其制成具有高应变能力的最终产品，从而达到无害化的目的[129, 130]。具体内容将在第十章第一节做详细介绍。

四、沉降

　　沉降是依靠重力从废水中去除悬浮固体的过程。沉降法普遍应用于有高悬浮固体负荷的废液，包括被污染的地表水、填埋场渗滤液、泥浆及来自生物处理系统和沉淀絮凝过程的出水。沉降所需的基本设备包括：足够大的沉降池，使待处理的液体以相对静止的方式保持一段规定的时间；将待处理液体导入沉降池中进行沉降的装置；将沉降下来的颗粒从液体中用物理法除去（或从沉降颗粒中除去液体）的装置。

沉降过程可在有内衬的储水池、常规沉降池、澄清池及高速重力沉降池中间歇或连续地进行。沉淀池及澄清池内部通常都装有收集和除去固体的装置，如刮泥机及排泥设备。沉降池一般是方形的，通常使用带式沉渣收集设备，主要是从液体中除去可沉降的颗粒。澄清池通常是圆形的，可以用来沉淀、絮凝及沉降。许多澄清池都有混合、沉淀、絮凝及沉降的区域。为方便研究，以理想沉降过程来考虑沉降。理想沉降理论可用式（8-1）表面水力负荷或溢流速率表示：

$$v_0 = Q/A \tag{8-1}$$

式中，v_0 为沉降速率；Q 为通过沉降池的流量；A 为沉降池的沉降面积。沉降池负荷常用 L/（d·m²）表示，在理想沉降条件下，沉降只取决于流速、沉降池表面积和颗粒性质，而与池深及停留时间无关。

但是，沉降不会按照理想沉降条件进行，因为沉降还受湍流及池底出泥等条件的影响。因此，颗粒的去除除与表面流速和颗粒大小有关外，还与池深和停留时间有关。分散状颗粒悬浮液的沉降池性能可以计算出来，但不可能计算出絮凝颗粒悬浮液（如废水）的沉降池性能，因为其沉降速度是连续变化的，但可通过实验室沉降实验来预测沉降池性能。沉降池性能与表面水力负荷（溢流速率）有关。表 8-1 中列出了废水处理实例的典型水力负荷。

表 8-1　典型的水力负荷

处理类型	典型溢流速率/[L/（d·m²）]	
	平均值	峰值
初级沉降后经二级处理	33 000～49 000	81 000～120 000
初级沉降，有废水活性污泥回流	24 000～33 000	49 000～61 000
沉降后用滴滤池过滤	16 000～24 000	41 000～49 000
沉降后用空气活性污泥处理（不延时曝气）	16 000～30 000	41 000～49 000
沉降后延时曝气	8 000～16 000	33 000
沉降后用化学处理	—	—
明矾	—	20 000～24 000
铁	—	29 000～33 000
石灰	—	57 000～65 000

五、增稠

增稠技术主要应用在污泥处理中，污泥增稠的主要目的在于降低污泥含水率，使污泥体积减小。经增稠加工，污泥的固体含量从 1%增加到 6%时，污泥的体积就减少到 1/5 或更少，污泥体积的减少可明显节省脱水、消化或其他后继装置的费用。污泥增稠主要有三种类型，即重力增稠、气浮增稠和离心增稠[131]。

重力增稠是废水处理工厂最常用的方法，这种方法既简单又经济。重力增稠基本上是一个沉降过程，类似于在沉降过程中所发生的情况。但同废水的澄清过程相比，增稠过程进行得较慢。

在气浮增稠过程中，微小的气泡附着在悬浮固体上，使固体在上升过程中同水分离。这种分离作用是气泡附着在固体颗粒上，使其密度小于水而造成的。与重力增稠相比，气浮增稠具有污泥固体含量较高和设备一次性投资较低的优点。

离心作用已被广泛用于脱水，而较少用于增稠。在受空间限制或者由于污泥特性而不宜采用其他方法时，剩余活性污泥也采用离心增稠。

六、萃取

溶剂萃取，也称液-液萃取，即溶液与对杂质有更高亲和力的另一种互不相容的液体相接触，使其中某种成分分离出来的过程。这种分离可能是由于两种溶剂之间溶解度不同或是发生了某种化学反应。许多金属加工厂、石油提炼厂和其他工厂都会产生油性污泥，用溶剂萃取法可以有效提取油性污泥中的油。

液-液萃取设备主要有两种类型：单级萃取设备和多级萃取设备。在单级萃取设备中，不互溶的液体经混合、萃取后，再进行澄清，使两相分离，这种步骤可串联排列起来。萃取单元必须配备有使不溶性液体充分混合并能使产生的乳化液或悬浮液沉降分层的装置。多级萃取设备，相当于将多个萃取过程组合成一个单一的设备或装置。由于不同液体之间的差异使液体产生逆向流动（少数例外）。当设备采用直立式塔状结构时，塔内可装置一些部件来影响液体的流动。萃取设备的其他形式包括离心机、回转盘和回转槽。根据内部结构的不同，设备可以是多级或连续接触式的。

在萃取技术中，选择合适的溶剂是关键[74]。如联合碳化物公司（Union Carbide Corporation）用萃取法去除矿物油中的 PCBs。所用的溶剂为具有高分配系数的 N,N-二甲基甲酰胺（DMF），萃取后，油中 PCBs 含量从 300 mg/m^3 降到小于 50 mg/m^3。采用溶剂萃取法处理含氰废水可以回收其中的有用金属，并回收废水中的氰化物，但该法适用于高浓度含氰废水的处理。

七、蒸馏

蒸馏是将液体混合物加热，混合物的一部分被蒸发、冷凝。被冷凝的蒸气称为馏分，馏分中含有较多的强挥发性物质，而未能蒸发的成分主要是挥发性差的物质。蒸馏通常是用来从危险废物产品流中回收有机化合物样品的液相分离技术，在某些情况下也可用于从固体中分离某些物质，如高温真空辅助蒸馏。多步蒸馏可以得到比单一蒸发和冷凝更丰富的馏分。蒸馏过程与膜技术结合的膜蒸馏技术近年来也被逐渐应用于处理含重金属或放射性废物的废液[132-135]。

蒸馏技术对废物的物理形态和化学性质有一定的要求。如进入连续蒸馏塔的蒸馏物必须能够自由流动，固体物质会严重堵塞或腐蚀蒸馏塔，若废液中含有固体或高黏度液体，需进行预处理。但是，有些自由流动的液体也不能用蒸馏法处理，如有机过氧化物、能够聚合的物质等同样会造成运行困难。

废弃有机溶剂和有机卤化物可以通过蒸馏有效去除或回收其中的挥发性物质。其他能用蒸馏方法处理的典型工业废物主要有[74]：①含挥发性有机成分或能够被蒸馏有机物的电镀废液；②含酚的水溶液废物；③含亚甲基氯化物的聚氨酯废液；④乙基苯-苯乙烯混合物；⑤含有酮、乙醇及芳香烃化合物的废溶液；⑥废润滑油；⑦含有抗生素（青霉素）生产过程中产生的丁基乙酸酯的废物。

第二节　化学处理技术

化学处理技术是将危险废物无害化，完全分解为无毒气体或改变废物化学性质（如降低水溶性或中和其酸碱性）的技术[136]。常用的处理技术包括沉淀及絮凝、化学氧化、化学还原、中和、油水分离、溶剂/燃料回收等。实际处理过程中要视废物的成分、性质等采取相应的处理方法，即同一废物可根据处理的效果、经济投入而选择不同的处理技术。由于化学转化反应条件复杂且受多种因素影响，因此化学处理技术仅限于对废物中某一成分或性质相近的混合成分进行处理，而成分复杂的废物处理不宜采用。

一、沉淀及絮凝

沉淀是将某种或所有渗滤液中的物质转变为固相，如以氢氧化物或硫化物形式去除金属。下面以电镀废水为例来介绍沉淀技术。

化学沉淀法是传统而实用的电镀废水处理技术，该方法成本低、技术成熟、管理方便、出水澄清，部分可达标直接排放。根据投加的沉淀剂不同，化学沉淀法可以分为氢氧化物沉淀法、硫化物沉淀法、铬酸盐沉淀法和铁氧体沉淀法。

电镀废水中镍、镉、铬等金属的氢氧化物溶度积都很小，因此可向废水中加入石灰、碳酸钠、苛性钠等沉淀剂。废水中的每种重金属离子都有最佳的 pH 沉淀范围，当废水中含有多种重金属离子时，根据实验确定最佳 pH 范围和沉淀剂投加量可以分类回收金属。

硫化物沉淀法即向电镀废水中加入可溶性硫化物（如硫化钠、硫氢化钠等），使其中的重金属离子形成难溶性的硫化物沉淀而得以去除。由于金属硫化物的溶解度比氢氧化物的更小，因此重金属的去除率更高；沉淀反应的 pH 为 7～9，处理后的废水一般不用中和即可排放。但硫化物沉淀剂较贵，因而处理成本较高；

硫化物沉淀颗粒细小，易形成胶体，硫化物沉淀在水中残留，遇酸生成气体，可能造成二次污染并使出水 COD 增高；当进水水质变化较大时反应终点不易控制。由于以上原因，硫化物沉淀法在生产实践中应用很少。

铬酸盐沉淀法主要用于处理含六价铬的电镀废水，使用氯化钡等钡盐与废水中的铬酸作用，形成铬酸钡沉淀；再利用石膏过滤，将残留的钡离子去除，并采用聚氯乙烯微孔塑料管，去除铬酸钡沉淀。沉淀剂主要有氯化钡、硫酸钡等，也称为钡盐法[137]。钡盐法工艺简单，出水清澈透明，还可回收铬酸，复生钡盐；缺点为寻找药剂来源比较困难，且引进二次污染物钡离子，过滤用的微孔塑料管容易阻塞，清洗不便[138]。

铁氧体沉淀法是指向废水中投加铁盐，通过控制工艺条件，使废水中的重金属离子在铁氧体的包裹、夹带作用下进入铁氧体晶格中形成复合铁氧体，然后通过固液分离一次性脱除多种重金属离子的方法[139]。例如，处理含有 Zn^{2+}、Cu^{2+}、Ni^{2+}、Cd^{2+}、$Cr_2O_7^{2-}$ 等重金属离子的废水，硫酸亚铁投加量一般为单种离子时投药量之和。在反应池中投加 NaOH 调 pH 至 8～9 生成金属氢氧化物沉淀，再进气浮槽分离。浮渣流入转化槽，补加一定量硫酸亚铁，加热至 70～80℃，通压缩空气曝气约 0.2 h，金属氢氧化物即可转化为沉淀[140]。

絮凝是指将悬浮于液态介质中的微小、不沉降的微粒凝聚为较大、易沉降颗粒的过程。絮凝过程包括：向废水中加入絮凝剂，快速搅拌使絮凝剂分散，缓慢而平稳地搅拌使小颗粒之间相互接触。加入絮凝剂后，废水流入絮凝槽，在絮凝槽中进行适当的搅拌，并保持一定时间使沉淀颗粒凝聚，凝聚后的颗粒在沉淀池中沉降或过滤分离出来。絮凝剂包括明矾、石灰、各种铁盐（$FeCl_3$、$FeSO_4$）等无机絮凝剂及通常称为"聚合电解质"的有机絮凝剂等。聚合电解质根据其离子团的种类可分为阳离子型、阴离子型或两性型；或者若它不含离子团，则称为非离子型。这些絮凝剂可以与无机絮凝剂（如明矾）混合使用，或作为主要絮凝剂。

絮凝通常包含两种作用，物理的吸附作用和化学的离子络合作用。在废水的预处理、一级处理、最终处理和污泥处理过程都有应用。几乎适用于所有工业废水的处理和回收利用，具有高效的脱色去浊作用，可去除高分子物质、各种有机物和油类、生物污泥、铅镉汞等重金属物质及放射性污染物等。

二、化学氧化

化学氧化是指通过氧化反应将废物中有毒有害成分转化为无毒或低毒且化学稳定的成分，或进行资源回收。在处理危险废物的领域中，氧化的主要作用就是解毒。例如，氰化物是一种常见的有毒废物，可用化学氧化法将氰化物转化为无毒物质。氰化物与氧原子结合时被氧化为氰酸盐，氰离子的氧化态从-1 价升高到+1 价，高锰酸根的氧化态从-1 价降到-2 价（高锰酸根被还原为锰酸根）。

$$2MnO_4^- + CN^- + 2OH^- \Longrightarrow 2MnO_4^{2-} + CNO^- + H_2O \tag{8-2}$$

如 As（Ⅲ）的毒性和迁移性是 As（Ⅴ）的 60 倍，且在大部分 pH 范围内 As（Ⅴ）表面带负电荷比表面不带电荷的 As（Ⅲ）更加容易去除，因此通常使用氧化剂先将 As（Ⅲ）氧化为毒性更小的 As（Ⅴ）再进行处理。氧化还可以保证沉淀完全，如将 Fe^{2+} 氧化为 Fe^{3+} 及类似的反应，此时在沉淀反应条件下，氧化态高的物质溶解度更低，沉淀更完全。

下面介绍一些常用的氧化法。

（一）氯氧化法

以元素或次氯酸盐形态存在的氯在水溶液中是一种强氧化剂，在工业废水处理中常用于氧化氰化物和酚类化合物。在反应过程中，为防止氯化氰和氯逸入空气中，反应常在碱性条件下进行，因此又称为碱性氯化法。常见的含氯药剂有氯气、液氯、漂白粉、次氯酸钙和次氯酸钠等。它们在溶液中都生成 ClO⁻，然后进行氧化反应。在电镀废水的治理中，化学氧化法主要用于处理含氰废水[141]。含氰废物氧化处理的工艺流程如图 8-3 所示。

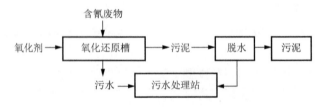

图 8-3　含氰废物氧化处理的工艺流程图

含氰废物化学氧化法有局部氧化法和完全氧化法两种。局部氧化法也称为一级处理，是在碱性条件下使氰根离子氧化为氰酸盐的过程；完全氧化法是继局部氧化法后，再将生成的氰酸根进一步氧化为 N_2 和 CO_2，也称二级处理。

局部氧化：

$$CN^- + ClO^- + H_2O \longrightarrow CNCl + 2OH^- \tag{8-3}$$

$$CNCl + 2OH^- \longrightarrow CNO^- + Cl^- + H_2O \tag{8-4}$$

完全氧化：

$$2CNO^- + 3ClO^- + H_2O \longrightarrow 2CO_2 + N_2 + 3Cl^- + 2OH^- \tag{8-5}$$

二氧化氯是一种新型的水处理剂，与氯气相比，它具有氧化性更强、受 pH 影响较小、操作安全简便的特点。二氧化氯法的显著优点是能氧化铁氰络合物，缺点是对温度和光敏感，难以运输，废水处理过程中往往要现场制取。Parga 等[142]在气体喷射水力旋流器（GSH）中用二氧化氯处理含氰废水，研究结果表明，二氧化氯在 pH 为 2～12 时均能较彻底地处理废水中的游离氰。在高 pH 下二氧化氯能处理铁氰络合物，在 pH 为 11.5 时铁氰络合物去除率达 78.8%。施阳等[141]在有助剂焦磷酸钠下用二氧化氯处理含氰化物废水，处理后水中总氰化物含量在0.5mg/L 以下。

氯和次氯酸盐也能氧化酚类化合物，但反应过程如控制不当会生成有毒的氯酚类，因此其用途有限。解决办法就是用次氯酸钠替代氯作为氧化剂。次氯酸钠氧化反应与用氯相似，只是在氧化阶段不需要用氢氧化钠分解游离氰化物，但需要加碱将金属氰化物络合物以氢氧化物形式沉淀出来。

（二）高锰酸钾氧化法

高锰酸钾是一种较强的氧化剂，可与醛类、硫醇类、酚类及不饱和酸类反应，其主要用于氧化分解工业废水中的酚类化合物，使酚的芳环结构裂开生成直链脂肪族分子，然后将脂肪族分子氧化为 CO_2 和 H_2O。起始反应几乎是瞬间发生的，大约有 90%的酚在最初 10 min 内被氧化，1～3 h 内可以完全氧化酚。pH 对该反应有很大影响：pH 越高，反应越快。

（三）过氧化氢氧化法

过氧化氢是一种强氧化剂，能够氧化酚类、氰化物类、硫化物等。在金属催化剂存在时，H_2O_2 可在很大的温度和浓度范围内将酚类物质有效氧化。H_2O_2 处理含氰废水时氧化速率很快，一般能在较短时间内使处理后的废水氰含量达到排放要求。H_2O_2 无毒无害，与氰化物反应后不会产生任何新的环境污染，但是也存在缺点，如处理成本较高；运输、使用存在一定的风险；对 SCN^- 较难氧化。

一般 H_2O_2 与紫外线（UV）结合使用[143]，典型的装置示意图如图 8-4 所示。H_2O_2 在水中的高度溶解，避免了使用混合设备，减少了系统中的活动部分。通过使用高能量的 UV 灯，传递 500 W/L 能量，H_2O_2/UV 结合系统的尺寸可显著降低。

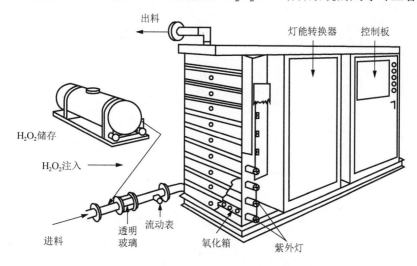

图 8-4　典型的 H_2O_2/UV 系统装置示意图

（四）臭氧氧化法

臭氧是一种高度活泼氧化剂，但也是不稳定分子。在工业废水处理中，臭氧可将氰化物氧化为氰酸盐，将酚类和染料氧化为无色无毒的化合物。此法对废水中溶解固体或悬浮固体的含量并无限制，只要废水中不含与污染物争夺臭氧的可氧化物质即可。臭氧氧化法的整个过程不增加其他污染物质，工艺简单，产污泥少，而且因增加了水中溶解氧而使出水不易发臭。但是臭氧成本昂贵、氧化过程能耗高、适应性差，不能除去铁氰络合物。

Monteagudo 等[144]分别在 O_3、O_3/H_2O_2、O_3/UV 和 $O_3/H_2O_2/UV$ 条件下处理含氰废水，发现这几种条件下反应都按一级反应进行。O_3 处理的最佳 pH 为 12，O_3/UV、$O_3/H_2O_2/UV$ 处理的最佳 pH 为 9.5；O_3/H_2O_2 反应速率最快，在 UV 照射下废水的 COD 下降明显。

臭氧也可以有效氧化处理酚类，其氧化能力比过氧化氢大一倍，而且没有选择性。Eisenhauer 早期研究结果说明，臭氧氧化苯酚遵循图 8-5 中的路径[145]。臭氧氧化处理低浓度酚类废水时，通常将酚类化合物氧化为有毒但容易降解的有机中间化合物；氧化处理高或中等浓度的含酚废水，能耗高，其经济性不能与生物氧化法相比，但可作为生物处理系统后的第三级净化处理过程。

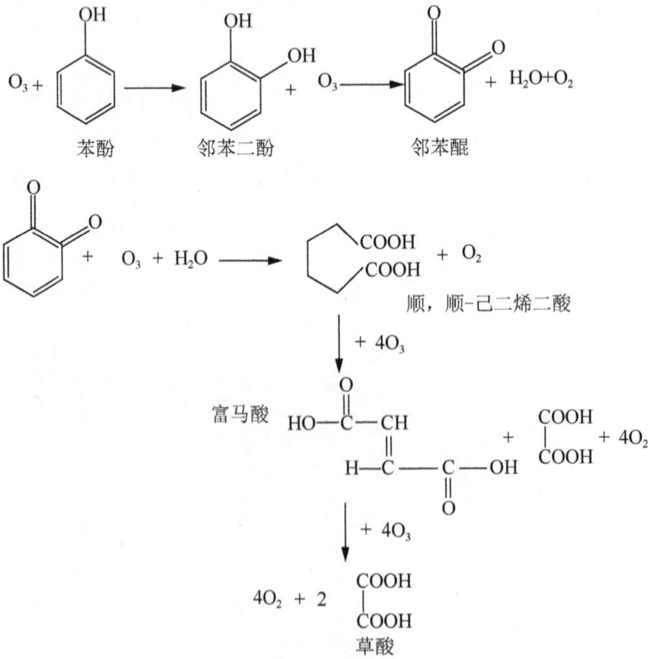

图 8-5　臭氧氧化苯酚的示意图

（五）高级氧化法

高级氧化法（advanced oxidation processes，AOPs）主要是指 O_3/H_2O_2、UV/O_3、UV/H_2O_2、$UV/H_2O_2/O_3$、TiO_2/UV 及利用溶液中金属离子的均相催化臭氧化和固态金属、金属氧化物或负载在载体上金属或金属氧化物的非均相催化臭氧化技术等，利用反应过程中产生的大量强氧化性自由基来氧化分解水中的有机物从而达到净化水质的目的。

最早 Fenton 试剂仅指 H_2O_2 与 Fe^{2+} 的结合，其能产生氧化能力很强的·OH 自由基，在处理生物难降解或一般化学氧化方法难以奏效的有机废水时，具有反应迅速、温度和压力等反应条件温和、无二次污染等优点。但是反应须在 pH 小于 3.0 的酸性介质中进行，因此可能需要消耗大量酸碱；另外铁金属作为催化剂易形成铁泥难以回收。

此外，把 UV、O_2 引入 Fenton 试剂，可显著增强 Fenton 试剂的氧化能力并节省 H_2O_2 用量。还有研究表明，利用 Fe^{3+}、Mn^{2+} 等均相催化剂及铁粉、石墨、铁、锰的氧化矿物等非均相催化剂同样可以使 H_2O_2 分解产生·OH 自由基。由于其基本过程与 Fenton 试剂类似而称为类 Fenton 试剂。

光催化氧化法（photocatalytic oxidation，PCO）的基本原理是基于半导体光催化剂（如 TiO_2、ZnO、CdS、WO_3、SnO、Fe_2O_3 等）受到光照后形成电子-空穴对，在水中能产生氧化能力极强的·OH 自由基，从而将污染物氧化降解。利用 UV 可强化氧化处理，加速污染物的氧化降解，使一些难发生的反应顺利进行，大大提高了氧化降解速率。光催化氧化法对染料的脱色是基于有机物的降解，即高氧化活性的·OH 首先破坏染料的生色团，然后进一步将染料分子降解为低分子量的无机碳。

（六）超声波氧化法

超声波在水溶液中可以激发空化气泡的形成与破裂，空化气泡破裂过程中出现的瞬时高温高压，可使水溶液产生 O·、·OH 和 H_2O_2，直接氧化分解溶液中的有机物，同时一些非极性、易挥发有机废物的蒸气也会直接分解。超声波处理废水中难降解有机物，具有无二次污染、反应条件温和等优点，但降解效果不理想[146]。为提高处理效果，人们开始探索与其他方法联合的新工艺，如超声波-催化剂法、超声臭氧氧化法、超声波/紫外线氧化法、超声波/H_2O_2/CuO 法等。

（七）微波氧化法

微波是指波长为 1 mm～1 m（频率 300～300000 MHz）的电磁波，介于红外与无线电波之间，最常用的加热频率是 2450 MHz。微波辐射加热技术取代传统加热的方法用于消除有机污染物的优点是快速、高效、无污染，因此该技术可应用于污泥、有机污染物的处理及环保材料的制备。例如，利用活性炭处理污水时，在吸附后其表面有机物却难以处理。微波辐射能有效解吸活性炭表面的有机物，使其再生，并有利于有机物的消解和回收再利用。Jou 等[147]采用低能度的微波辐射对污水中吸附在活性炭表面的有机毒物三氯乙烯、二甲苯、萘及碳氢化合物等进行解吸和消解，其最终分解率达 100%。

（八）电化学氧化

电化学氧化去除有机污染物包括直接电化学转化，即通过阳极氧化使有机污染物和部分无机污染物转化为无害物质，阴极还原去除水中的重金属离子；间接电化学转化，即通过电化学反应产生的氧化还原剂使污染物转化为无害物质。电化学氧化技术主要用于处理具有生物毒性的难降解芳香族化合物[148]。电解除氰时除直接利用阳极氧化氰外，还可投加食盐使氯离子放电生成氯气，然后水解生成次氯酸，对氰进行氧化分解。该法适合处理高氰废水，含氰废水中铜、铅、锌等杂质可部分去除，净化水可返回循环使用。缺点是电流效率低、电耗大，会产生 CNCl，处理废水难以达标排放。

（九）湿式氧化法

湿式氧化法（wet air oxidation, WAO）是指在高温（125～320℃）、高压（0.5～20 MPa）条件下，将含氧气体如空气通入液相，以空气中的氧为氧化剂（也可用其他氧化剂如 O_3、H_2O_2 等），在液相中将有机污染物氧化为 CO_2、H_2O 等无机物或小分子有机物的化学过程[149, 150]。降解过程在密闭条件下进行，高温条件下有机物可以被氧化为 CO_2 和 H_2O，高压可以提高液相中溶解氧的浓度和氧化速率，这一过程的基本原理就是促进分子氧与有机物接触进而使其氧化[151]。

反应过程中自由基起到了决定作用，为了克服一些反应对温度和压力的要求，通常在反应体系中加入催化剂以促进自由基产生，快速完全地氧化有机物。均相催化剂能与废水均匀混合，催化性能好、反应速率快，然而使用的某些金属离子本身对环境存在一定的危害，易造成二次污染，且回收困难。非均相催化剂主要有贵金属、过渡金属、稀土金属三种类型，大量研究表明使用非均相催化剂同样可以高效地降解有机物，且容易回收，减少二次污染[152]。湿式氧化法处理高浓度有毒、有害有机废水效果良好，目前国际上已成功地将湿式氧化法广泛应用于焦化废水、印染废水、电镀废水、农药废水及活性污泥处理等方面。但是较高的投资限制了湿式氧化法的大规模商业应用。

（十）超临界水氧化

超临界水氧化技术（supercritical water oxidation, SCWO）是指在水的超临界状态下将废水中的有机污染物氧化去除的方法，其实质是湿式氧化法的强化和改进。当超临界态水的物理化学性质发生较大的变化，水气相界面消失形成均相氧化体系，有机物的氧化反应速率极快，反应物在密闭状态下被完全氧化为 CO_2、H_2O、N_2、SO_4^{2-}、PO_4^{3-} 等小分子无机化合物，对环境无污染[153]。

另外，超临界水氧化相当于燃烧过程，在氧化过程中放出大量的热，当废水中的有机物含量超过 2%时，反应一旦开始可以自热形成而不需额外供给热量。理论上 SCWO 法适用于任何有机污染物的降解，目前国内外已使用该方法对卤代芳香族化合物、卤代脂肪族化合物、酚类、乙酸、吡啶、多氯联苯、二噁英、DDT等有机化合物进行了降解，尤其是处理有机污染物浓度在 5%以上的高浓度有毒有害废液，能够达到无害化。表 8-2 列举了超临界水氧化技术对有机污染物的去除效果[154]。理论上 SCWO 法可以处理常规处理方法不能处理的难降解有机物，但是目前 SCWO 法还没有大规模工业推广，主要原因是超临界氧化所需要的高温高压条件容易导致反应器腐蚀及盐引起的堵塞问题。

表 8-2　超临界水氧化处理有机污染物的去除效果

化合物	温度/K	停留时间/min	COD 去除率/%
二噁英	574	3.7	>99.9995
氯甲苯	600	0.5	>99.998
2,4-二硝基甲苯	457	0.5	>99.7
1,1,1-三氯乙烷	495	3.6	99.99
1,2-二氯化物	495	3.6	99.99
1,1,2,2-四氯乙烯	495	3.6	99.99
六氯环戊二烯	488	3.5	99.99
邻氯甲苯	495	3.6	99.99
多氯联苯	550	0.05	>99.99
二氯-二苯-三氯乙烷	505	3.7	>99.997

三、化学还原

通过化学还原反应可将危险废物中能发生价态变化的有毒组分转化为无毒或低毒且具有化学性质稳定的成分。铬废物处理主要是利用化学还原反应。Cr^{6+} 是毒性很大的化合物，Cr^{3+} 的毒性不大，且在碱性溶液中会形成氢氧化物沉淀[155]。许多化学品均能有效还原 Cr^{6+}，其中包括 SO_2、SO_4^{2-}、HSO_3^{2-} 及 Fe^{2+}等。

$$CrO_4^{2-} +3Fe^{2+} + 8H^+ \Longrightarrow Cr^{3+} + 3Fe^{3+} + 4H_2O \qquad (8-6)$$

$$Cr_2O_7^{2-} + 3NaHSO_3 + 8HCl \Longrightarrow 2CrCl_3 + 3NaHSO_4 + 2Cl^- + 4H_2O \qquad (8-7)$$

四、中和

中和是采用适当的中和试剂将酸性或碱性废液的 pH 调至接近中性（实际是

pH 调至 6~9）的过程。诸多情况下，酸碱性较强的废水需要进行中和，如沉淀可溶性重金属、防止金属腐蚀和对其他建筑材料的损害、预处理以便能进行有效的生物处理、提供回用的中性水、减少回用水体的有毒有害影响等[156]。用石灰石处理酸性废水成本最低，且使用方便。但处理含硫酸盐废水时效果却不好，烧碱或纯碱虽然价格较贵，但可代替石灰石处理含硫酸盐的废水。

中和可采用多种方法，如将酸、碱废水混合，使 pH 接近中性；酸性废水与石灰乳混合；将浓碱液加入酸性废水；在碱性废水中通入锅炉烟道废气；在碱性废水中通入压缩的 CO_2 气体；在碱性废水中加酸（如硫酸或盐酸）。应根据废水的特性及后续处理步骤或用途来选择合适的中和方法。例如，仅将各种废水混合不能作为生物处理的预处理，也不能作为生活污水直接排放，一般需要通过投加化学药剂来调节 pH。

五、油水分离

油水分层的废物可以机械去除漂浮在混合液上面的废油，但乳化液需经过破乳处理后再进行油水分离。使用最多、最有效的破乳方法是以破乳剂为主的化学方法。破乳剂能在油水界面上吸附和置换界面上吸附的乳化剂，并与油中的成膜物质形成具有比原来界面膜强度更低的混合膜，导致界面膜破坏，将膜内包裹的水释放出来，水滴相互聚结形成大水滴沉降到底部，油水两相发生分离，达到破乳的目的[157]。

破乳剂分为 4 类，即电解质、低分子醇、表面活性剂和聚合物，其中聚合物因具有电中和、絮凝和吸附架桥等功能而成为工艺首选[158]。表 8-3 列举了处理焦化厂含油废水的破乳剂类型及脱水率[159]。

表 8-3　各种破乳剂脱水率

破乳剂	加入量/ppm	脱水率/%
环氧丙烷嵌段聚醚 HA 系列	3	85.4
环氧丙烷嵌段聚醚 HB 系列	3	92.5
失水山梨醇单油酸酯破乳剂	3	94.0
水溶性聚氧乙烯聚氧丙烯聚醚破乳剂	3	98.4
水解的聚丙烯酰胺破乳剂	3	90.0
羟基酚聚氧乙烯醚破乳剂	3	96.3
聚氧乙烯聚氧丙烯酚醛树脂破乳剂	3	95.0
甲基丙烯酸甲酯-丙烯酸丁酯-苯乙烯衍生物三元共聚物破乳剂	3	97.5
油溶性酚醛树脂类破乳剂	3	92.6

六、溶剂/燃料回收

可燃性有机溶剂大多可以回收，通常是在其产生源就进行回收。如果遇到不能回收的场合，大多进行燃烧处置。对于不可燃的有机溶剂，如极毒的氯代烃类脱脂剂及油化剥离剂组成的油脂状污泥，最佳处置方法是在特殊的高温焚烧炉中添加柴油或其他合适的辅助燃料进行焚烧，焚烧炉配备有洗涤设备，以去除焚烧所产生的氯化氢气体。

第三节 生物处理技术

生物降解主要用来分解危险废物中的有机物，用于处理有机废液或废水。常用的方法有厌氧处理、好氧处理和兼性厌氧处理，包括活性污泥法、曝气塘、厌氧消化、堆肥处理、生物滤池、稳定塘等具体方法[160]。也可通过氧化还原作用生成金属络合物来处理重金属。在生物处理系统中，添加营养成分将工业废水和生活废水共同处理的方法在实践中已得到应用，但由于危险废物的有毒有害特性，生物处理技术应用范围受到了一定限制。

一、典型有机污染物的生物降解

（一）脂肪烃

脂肪烃可以用好氧生物法进行处理，厌氧微生物不能降解烃类物质。因为烃类化合物分子中没有氧的成分，所以，降解烃类物质时一定要有氧，而且需氧量较大。烷烃最易被生物降解，其次是烯烃和炔烃；链烃比环烃易降解；直链烃比支链烃更易降解；正构烷烃比异构烷烃易降解；直链烃中碳链长短不同，其生物可降解性也不同[161]，一般而言，碳链长的比碳链短的易降解。

烷烃的氧化降解又称β氧化，氧直接结合到碳链末端的碳原子上，形成对应的醇，醇再进一步被氧化为对应醛和脂肪酸，同时碳链末端的两个碳原子从碳链脱落，碳链长度由 C_n 变为 C_{n-2}。对于长碳链的烷烃，反应可重复进行，直至烃类物质完全氧化。

（二）芳香烃

芳香烃化合物是指苯及苯的衍生物，炼油厂、煤气厂、焦化厂和化肥厂等的废水中均含有芳香烃。有多种细菌和真菌可以降解芳香烃，但是降解的难易程度和生成的产物均有很大差别。总体来说，芳香烃化合物降解有以下规律：在好氧条件下容易被完全分解，在厌氧条件下可以被部分分解。

（三）多环芳烃

多环芳烃（PAHs）是指分子中含有两个或两个以上苯环的烃类，包括萘、菲、蒽、苯并芘、吡啶等。多环芳烃特别是四环以上的多环芳烃（如苯并芘），具有强烈的致癌性，易在环境中累积。研究结果表明，许多微生物可以降解多环芳烃，其降解规律为：随着环数的增加，降解速率下降；增加 1 个甲基可以明显降低降解速率，其效果因位置而异；增加 3 个甲基会严重阻碍降解作用；增加 PAHs 的饱和度（即在双键之间加氢）会显著降低降解速率。图 8-6 为多环芳烃的典型代表萘的好氧微生物降解过程。

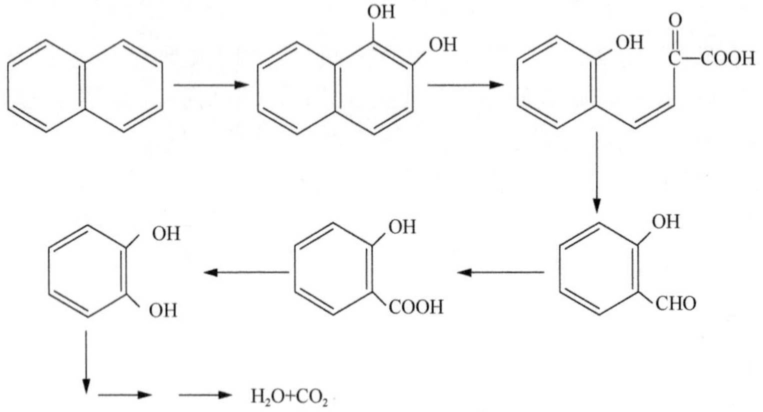

图 8-6　萘的好氧微生物降解过程

（四）卤代烃

卤代烃一直被认为难以生物降解，但近 20 年的研究表明，许多氯代烃都能在好氧条件下，通过共代谢的作用而被降解。已发现的可作为共代谢碳源或能源的基质有甲烷、苯酚、甲苯和氨等。在有氧条件下，低氯的卤代烃易被降解，而高氯卤代烃则难以被降解。

（五）卤代芳烃

此类化合物的典型代表有多氯酚（PCP）和多氯联苯（PCBs）类化合物，它们被广泛地用作防腐剂、杀虫剂等化工原料。它们很难被降解，具有很高的生物稳定性。脱氯是卤代烃生物降解的关键步骤，具体可分为好氧脱氯和缺氧脱氯。在有较多溶解氧的环境下，卤代芳烃的生物降解以氧化脱氯为主，其降解过程一般为在脱氯的同时进行氧化，然后继续按羟基化合物的降解途径降解；在缺氧环境下，卤代芳烃的生物降解为还原脱氯，即在得到电子的同时，氢取代了苯环上的氯原子，并释放 1 个氯离子。

（六）含氮芳香烃

硝基芳香烃类化合物有硝基苯、硝基甲苯、多硝基芳香类物质等，它们是工业上一类重要的硝基化合物，广泛应用于生产农药、燃料、医药及其他化工产品。硝基和卤素一样，会对芳香环的生物降解产生不利影响，硝基和卤素均通过吸电子导致苯环钝化。硝基芳香烃类化合物的抗生物降解性随硝基数目的增加而增加。多种微生物在好氧条件下可以降解它们。例如，在诺卡氏菌属中，苯胺通过双加氧酶反应形成邻苯二酚，进而通过邻苯二酚-1,2-双加氧酶或邻苯二酚-2,3-双加氧酶的作用，开环形成可作为微生物碳源、能源的化合物。

（七）农药

农药是指具有杀虫和除草特性的有机化学品。农药种类繁多，按其化学结构可分为卤代类农药（包括卤代脂肪烃类、氯代环烷烃类和卤代芳香烃类）、酰胺类农药和有机磷类农药。由于其化学结构各不相同，因此很难精确地概括出其生物降解途径。有些农药易于生物降解，因此需要经常追施来保持其毒性；另一些则难以生物降解，能够在环境中存在数十年。农药的难溶性成为其生物降解的限制因素。此外，能降解农药的酶在自然界中分布不广，土著微生物中能降解农药的微生物数量很少，因此降解的速率也很慢。

二、典型重金属污染物的生物处理

微生物处理重金属的主要作用机制是通过氧化还原作用生成金属络合物。有些微生物可以通过氧化作用或还原作用（多数情况下），把重金属从毒性较高的价态转变为毒性较低的价态，如一些大肠杆菌、假单胞菌、芽孢杆菌等，可以把高毒性的阳离子汞还原为低毒性的元素汞，形成沉积或挥发到大气中。还有些微生物可以将高毒的铬还原为低毒的铬，从而起到解毒的作用。

有些微生物可以在细胞外产生可以结合（包括细胞表面吸附）有毒重金属离子的有机络合物，从而降低环境中毒性重金属的浓度，达到解毒的目的。如大肠杆菌可以分泌能结合铜离子的蛋白质，从而降低环境中铜离子的有效浓度。有些微生物还可以产生硫化氢与各种重金属离子发生结合、沉淀反应，如硫酸盐还原菌将硫酸盐还原为硫化氢，可以把重金属离子固定起来，减少对环境的危害。

有些微生物表面有特殊结构，可以吸附重金属离子，来降低溶液中重金属离子的浓度。如肺炎克氏杆菌可以吸附镉，有些酵母菌可吸附铅、金、银、镍、铀等重金属，其吸附的重金属甚至可以相当于细胞重量的90%。

简要介绍金属汞、砷及镉的微生物处理方法。

（1）汞：部分微生物可以将二价汞转化为金属汞，或者转化为一甲基汞和二甲基汞。金属汞能够挥发散逸到空气中，可进行气体收集，从而达到对含二价汞危险废物的治理。

（2）砷：砷可以被微生物氧化、还原、甲基化，也可以与微生物硫酸盐还原代谢发生硫离子反应而形成沉淀。有几种细菌可以将亚砷酸盐氧化为砷酸盐，由于五价砷的毒性和迁移性比三价砷小很多，且更容易通过沉淀、吸附等方法去除[162]。雌黄脱硫肠菌可以同时将砷酸盐与硫酸盐分别还原为亚砷酸盐和硫化氢，最后形成 As_2S_3 沉淀。

（3）镉：蜡样芽孢杆菌、大肠埃希氏菌和黑曲霉等微生物，在含二价镉化合物中生长时，体内能浓缩大量的镉。一株能使镉甲基化的假单胞杆菌，在有维生素 B_{12} 存在的条件下，能将无机二价镉转化、生成少量的挥发性镉化物。

思　考　题

1. 简述危险废物处理技术的分类及其应用范围。
2. 简述危险废物物理处理技术的主要方法和内容。
3. 简述危险废物化学处理技术的主要方法和内容。
4. 简述沉淀及絮凝技术的内容和原理。
5. 通过文献调研，列举两种高级氧化法处理危险废物的实例。
6. 简述萃取、蒸馏的原理、工艺流程及其适用范围。
7. 简述化学氧化法的分类、适于处理的危险废物及决定处理效果的因素。
8. 通过文献调研，简述微生物处理重金属的机制，如砷、汞。

第九章　危险废物焚烧处置技术

广义上热处理的定义为：在系统内通过升温方式改变废物的化学、物理、生物和生理特性或物质组成的废物处理方法，如热解、高温焚烧、湿式空气氧化、蒸馏、等离子体、微波等处理方法[163, 164]。其中，焚烧可以有效破坏废物中的有毒、有害物质，能够快捷、有效地实现危险废物的减量化和无害化。

第一节　危险废物焚烧处置

被焚烧处置的危险废物一般不能再回收利用并且具有一定热值，因此在实现废物的减量化和无害化的同时可回收利用其热能。可以焚烧处置的废物主要包括：具有生物危害性的废物，难以生物降解且在环境中持久性强的废物，熔点低于40℃的废物，不可安全填埋的废物，含有卤素、重金属、氮、磷或硫的有机废物；易爆废物不宜进行焚烧[165,166]。

危险废物焚烧处置设施从设计、建造、试烧到正常运行管理都有一套严格的规定和要求。一般来讲，焚烧设施必须有前处理系统、尾气净化系统、报警系统和应急处理装置；危险废物焚烧产生的残渣、烟气处理过程中产生的飞灰，需按危险废物进行填埋处置。医院临床废物、含多氯联苯废物等一些传染性的或毒性大或含持久性有机污染成分的特殊危险废物宜在专门焚烧设施中焚烧。焚烧设施的建设、运营和污染控制应遵循《危险废物焚烧污染控制标准》及其他有关规定[167]。

一、概述

危险废物焚烧处置同一般的堆放焚烧不同，它是一种在密闭空间内的可控焚烧技术。在焚烧过程中，危险废物中的有机废物从固态、液态转变为气态，气态产物再经进一步加热，其有机组分最终分解为小分子，小分子与空气中的氧结合生成气体物质，经过空气净化装置，再排放到大气中。危险废物通过与空气中的氧气反应，在焚烧炉内转化为气体和不可再燃的固体残留物[168]。经过焚烧，固体废弃物的体积可减少80%～90%，新型的焚烧装置可使焚烧后的废物体积只有原来体积的5%甚至更少[169, 170]；危险废物的有害成分在高温下被氧化、热解，重金属被浓缩并转移到稳定的灰渣和飞灰中；焚烧产生的热量在余热

附注 9-1　《危险废物焚烧污染控制标准》中对焚烧的定义为：焚化燃烧危险废物使之分解并无害化的过程。

锅中被回收利用，用来发电或供热[171]。

焚烧处理技术的优点在于：①彻底破坏废物中的有毒、有害物质；②显著减少废物的体积和重量；③减量化时间短，无须长时间储存；④废物可以就地焚烧，而不必运输到异地去处理；⑤通过有效控制产生的烟气，可以尽可能减少对大气的影响；⑥占地面积小，废物存储时间短，因此不需要大面积的土地；⑦通过热量回收技术，处理成本可以减少甚至抵消为此而使用的能量[171, 172]。

二、焚烧机理

危险废物的燃烧是焚烧处置的核心过程，液态、气态、固态废物的燃烧机理各不相同，通过正确控制燃烧过程可以实现废物的完全焚烧[173]。

1. 液态废物的燃烧机理

液态废物中的水分在高温下迅速气化，废液与空气充分混合、热解、着火、燃烧，废液中有毒有害组分被焚毁。废液先通过水分的气化，再通过可燃物与空气的接触进行燃烧。因此，其燃烧速度由水分的气化速率与可燃物成分和空气的混合程度来确定。水分的雾化度越高、与空气的混合越充分，燃烧速度越快，焚烧效果越好。

2. 气态废物的燃烧机理

气态废物与空气易相互扩散混合，接触较好，其燃烧机理包括预混焰和扩散焰。预混焰产生过程主要有气体燃料与空气预先混合，经预热反应、燃烧、后火焰反应等步骤。火焰的形状及燃烧的情况可由空气输入量控制。扩散焰燃烧过程中，燃料和氧化物并不是预先混合，无论温度多高，必须等到燃料与氧化物混合至一定程度后才会点燃燃料，燃烧情况由燃烧系统的几何构造及气体湍流度控制。废物焚烧方式有以下三种[8, 173]。

（1）预混式燃烧：预先在烧嘴内混合废气与空气，混合充分后喷入焚烧炉炉膛，燃烧速度快，基本无黑烟产生。

（2）外混式燃烧：废气和空气预先不进行混合，单独喷入炉膛内进行燃烧，因此二者接触较差，燃烧速度慢且火焰温度低，因不完全燃烧而产生黑烟。

（3）半预混式燃烧：废气和部分空气在喷嘴内预先混合，喷入炉膛内再以二次风的方式补充不足的空气。

3. 固态废物的燃烧机理

根据所含成分的不同，固态废物焚烧时有以下三种燃烧状态。

（1）蒸发燃烧：蒸发燃烧以石蜡燃烧为代表，加热后废物首先熔化为液态，继续加热产生可燃性蒸气，与空气混合后即能产生火焰。其燃烧速度由该物质的蒸发速度和空气中的氧与可燃性蒸气间的扩散速度控制。

（2）分解燃烧：分解燃烧以木材、纸张等的燃烧为代表，加热后废物中的挥发组分析出，其中可燃性挥发组分与空气混合发生扩散燃烧，残渣中固定碳发生表面燃烧。燃烧区向废料表面的传热速度是控制燃烧的主要因素。

（3）表面燃烧：也称多相燃烧或置换燃烧。以木炭、焦炭等固态废物的燃烧为例，受热后废物无须经过熔融、蒸发、分解等过程，其本身直接产生火焰。它的燃烧速度主要由燃料表面的扩散速度和其表面的化学反应速率所控制。

三、焚烧反应

焚烧时，通常燃烧是不完全的。为使焚烧产物无害且减少新的有机化合物产生，必须考虑"3T"（时间、湍流度、温度）条件及"1E"（空气过剩系数）。其原则是在焚烧过程中要有足够高的温度、足够长的停留时间（烟气停留时间>2 s）和足够强的湍流（即空气与危险废物在焚烧炉内充分混合）[174]及过量的氧气。

焚烧有机物产生的气体物质大部分是CO_2和水蒸气。由于废物组成复杂，也会产生CO、NO_x、HCl、HF、HBr等气体，对大气环境和人类健康十分危险。如果危险废物中有磷存在，可能会有五氧化二磷生成。典型的焚烧反应可用式（9-1）表示。

$$C_xH_yO_zN_uS_vCl_w+\left(x+v+u+\frac{y-w}{4}-\frac{z}{2}\right)O_2+4\left(x+v+u+\frac{y-w}{4}-\frac{z}{2}\right)N_2\longrightarrow$$

$$xCO_2+vSO_2+uNO_2+\left(\frac{y-w}{2}\right)H_2O+wHCl+4\left(x+v+u+\frac{y-w}{4}-\frac{z}{2}\right)N_2+热量$$

$$(9-1)$$

式（9-1）是理想状态下危险废物在空气中完全燃烧，实际操作中空气要过量，在第二节会作介绍。

第二节　危险废物焚烧处置理论

一、燃烧

（一）热值

危险废物的焚烧要求废物的热值达到一定的要求，这个热值可通过燃烧热量测定试验来确定。废物的热值是指单位质量的废物燃烧释放出来的热量，单位为kJ/kg（或 kcal/kg，1kcal=4.1868kJ）。大部分常见化学物质及其混合物的热值可从文献中查到，表9-1列举了标准状态下一些危险组分的热值。

表 9-1　标准状态下常见危险组分热值

危险组分	热值/（kcal/kg）	危险组分	热值/（kcal/kg）
三氯氟甲烷	110	氯丹	2710
三溴甲烷	130	五氯二苯酚	3660
二氯二氟甲烷	220	艾氏剂	3750
四氯甲烷	240	狄氏剂	5560
四硝基甲烷	410	二氯联苯	6360
四氯乙烯	1190	2-氯酚	6890
六氯苯	1790	氯二苯	7750
五氯苯	2050	二苯胺	9090
五氯苯酚	2090	2-甲基氮丙啶	9090
二氯苯胂	2310	对二氨基联苯	9180
硫丹	2330	苯并[j]荧蒽	9250
九氯联苯	2500	荧蒽	9350

一般要求进炉危险废物的热值尽可能介于设计规定的范围内，以减少辅助燃料的用量。热值太低，需要添加辅助燃料，造成运行费用增加；热值太高，需要用惰性物质（过量空气、水等）限制炉温，同时使处理能力下降。此外，入炉废物的热值要保持稳定，使焚烧室热负荷控制在设计规定的范围，保证系统运行的经济可靠。

（二）过剩空气

"完全燃烧"是介于过量空气燃烧和不足空气燃烧之间几乎不可能出现的情况。实际燃烧系统中，氧气与可燃物质无法达到理想的混合反应，因此为使燃烧完全，必须提供比理论空气量更多的空气。一般把超过理论空气量多供给的空气量称为过剩空气，并把实际空气量 V_a 与理论空气量 V_{a0} 之比定义为空气过剩系数 α。通常 α 值的大小取决于燃料种类、燃烧装置形式及燃烧条件等因素。

过剩空气对焚烧状况影响很大，提供适当的过剩空气是完全燃烧的必要条件。其不仅可以提供足量的氧气，还可以增加炉内的湍流度，利于焚烧。但过剩空气过大可能造成炉内温度降低，反而不利于焚烧，同时还会增加输送和预热空气的能量，也会导致烟气体积增加，进而增加烟气处理系统的规模和相关费用。

危险废物既有固体，也有液体。回转窑内废液燃烧喷嘴的空气过剩系数常控制在 1.1～1.2，若过剩系数太低，火焰易产生烟雾；过剩系数太高，火焰易被吹至喷嘴外，可能导致火焰中断。回转窑焚烧炉中的总过量系数通常维持在 1.1～1.5，以促进固体可燃物与氧气的接触[175]。

（三）燃料

在许多危险废物焚烧炉内，废物的热值是很低的，辅助燃料通常是用来点燃废物的，而达到一定温度后，才能使废物中的有机成分迅速氧化。用作焚烧炉辅助燃料的可以是任何一种常见的可用燃料，如天然气（甲烷）、乙烷（LPG）、轻油或者重油，还可能是一种不是由危险废物组成的废物燃料，如垃圾衍生燃料等。由碳氢废物组成的几百种混合物燃料都具有足够的热值，这些废物中基本是溶剂混合物。通常这些混合物具有与常规燃料相似的热值，所以可以在危险废物焚烧炉内作为燃料使用。

（四）含硫/卤素/氮/无机物的废物

碳氢物质燃烧产生 CO_2、水蒸气，可能还有少量的 CO。含硫废物燃烧产生 SO_2，可能还有 SO_3。含卤素（如氯、氟、溴等）废物燃烧可能产生相应的卤化氢气体（HCl、HF、HBr）。每一种卤化氢气体的形成由燃烧反应达到平衡时的条件确定。典型的反应如式（9-2）和式（9-3）所示。[19]

$$CS_2 + 3O_2 \Longleftrightarrow CO_2 + 2SO_2 + 热量 \tag{9-2}$$

$$CHCl_3 + O_2 \Longleftrightarrow CO_2 + HCl + Cl_2 + 热量 \tag{9-3}$$

从二硫化碳的热值（14505 kJ/kg）可以推断它不需要辅助燃料就可以迅速燃烧。但是，氯仿（$CHCl_3$）的热值比较低（5652 kJ/kg），需要辅助燃料才能完成反应。在实际燃烧中，总会有氯气（Cl_2）形成。

对于反应：　　　　$Cl_2 + H_2O \Longleftrightarrow 2HCl + 1/2O_2$

存在如下的平衡关系：

$$K = \frac{[P_{HCl}]^2 [P_{O_2}]^{1/2}}{[P_{H_2O}][P_{Cl_2}]} \tag{9-4}$$

式中，P 为每种反应物质的分压；K 值在 670℃时为 1，而在 1700℃时升到 100。

（五）金属

加入焚烧炉中的无机废物不能被破坏，只能被氧化，以氧化态的形式存在。如果金属是以金属盐的形式进入焚烧系统，并且它的沸点低于焚烧炉的温度时，金属将被蒸发而不是被氧化，所以在烟道气中可能存在这种金属的蒸气。例如，氯化铅的沸点是 950℃。以氯化物形式进入焚烧炉的铅将在烟道气中出现，除非它在烟气污染净化设备中得到浓缩。而氧化铅很稳定，存在于炉底的灰渣中。大部分的金属成分将存在于焚烧炉的灰渣中，但是由于某些金属如砷、锑、镉、汞等易挥发，因此烟道气中存在挥发的金属物质。

（六）燃烧计算

为了进行基础的燃烧计算，运用化学反应式是必要的，如式（9-2），式（9-3）所示。如果废物的化学组成不能确定，那么就需要进行一个类似表 9-2 的废物燃料分析。

表 9-2   废物燃料分析

废物类型	热值 /（kJ/kg）	挥发性* /%	含水量 /%	灰分 /%	闪点 COC※/℉	燃烧点 COC/℉	硫/%	干燥可燃/%	密度 /（kg/m³）
纤维-橡胶涂料	46040.25	81.20	1.04	21.20	265	270	0.79	78.80	382.88
鲁丽特牌（Royalite）涂料	84991.91	81.90	0.37	9.62	270	280	0.04	90.38	389.29
油毡-乙烯树脂涂料	46283.1	80.87	1.50	11.39	165	170	0.80	88.61	171.41
纤维-乙烯树脂涂料	37260.11	81.06	1.48	6.33	155	175	0.02	93.67	161.80
导弹-橡胶碎料	51240.51	71.36	1.69	24.94	340	360	1.17	75.06	462.98
燃料室喷洒小室	51604.78	79.10	1.74	20.67	125	130	0.25	79.33	152.19
导弹-橡胶灰尘	40869.31	62.36	0.87	36.42	250	260	1.06	63.58	158.60
班博瑞（Banbury）橡胶碎片	55444.25	60.51	1.74	4.18	145	180	0.53	95.82	559.10
聚乙烯胶片	80227.11	99.02	0.15	1.49	180	200	0	98.51	91.31
发泡织物衬垫	42644.6	55.06	0.37	31.87	215	235	1.44	68.13	181.03
覆盖织物	30569.29	70.73	1.25	24.08	295	300	0.40	75.92	216.27
发泡碎片	51428.92	75.73	9.72	25.30	185	240	1.41	74.70	145.78
覆盖玻璃的松脂带	33106.61	15.08	0.51	56.73	300	330	0.02	43.27	152.19
纤维尼龙	55276.77	100.00	1.72	0.13	625	640	0	99.87	102.53
燃料室囊和轮胎带	63755.45	87.35	1.24	3.57	270	290	0.55	96.43	312.39
乙烯树脂碎片	47849.04	75.06	0.56	4.64	155	165	0.02	95.44	374.87
液体废物	55017.18	100.00	3.2	1.04	68	68	0.07	95.76	849.06

*挥发性试验是独立进行的。取得两个相似样品的难易反映了该物质的挥发性。

※克立夫兰敞口杯（Cleveland open cup）的缩写，一种标准的闪点测定技术。

资料来源：Four Nines 公司。

注：华氏度（℉）=32+摄氏度（℃）×1.8。

二、气体

废物气体中通常包含一种碳氢物质或者几种混合的碳氢物质。只有当加入更多的空气时才能被点燃，否则会因为浓度太高而不易被点燃。这样的混合物称为在爆炸上限（HEL）之上。可以点燃的碳氢气体混合物称为在爆炸浓度范围之内。因为浓度太低而不能被点燃的称为低于爆炸下限（LEL），大部分的碳氢气体混合物属于这种类型。

第三节　危险废物焚烧预处理及配伍

危险废物在进入焚烧炉前必须进行预处理及配伍以保证危险废物的均匀、完全燃烧。

一、危险废物焚烧预处理

危险废物在焚烧过程中由于焚烧工艺缺陷或操作不当，会造成少量的多氯联苯、多环芳烃处理不完全或微量二噁英的产生，且飞灰和底灰中也会残留难以处置的重金属物质。因此，适当的预处理技术十分必要[176]。常用的预处理技术有以下几种。

（1）破碎、分选。固态的危险废物，通常需要进行破碎、分选预处理，破碎成细颗粒的废料有利于焚烧。同时破碎后的分选利于有价值资源的回收利用，并且焚烧成本降低。

（2）剔除不宜焚烧的废物。不宜焚烧的危险废物包括：热值小、难以被焚烧的有毒化合物；含有大量重金属的化合物。

（3）分离、烘干。含水率较高的危险废物应进行分离、烘干以减少焚烧体积，提高热值。分离可采用离心、压滤等技术；烘干可采用直接烘干（接触法）、间接烘干（对流法）、辐射烘干（红外线、微波）等技术。

（4）沉淀、固化。难以分离及烘干含水率较高的危险废物，则采用沉淀、固化技术减小焚烧体积，提高热值。沉淀主要通过添加药剂达到固液分离的效果；固化则是通过添加新物质使有毒化合物不再移动，在化学及力学方面更加稳定，处理无机/有机污泥及含金属污泥效果更好。沉淀和固化技术可联用。

（5）萃取、浮选。对于含水率较高的危险废物，也可采用萃取、浮选技术提取污染物，减少焚烧体积。萃取法包括液-液萃取和液-固萃取，可根据危险废物的种类及状态加以选择；浮选即溶解空气浮选，常用于浓缩危险废物，形成含水率较低的污泥，达到回收有价值固体物质或去除有毒物质的目的，常用在油脂类危险废物的预处理中。

> **附注 9-2**　《危险废物污染防治技术政策》中规定：危险废物焚烧处置前必须进行前处理或特殊处理，达到进炉的要求，危险废物在炉内燃烧均匀、完全。
>
> 《危险废物集中焚烧处置工程建设技术规范》中规定：危险废物在焚烧处置前应对其进行前处理或特殊处理，达到进炉要求，以利于危险废物在炉内充分燃烧。

> **附注 9-3**　《危险废物集中焚烧处置工程建设技术规范》中规定，危险废物特性分析鉴别应包括下列内容：
>
> （1）物理性质：物理组成、容重、尺寸；
>
> （2）工业分析：固定碳、灰分、挥发分、水分、灰熔点、低位热值；
>
> （3）元素分析和有害物质含量；
>
> （4）特性鉴别（腐蚀性、浸出毒性、急性毒性、易燃易爆性）；
>
> （5）反应性；
>
> （6）相容性。

二、危险废物焚烧配伍

危险废物配伍的目的是保证焚烧处置的安全性。两种以上危险废物混合应避免产生大量热量或高压、火焰、爆炸、易燃、有毒气体，剧烈的聚合反应；必须保证废物与容器和料仓及炉衬之间的安全性。物料配伍的主要原则如下[166]。

> **附注 9-4**　《危险废物集中焚烧处置工程建设技术规范》中指出：危险废物入炉前需根据其成分、热值等参数进行搭配，以保障焚烧炉稳定运行，降低焚烧残渣的热灼减率。危险废物的搭配应注意相互间的相容性，避免不相容的危险废物混合后产生不良后果。

（1）首先保证入炉废物热值的稳定性：配伍应使进入焚烧炉的危险废物热值尽可能介于设计规定的范围内以减少辅助燃料的用量，使焚烧室热负荷控制在设计规定的范围，保证系统运行的经济可靠。

（2）控制入炉废物中酸性污染物和重金属、碱金属含量：控制酸性物质含量，以保证焚烧设备不受腐蚀和尾气达标排放。卤化有机物不仅影响废物的热值，也影响燃烧后烟气中酸性气体含量和烟气处理系统的运行效果。危险废物中的磷主要是有机磷化物，焚烧产生的 P_2O_5 在 400～700℃会对金属及耐火材料加速腐蚀，此温度区域为余热锅炉区域，如果控制不好磷的含量，则余热锅炉使用寿命会大大缩短。碱金属是以无机或有机盐的形式存在于危险废物中，燃烧后变为碱金属氧化物，出渣时易遇水爆炸。入炉酸性物含量一般宜控制在：Cl<1%，P、F<0.2%，S<1%，碱金属 K、Na、Ca 等小于 0.1%。农药等剧毒危险废物，含有机重金属类物质，应控制整体数量均匀入炉焚烧。

（3）废物配伍应保持焚烧的持续性、稳定性：根据分析、实验结果，科学搭配焚烧菜单，使一些混合易发生反应、爆炸及高腐蚀性的危险废物得到预处理，和惰性的泥状物混合，控制适当的水分，以利于燃烧；含钾等碱金属废物和含氯等卤素废物可以反应生成稳定化合物的应适当搭配；快速分解燃烧的和缓慢分解燃烧的适当搭配，使其在炉内均匀燃烧。

第四节　危险废物焚烧设备

一、概述

焚烧炉的结构类型与焚烧废物的种类、性质、燃烧形态等因素密切相关，不同燃烧方式需要相应的焚烧炉与之配合。目前用于焚烧危险废物的焚烧炉中，更能体现焚烧炉结构特点的方法是按照处理废物的物理形态，将焚烧炉分为气体废物焚烧炉、液体废物注射炉与固体废物焚烧炉。实际在具体的焚烧工艺中，存在组合式焚烧系统，其能够同时实现废气、废液与固体危险废物的焚烧。

固体废物焚烧根据废物在焚烧炉内的位置（炉床上、悬浮态、炉排上），分为炉床焚烧炉、流化床焚烧炉、炉排焚烧炉[177]。

（1）炉床焚烧炉分为回转窑焚烧炉、固体床焚烧炉、两室焚烧炉和多室焚烧炉。其中，回转窑焚烧炉是目前危险废物焚烧应用最多的炉型。

（2）流化床焚烧炉的原理是利用炉底分布板吹出的热风将废物悬浮起呈流化状态进行燃烧，一般采用载体（砂）进行流化，废物进入悬浮砂中进行燃烧。

（3）炉排焚烧炉适宜大块、不规则废物的焚烧，废物在固体或活动合金炉排上燃烧，助燃空气由炉排进入。大多数生活垃圾焚烧炉是炉排炉。

在美国，回转窑焚烧炉的数量占危险废物焚烧炉的 75% 以上，两室、固定床焚烧炉约占 15%，其余 10% 为多室和流化床焚烧炉。本节将对危险废物焚烧的主要炉型进行介绍，包括：回转窑焚烧炉、炉排焚烧炉、流化床焚烧炉和液体注射焚烧炉以及其他焚烧设备。

二、回转窑焚烧炉

回转窑焚烧炉对物料适应性强，可以处理任何形态的固体、半固体、液体、气体废物，焚烧处理时对入炉燃料的形状要求不高，不需要复杂的预处理过程。目前回转窑焚烧是危险废物焚烧中最主流的技术，回转窑也是应用最多的炉型。

> **附注 9-5**　《危险废物污染防治技术政策》中明确指出："危险废物的焚烧宜采用以旋转窑炉为基础的焚烧技术"。

（一）回转窑的设计

典型的回转窑焚烧炉如图 9-1 所示，其设计主要分为如下几个部分：回转窑尺寸和运转方式的设计、燃烧设计、耐火材料设计、焚烧系统的监控设计等[178]。

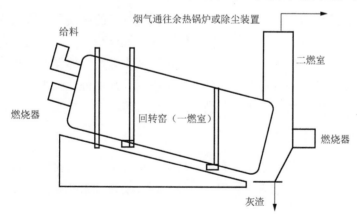

烟气通往余热锅炉或除尘装置

给料

二燃室

燃烧器

回转窑（一燃室）

燃烧器

灰渣

图 9-1　典型回转窑焚烧炉示意图[178]

1. 尺寸和运转方式设计

用于危险废物处理的回转窑，典型的长径比为 3.4～4.2。设计回转窑尺寸采用的方法是：根据危险废物的成分计算出废物的热值，再根据废物的处理量确定每小时废物在回转窑内燃烧所产生的热量，然后根据选定的容积热负荷确定出回转窑的容积，最后结合回转窑的长径比确定回转窑的尺寸。回转窑容积热负荷的范围一般为（4.2~104.5）×10^4 kJ/（m^3·h）[131]。工程实践中，回转窑的倾斜角度一般在1°~3°，转速为1~5 r/min，回转窑的转动方向结合进料方式和助燃方式确定。难以焚烧的危险废物可采用大长径比与低转速的回转窑；热值高、易燃烧的危险废物采用较大倾斜角与较高转速的回转窑来处理。

2. 燃烧设计

温度是保证焚烧炉内危险废物得到彻底破坏的最重要因素。回转窑一燃室设计温度为1000℃，运行温度为850~1000℃；二燃室设计温度为1300℃，运行温度为1100℃。二燃室采用和一燃室不同的温度设计，保证了危险废物在二燃室中完成充分焚毁。温度达到设计值后还需停留足够长的时间，固体物质在回转窑内的停留时间为30~120 min；烟气在回转窑内的流速控制在3~4.5 m/s，停留时间约2 s；烟气在二燃室的流速一般控制在2~6 m/s，停留时间大于2 s。工程中通过布置供风和辅助燃烧器的布置来增加扰动，促进废物与氧气充分接触[179]。空气过剩系数大，燃烧速度快，但供风量较大，产生的烟气量大，使后续的烟气处理负荷增大。有文献报道，实际应用中通常取回转窑的空气过剩系数为1.1~1.3，回转窑+二燃室总过剩空气量系数为1.7~2.0[180]。

3. 耐火材料设计

耐火材料选用原则：①耐磨性良好，以抵抗物料的磨损和热气流冲刷；②化学性能稳定，以抵抗炉内化学物质的侵蚀；③热性能稳定，以抵抗炉温的变化对材料的破坏；④致密性高、通透气孔率小，以减少酸性气体侵入钢制外壳发生酸性腐蚀的概率；⑤选择合适的耐火度，经济耐用。国内外危险废物焚烧工程中，回转窑采用的耐火砖主要有莫来石刚玉砖、高铝砖。

4. 焚烧系统监控设计

焚烧系统需监控的参数主要有：回转窑焚烧温度、回转窑内压力、回转窑外表面温度和焚烧烟气中的氧含量等。另外，还应装设观察孔和高温摄像装置，以便观察和监视窑内废物焚烧状况。

（二）回转窑操作方式

按气体、固体在回转窑内流动方向的不同，回转窑可分为顺流式回转窑（co-current flow kiln）和逆流式回转窑（counter-current flow kiln）[178]，见图9-2。

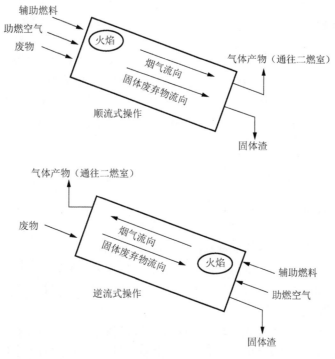

图 9-2　回转窑操作方式示意图

顺流式回转窑内，危险废物在窑内预热、燃烧及燃尽阶段较为明显，进料、进风及辅助燃烧器的布置简便，操作维护方便，有利于废物的进料及前置处理，同时烟气停留时间较长；在逆流操作模式下，回转窑可提供较好的气、固废物的接触混合，传热效率高，可增加其燃烧速度。

逆流操作方式需要复杂的上料系统和除渣系统，成本高；同时，由于气、固相对速度大，烟气带走的粉尘量相对较高，增加了控制回转窑内燃烧状况和烟气停留时间的难度。实际工程中顺流式回转窑焚烧炉更适于危险废物的处理，应用更多。

（三）回转窑处理中的问题

回转窑处理危险废物在实际的工程中也存在一些问题，如结焦问题、安全问题等，需要进一步解决，优化系统[181]。结焦问题发生有两种情况：低熔点盐类在炉内的结焦；窑尾出渣口部位的密封片处缝隙有冷空气渗入和除渣机中的水分蒸发导致局部温度下降而形成结焦。存在的最大安全问题是：回转窑内压力在短时间内迅速增高，超过极限值，造成设备损坏、有害烟气等物质外泄，甚至发生爆炸。

三、炉排焚烧炉

危险废物炉排焚烧技术是在回转窑和二燃室焚烧技术上发展起来的，炉排焚烧炉具有适应性强、运行稳定、炉内温度配风合理、残渣热灼减率低、故障少等特点。炉排焚烧炉是生活垃圾焚烧的主流技术，在危险废物焚烧处置领域，机械炉排炉往往作为回转窑一燃室后的固态残渣在二燃室得到应用[182]。

（一）炉排炉工作方式

炉排焚烧炉大体可分为三段：干燥段、燃烧段、燃尽段。废物受炉壁和火焰的辐射热，从表面开始干燥，部分产生表面燃烧现象；接着在燃烧段产生旺盛的燃烧火焰，并在后燃烧段进行静态燃烧；最后在燃尽段完全燃烧。由于危险废物的形态多样性，常含有各种不规则固体、低熔点废物及含水分较高的废物，因此，对于混合型危险废物并不适合单独使用炉排炉对其进行焚烧处理[183]。一般在回转窑尾部增加炉排装置，充分利用炉排使废物有效地翻转、搅拌，可有效解决危险废物难燃尽的问题。

炉排炉选用倾斜往复式炉排，并采用分段送风方式，炉排炉的焚烧示意图见图 9-3。危险废物残渣从回转窑落下来，沿着炉排面由前上方向后下方缓慢移动，空气则由炉排下方向上供应[184]。往复炉排运行过程中，炉排与物料有相对运动。

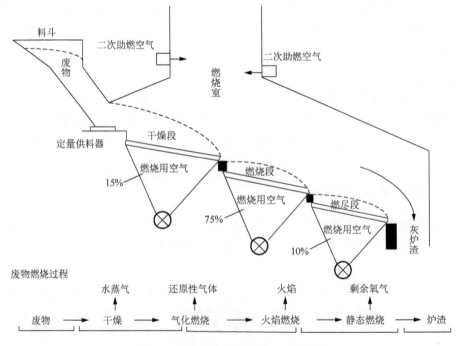

图9-3　机械炉排炉的焚烧示意图[185]

当活动炉排向前方推动时，部分未燃尽物料被推到已燃着物料的上部，促使未燃尽的物料仍有机会燃烧。当活动炉排向后方返回时，又带回一部分已燃着的物料返到尚未燃尽的物料底部，对未燃尽物料进行加热。物料在被推动过程中，不断受到挤压，同时物料又缓慢翻滚，使着火的物料层得到充分的松动，有足够燃烧时间，并准备迎接下一个炉排往复运动。

（二）炉排炉类型

炉排式焚烧炉按炉排功能可分为干燥炉排、点燃炉排、组合炉排和燃烧炉排；按结构形式可分为移动式、往复式、摇摆式、翻转式、回推式和辊式炉排炉等[107]。

（1）移动式（链条式）炉排。通常使用持续移动的传送带式装置。点燃的废物在移动翻转过程中完成燃烧，炉排燃烧的速度可根据废物组分性质及其焚烧特性进行调整。

（2）往复式炉排。由交错排列在一起的固定炉排和活动炉排组成，它以推移形式使燃烧床始终处于运动状态。炉排有顺推和逆推两种方式，马丁式焚烧炉的炉排是一种典型的逆推往复式炉排，这种炉排适合处理不同组分的低热值废物。

（3）摇摆式炉排。是由一系列块形炉排有规律地横排在炉体中。操作时，炉排有次序地上下摆动，使物料运动。相邻两炉排之间在摇摆时相对起落，从而起到搅拌和推动废物的作用，完成燃烧过程。

（4）翻转式炉排。由各种弓形炉条构成。炉条以间隔的摇动使废物向前推移，并在推移过程中得以翻转和拨动。这种炉排适合轻质燃料的焚烧。

（5）回推式炉排。是一种倾斜来回运动的炉排系统。废物在炉排上来回运动，始终交错处于运动和松散状态，由于回推形式可使下部物料燃烧，适合低热值废物的焚烧。

（6）辊式炉排。它由高低排列的水平辊组合而成，废物通过被动的轴子输入，在向前推动的过程中完成烘干、点火、燃烧等过程。

（三）炉排炉特点

炉排焚烧炉内废物燃烧的工艺特点如下。

（1）燃烧温度。燃烧温度是指废物中的可燃物质和有毒有害物质在高温下完全被分解、破坏、焚毁所需达到的温度。一般温度范围在 800～1000℃。

（2）燃烧过程。废物在炉排上的焚烧过程大致可分为三个阶段。

第一阶段：干燥、脱水和着火。为了缩短废物水分的干燥和烘烤时间，炉排区域的一次进风均需经过加热（可用高温烟气或废蒸气对进炉空气进行加热），温度一般在 200℃左右。

第二阶段：高温燃烧。通常炉排上的废物在 900℃左右燃烧，因此炉排区域的进风温度必须相应低些，以免过高的湿度损害炉排，缩短使用寿命。

第三阶段：燃尽。废物经完全燃烧后变成灰渣，在此阶段温度逐渐降低，炉渣被排出炉外。

（3）停留时间。废物焚烧的停留时间有两层含义：一是指废物从进炉到排出之间在炉排上的停留时间，一般该停留时间为 1～1.5 s；二是指废物焚烧产生的有毒有害烟气，在炉内焚烧至无害化所需的时间，一般在 850℃以上，停留 2 s。该停留时间是决定炉体尺寸的重要依据。

四、流化床焚烧炉

流化床焚烧炉通常采用石英砂、煤渣等惰性材料为床料，床料在流化风的作用下以近似流体的流化态存在，燃料进入炉内在床料的作用下经历破碎和燃烧的过程。其优点在于可实现稳定低污染焚烧、燃烧速度快和炉床负荷大等[186]。在低品质燃料（煤矸石、揭煤、油页岩等）及生活垃圾热处置领域有广泛的应用，近年来也用于危险废物的焚烧处置。

流化床焚烧炉根据风速和垃圾颗粒的运动状况可分为固定层、沸腾流动层和循环流动层[107]。

（1）固定层。气速较低，垃圾颗粒保持静态，气体从垃圾颗粒间通过。

（2）沸腾流动层。气速超过流动临界点的状态，从而在颗粒中产生气泡，颗粒被剧烈搅拌而处于沸腾状态。

（3）循环流动层。气体速度超过极限速度，气体和颗粒之间激烈碰撞混合，颗粒在气体作用下而处于飞散状态。

流化床焚烧炉主要是沸腾流动层状态，图 9-4 所示为流化床的结构。废物被

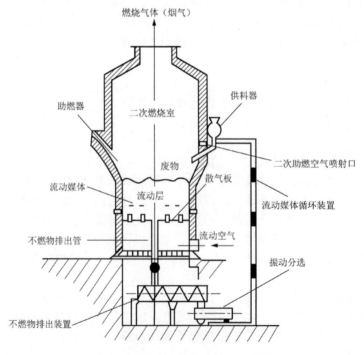

图 9-4　流化床焚烧炉的结构图[185]

投入炉内，与炉内的高温流动沙（650～800℃）接触混合，瞬间气化并燃烧。未燃尽成分和轻质废物一起飞到上部燃烧室继续燃烧。不可燃物和流动沙沉到炉底，一起被排出，混合物分离成流动沙和不可燃物，流动沙可保持大量的热量。因此流回炉内循环使用，70%左右废物的灰分以飞灰形式流向烟气处理设备。

通常进入流化床焚烧炉的废物颗粒不大于 50 mm，否则大颗粒的废物会直接落到炉底被排出，达不到完全燃烧的目的，所以流化床焚烧炉都配备了大功率的破碎装置。流化床焚烧炉运行和操作技术要求高：若废物在炉内的沸腾高度过高，则大量的细小物质会被吹出炉体；相反，鼓风量和压力不够，沸腾不完全，则会降低流化床的处理效果。因此需要非常灵敏的调节手段和相当有经验的技术人员操作。

流化床焚烧炉主要是作为危险废物焚烧系统的二燃室使用。例如，浙江大学开发的危险废物回转式流化冷渣三段焚烧炉，回转窑作为整个焚烧系统的预处理部分，危险废物在炉内完成干燥、热解和部分燃烧过程。流化床作为二燃室，从回转窑掉落的炉渣在床料的沸腾燃烧作用下，得到破碎并达到较高的燃尽率。回转窑热解产生的可燃成分和有害物质在二次风作用下充分燃烧、分解[183]。

五、液体注射焚烧炉

液体注射（liquid injection，LI）焚烧炉，是用泵抽吸的方法来处理液体废物，直接将废物输送到燃烧室燃烧或用雾化喷头将废物喷到火焰区域或燃烧室（炉）的燃烧区域。凡是流动性的废液、泥浆及污泥都可以用它来销毁。液体注射焚烧炉结构简单，通常为内衬耐火材料的圆筒（水平或垂直放置），配有一个或多个燃烧器。废液通过喷嘴雾化为细小液滴，与助燃空气系统进入的空气混合，在高温火焰区域内以悬浮态燃烧。

（一）喷雾器

废液雾化的效果直接影响燃烧效率，因此将液体注入燃烧室或者焚烧炉的方式是一个优良系统设计最重要的部分。喷雾器的设计需要注意三方面。

（1）将液体分散成和空气混合良好的薄雾以提高燃烧效率。

（2）燃烧区域的小液滴设计成所需形状，同时使其具有足够穿透力和动能。

（3）控制液体进入燃烧系统的流速。

（二）助燃系统

助燃空气和雾化液滴的适当混合很重要。当液体气化并且加热到点燃温度时，氧气和碳氢化合物蒸气混合并且燃烧产生热量。此时，温度突然升高，使液滴周围区域的气体速度增加，引起更好的混合作用，从而完成反应。

如果气化的液体中含有固体，那么焚烧炉的设计必须允许颗粒能在气流中稳定存在而不会结块。一个较大的漩涡或者气旋会使固体颗粒重新结块成更不易燃烧的较大颗粒，所以空气混合装置的设计和喷头的位置显得尤为重要。这些颗粒表面适当的氧气浓度能保证渐进氧化的发生。对于固体颗粒，燃烧首先发生在它们的表面，然后热才传到颗粒的中央。要使悬浮中的颗粒充分燃烧，必须提供足够的时间。

（三）燃烧室

液体注射类型的焚烧系统一般采用第一和第二燃烧室。第一燃烧室用来燃烧那些具有足够热值而不需要辅助燃料的废物。如果燃烧室设计良好，热值大约在10460 kJ/kg 及以上的可以自行燃烧而不需要辅助燃料。燃烧室的设计（如空气混合度、紊乱度等）决定了不需要辅助燃料就能燃烧的最小热值。

相对于绝热温度的总热值为燃烧室燃烧颗粒废物的能力提供一个指导。低强度或者薄火焰燃烧室需要较高的过量空气水平（25%～60%）来提供废物燃料混合空气，这种燃烧室通常的空气压力差在 50～150 mm（0.498～1.4946 kPa）。高强度的燃烧室能够在 1200℃、10%过剩空气下氧化热值为 10456 kJ/kg 的废物。而低强度的燃烧室在1200℃、40%过剩空气下能够燃烧废物的最小热值是 13479 kJ/kg，这种燃烧室要燃烧 10456 kJ/kg 的废物需要辅助燃料。

（四）常见液体注射焚烧炉

液体注射焚烧炉最常见的设计为水平或直立的圆筒（图 9-5 和图 9-6），高热值废液可直接由燃烧器喷入炉内直接焚烧，废水及低热值废液则须辅以燃料，以提供维持适当温度所需的最低热量。燃烧器喷出的火焰和废液喷出的位置及方向可以调整，以达到最佳焚烧效果。

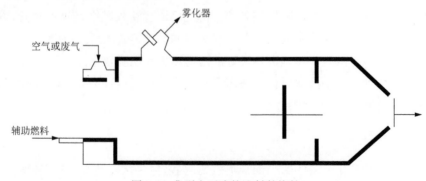

图 9-5　典型水平液体注射焚烧炉

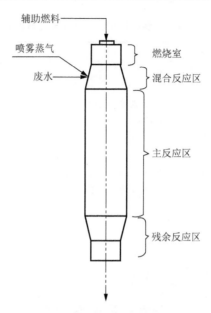

图 9-6　典型直立液体注射焚烧炉

（五）设计需要考虑的其他问题

　　加工业中产生的许多液体废物包括有机废物、含水有机废物、含水无机废物是很难分类和隔离的。如果是有机废物，那么在大多数情况下都是支持燃烧的，可以被注入第一燃烧室中。许多有机废物可以作为燃烧炉、过程炉和水泥、石灰聚合窑的燃料使用。必须要注意含水废物喷头的尺寸、位置、数量及方向。机械雾化喷头在设计时必须要控制需要雾化的液体流速，确保通过整个流体范围内要求的最好喷洒形状和液滴尺寸。必须要保护雾化喷头免受废物流泄漏造成的余热危害。保持雾化流体流动就能达到这个目的。在很多设计中，雾化喷头是可以从燃烧室或者焚烧炉中物理取出的，这样是为了防止在不用它时喷头嘴被烧坏。

　　为了氧化废物流中包含的有机成分，必须每时每刻为焚烧炉提供充足空气。当废物含水率大于 75%时，该水溶液是不能点燃的。如果废物包含灰分（盐），需要考虑采用最高操作温度来解决难熔物质的碎片问题。含水废物通常注射在焚烧炉第一燃烧室下游的低温区域，而不是直接注射到高温区域。

　　无论是燃烧含水废物还是利用有机废物作为辅助燃料，首要目的都是完全氧化废物中的有机成分。所以，必须创造条件来为各种将要焚烧的废物提供必要的雾化、混合、温度和时间等方面的数据。完全是有机成分的废物通常会进入第一燃烧室以便为热值较低的废物流提供必要的输入热量和所需温度。如果含水废物流在高温时并不引起耐火材料的问题，那么只要它不降低第一燃烧室的温度（1200℃以下），就可以和有机废物一起进入第一燃烧室。

　　表 9-3 所示为上述几种主要危险废物焚烧设备的特性比较。

表 9-3　主要危险废物焚烧炉型特性比较

炉型	工作方式简介	特点
回转窑焚烧炉	倾斜放置，物料在内部经历干燥、热解、焚烧过程	燃料适应性广，能燃烧固、液、气等各种形态的废料
炉排焚烧炉	物料置于炉排上进行焚烧，三段燃烧：干燥段、燃烧段、燃尽段	焚烧操作连续化、自动化，在危险废物焚烧领域往往作为回转窑一燃室后的二燃室
流化床焚烧炉	物料借助床料实现均匀传热和燃烧	物料在床料中呈沸腾状燃烧，效率较高；较难接纳较大颗粒；主要是作为危险废物焚烧系统的二燃室使用
液体注射焚烧炉	液体注射，废液通过喷嘴雾化为细小液滴，在高温火焰区域内以悬浮态燃烧	专门用于废液处置

六、其他焚烧设备

危险废物焚烧炉还有许多其他类型，表 9-4 为各类型焚烧炉的特性比较[163]。

表 9-4　焚烧炉型比较

炉型	工作方式简介	特点
VOCs 焚烧炉	安装热能回收装置，以降低辅助燃料用量	专门用于废气处置
固定炉床焚烧炉	炉床盛料，燃烧在炉床表面进行	炉床与燃烧室构成一体，采用手工间歇式操作，不适用于处理大量的废弃物和橡胶、焦油类以表面燃烧形态燃烧的废物
活动炉床焚烧炉	炉床盛料，燃烧在炉床表面进行	炉床活动以使废物在炉床上松散移动，改善焚烧条件，自动加料和出灰操作
多层炉	废弃物在垂直的钢制圆筒多层炉膛内焚烧，从上至下直至燃尽	物料在炉内停留时间长，烟气产物相对少；投资大，维护成本高
等离子体电弧炉	利用电弧产生的热量来高效处理废料	具高能量密度和高温，短时间内快速反应

第五节　危险废物焚烧工艺

一、焚烧工艺简介

危险废物的焚烧处理过程对技术要求较高，需要化学工程、燃烧工艺、自动化技术和信息技术的密切配合。焚烧系统通常包含进料、燃烧和烟气处理三大部分，有些也有余热利用系统。整个工艺流程可以简单概括如下[187]：进料系统中液态危险废物经雾化后可由废液喷枪直接喷入焚烧系统；固体危险废物一般通过密封门，由推料机等送入焚烧系统。废物在焚烧系统内点燃，并充分

附注 9-6　《危险废物污染防治技术政策》中"鼓励危险废物焚烧余热利用。对规模较大的危险废物焚烧设施，可实施热电联产"。

燃烧，燃烧后的残渣由出渣系统排出。高温烟气经余热锅炉回收热量，将热能转化为热水和蒸气。烟气经过急冷、脱酸、除尘、再加热的净化系统后排放。

二、焚烧控制要求

危险废物焚烧处置对控制系统提出的要求是多方面的，最终可以归纳为三项要求：安全性、经济性和稳定性[188]。

安全性是指整个生产过程中要确保人身和设备的安全，这是最重要也是最基本的要求。在控制系统中，可以采用参数越限报警、事故报警和连锁保护等措施。

经济性是指生产同样质量和数量的产品所消耗的能量和原材料最少，即要求生产成本低而效率高。这个要求在市场竞争剧烈和能源极度紧张的今天，显得越来越重要。控制系统通过实现生产过程局部或整体最优化来达到经济性的要求。

稳定性是指系统具有抑制外部干扰，保持生产过程长期稳定运行的能力。

第六节　焚烧烟气处理和热回收

一、热量利用

当烟道气离开第二燃烧室时温度在 $1000 \sim 1200 ℃$，包含颗粒物质，也可能含有酸性气体，如 HCl、Cl_2 及其他卤素、SO_2、P_2O_5，还有必须去除或回用的热量。其处理方式有两种：热量回用；热量不回收，冷却或者淬熄烟道气。

（一）热量回用

热回收装置费用较高，所以热量回收通常都是出于经济利益[189]。焚烧厂可以通过各种方式利用焚烧系统中的热量，热回收的方法和在工厂中的典型用途如图 9-7 所示。

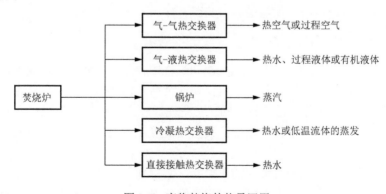

图 9-7　废物焚烧的热量回用

热回收方式的选择取决于应用特点、工艺设备的需要及经济因素。

1. 余热利用方式

对于区域性大型危险废物焚烧厂，根据余热回收形态，余热利用方式分为水冷却型、半余热回收型及全余热回收型。三种方式的区别在于最终余热形式是水还是蒸汽，水冷却型产生的是温水或高温水，全余热回收型产物是高压蒸汽[69]。

低压蒸汽及高压蒸汽的利用途径如下所述[38]。

（1）厂内辅助设备自用。用于空气预热，利用蒸汽将助燃空气加热至 150～200℃，促进燃烧效果；或用蒸汽将经过湿式除酸的烟气温度提升至130℃进烟囱排放，避免因烟气温度过低而导致烟囱腐蚀及白烟现象的出现。对高含水率废物进行干燥或预浓缩，减少废物中的水分，节省能量。

（2）厂内生产用汽。大型综合性危险废物处置设施，同时具有综合利用设施，如废有机溶剂的蒸馏提纯、废矿物油的加工等，都需要相应的蒸汽，因此可以根据处置设施的配套情况，用于厂内生产。这种利用方式应注意的是废物焚烧与其他综合利用设施运行的同步性。

（3）生活用汽（水）。在冬季，可利用产生的蒸汽进行厂内及周围区域的生产与生活区的供暖；夏季可利用溴化锂机组进行制冷。这种利用方式应注意的问题是焚烧系统运行的稳定性，特别是在需要供热和制冷的冬、夏两季。

（4）区域蒸汽利用。将焚烧产生的热量送至附近的发电厂或区域集中供热设施。

热量回用装置很昂贵，所以热量回用与否主要是出于经济考虑。在欧洲，燃料的费用较高，所以热量的回用要比美国普遍。在美国，从危险废物焚烧炉中回用的热量通常不是商业行为，因为只有很少的一部分热量用于在设施内产生蒸汽，而将蒸汽出售给厂地外消费者的可能性很小（通常是因为危险废物焚烧炉离消费者居住地较远），而且蒸汽发电的经济效益也很差。危险废物焚烧炉可能有较好的经济效果，也就是这一点使热量回用变得可行。

2. 冷却与余热利用设备

（1）急冷设备。为了避免在烟气冷却过程中再生成二噁英，以及保证后续的烟气处理系统在较低温度运行的稳定性和安全性，需要对烟气进行降温。对危险废物焚烧而言，温度降低比较合理的工艺是先通过余热锅炉使烟气温度由 1100℃左右降至 600℃左右，然后采用急冷装置使温度在短时间内通过二噁英再合成的温度区间。

急冷装置是一个比较难设计的传热器，其特别之处在于，在采用水作为急冷剂的情况下，装置内同时存在烟气与水之间传热与传质两个过程。因此需要很好的雾化效果和布水均匀性，烟气流量越大，这种均匀性越差。许多急冷系统采取同向流设计，主要是因为二燃室垂直、烟气流向向下。根据我国有关技术标准的要求，急冷装置应保证烟气从500℃降至200℃的停留时间小于1 s。

（2）余热锅炉。余热锅炉一般分为两种类型，即管壳式余热锅炉（水管式）和烟道式余热锅炉（火管式）。两者的区别是锅炉传热管内流动的流体不同，前者流动的为软化水，后者流动的是烟气。管壳式余热锅炉与管壳式换热器结构相似，主要是高温反应气体与冷却介质（水）间接换热产生蒸汽。烟道式余热锅炉类似于一般锅炉，高温气体通过耐火材料砌成的炉膛，与布置在炉膛内管束中的水间接换热产生蒸汽，高温气体的压力一般不高，因此设计中应主要考虑辐射传热的影响。

（二）烟气淬熄

烟道气的冷却分为直接式和间接式两种。直接冷却是利用惰性介质直接与尾气接触以吸收热量，水具有较高的蒸发热，可以有效降低尾气温度，且产生的水蒸气不会造成污染，因此水是最常用的介质。固体吸热效率较差，但不增加排气量，吸收的热量也可回收，常用于高温金属熔炉排气系统。空气冷却效果差，且会造成尾气系统容量增加，很少单独使用。间接冷却是用传热介质经由余热锅炉、换热器、空气预热器等热交换设备，以降低尾气温度，同时回收废热，产生水蒸气或加热燃烧所需的空气。

二、尾气处理

危险废物经过焚烧处理以后，会产生大量的烟气，其中常含有灰尘、酸性气体、有机有毒气体、无机有害污染物及重金属气体等物质。常见的污染物按照其物理化学性质分类如下：颗粒物（即灰尘）；酸性气体（NO_x，HCl，HS，SO_2，SO_3，HF，H_2Br 等）；重金属污染物；不完全燃烧产物（CO，C，$C_mH_nO_iCl_jN_k$ 等）；有毒有机物（PCDDs，PCDFs，TCDDs 等）。根据我国焚烧烟气排放的有关规定，危险废物焚烧烟气须经过净化处理且各项排放指标达规定数值后才能排放。

（一）净化处理系统

危险废物焚烧烟气的净化处理系统一般按照危险废物焚烧时产生烟气中污染物质的组成特性及具体的净化处理要求进行设计。对于微型或小型危险废物焚烧炉的烟气净化处理，由于烟气产量较小，不适宜采用大规模的净化处理设备进行处理，可以有针对性地采用某些特殊用途的净化装置进行直接综合处理，而不必采用全部种类的净化设备一步一步地处理。对于大中型烟气净化系统，则应该严格按照处理的要求，仔细设计。

大部分危险废物焚烧炉的空气污染控制系统需要两个功能组件：①从烟道气流中去除颗粒物的系统或者装置；②去除酸性气体的系统或装置。这两个功能可以通过湿系统、干系统或两者结合来实现。目前，对于烟气污染物质的处理按照产生废水的特性，可以分为干式、湿式和半干式三类方法。

湿式处理法一般是采用文丘里洗涤器+湿式洗气塔或者静电防尘器+填料吸收塔的组合净化处理系统。其特点是污染物净化效率较高，排放达到的指标较好。但是，其工艺过程较为复杂，投资费用较高。

干式处理法是指采用干式洗气塔+布袋除尘器的组合净化处理系统。其特点是工艺过程相对比较简单，投资和运行费用均较低，无须废水处理系统。但其净化效率较低，难以达到污染控制指标的要求，对于烟气变化时的适应性也较差。

半干式处理法是指采用半干式洗气塔+静电除尘器或布袋除尘器组合而成的净化处理系统。其同时具备净化效率高、投资费用低、运行管理费用少等优点。但是，这种处理方法的技术要求高，操作控制和管理的过程参数较为苛刻。

上述三种处理方法对一般污染物质的净化处理效果较好，如灰尘脱除，酸性气体的洗脱，大部分重金属污染物的去除均有较高的效率，但是对氮氧化物、二噁英及其他一些微量有机气体，脱除的效果较差。如果要对这些物质进行净化脱除，则必须在后续工艺中添加其他设备进行净化处理。另外，某些低蒸发点的重金属也比较难以用现有方法脱除，需要附加净化设备进行脱除。

（二）颗粒物的去除

颗粒物去除技术有干法和湿法两种，干法颗粒物去除设备包括静电除尘器、布袋除尘器。湿法颗粒物去除设备有文丘里洗涤器、湿式电离洗涤器、湿式静电除尘器。各设备工作方式简介列于表9-5。

表9-5　颗粒物去除设备工作方式

名称	工作方式简介
静电除尘器	悬浮在气流中的颗粒物受轰击而带电，在静电力作用下从气体中分离出来
布袋除尘器	布袋除尘器由可渗透性物质构成，通过筛滤、截获、冲撞、重力沉降、静电吸引力、扩散作用使颗粒物从气体中分离
文丘里洗涤器	由两锥体组合而成，交接部分面积较小，气体进入后与洗涤剂混合，所夹带的粉尘混入液滴中而被去除。除尘效率与以上两种相当，使用大量水，可防止易燃物质着火，并具有吸收酸性气体的功能
湿式电离洗涤器	由高压电离器及交流式填料洗涤器组成，气体中的颗粒物在电离器中被充电而带负电，通过洗涤器时与填料或洗涤水滴接触并附着
湿式静电除尘器	是干式静电除尘器的变型，气体进入静电场之前进行喷雾，荷电粒子与液滴一起迁移至收集板，促进了颗粒物的捕集

（三）酸性气体的去除

在危险废物焚烧炉系统中，常见的酸性气体有 HCl、SO_2、HF，偶尔也存在

HBr。酸性气体的去除系统分为干燥和湿润系统，湿润系统有着较高的去除效率，使用的中和物质数量比干燥系统多。

酸性气体的干燥去除系统有：干石灰注射器和干洗刷物——喷雾干燥器。干燥的去除系统通常带有一个纤维过滤器来收集中和酸性气体形成的盐类。

湿润系统中，流出物是该酸的盐溶液，如 $CaCl_2$、$NaCl$、$CaSO_4$ 或 Na_2SO_4。这些盐溶液通常从洗刷器上去除并且进入厂内的污水处理设施接受处理。

（四）重金属的脱除及控制

许多危险废物中含有重金属化合物和易挥发或蒸发的重金属成分，当危险废物被焚烧处理时，这些重金属成分会随飞灰或黏附于飞灰进入烟气中，其中一些会挥发或蒸发形成气态进入烟气，与烟气一起流出。如果流出烟道直接进入环境，其必将引起非常大的危害。根据目前的许多研究报道，去除烟气中重金属污染物质的基本方法及其原理如下。

（1）降低烟气温度，使蒸发的重金属气体重新凝结或团聚到灰尘的颗粒上，然后通过除尘器收集灰尘去除重金属。采用这种方法时，通常是通过洗涤除尘进行降温且和除尘同时进行。但实际上降低温度时，许多酸性气体都将出现凝结，势必造成严重的酸性腐蚀。因此，这种方法仅适用于在 250℃左右能凝结和团聚的重金属气体。

（2）催化作用，使重金属与其他物质反应生成溶于水的物质，在洗涤塔中通过清洗将重金属的化合物去除。

（3）活性炭吸附法，先吸附到活性炭上，然后随即将活性炭的重金属混合物一起通过布袋除尘器脱除。

（4）设法形成某种饱和温度较高的化合物，在温降不大的前提条件下，进行凝结、收集和脱除重金属的各个分过程。除了最常见的重金属元素汞以外，其他还有 Cr、Pb、Mn 及各价离子。可以采用的药剂有氮化钠、硫化钠等物质。

（五）NO_x 和二噁英的脱除

目前，危险废物焚烧烟气中 NO_x 和二噁英脱除的工业应用技术均不够成熟。常用的技术措施是控制来源和焚烧过程，避免污染物的二次生成。其控制工艺如图 9-8 所示。

控制来源是指对危险废物进行成分来源的监控，对含有 NO_x 和二噁英物质的废物进行分离，或者将易于在化学反应中生成这类物质的物质进行剔除，从而减少焚烧过程中上述污染物的生成，但这种方法很难实现。

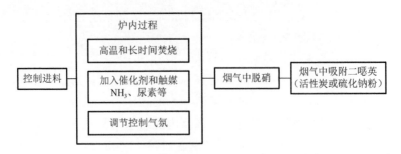

图 9-8　控制和脱除 NO_x 和有机毒物的工艺

焚烧过程的控制一般是控制输入焚烧炉进行焚烧的空气流量，使焚烧反应尽可能地少产生有害气体。例如，多级或分级输入空气，可以大幅度减少 NO_x 的生成。再如，焚烧温度高于 1000℃、停留时间不小于 2 s 是一个公认分解二噁英的有效方法。焚烧过程控制也包括控制氧化剂的浓度及焚烧的反应氛围，通常氧浓度控制在 10%左右，可以在给定焚烧时间对 PCDDs 和 PCDFs 进行分解。

此外，净化系统中喷入活性炭粉末可以吸附二噁英类，因此使用时可以与布袋除尘器联合工作，即向烟气中先喷入活性炭粉末，吸附过程结束后进入布袋除尘器将活性炭粉末脱除。

三、排放监测

国家对危险废物焚烧炉排放监测项目及频率有明确规定。

（1）无论焚烧炉在运行或开停机期间，监测装置都应联机以收集来自连续排入监测器的数据，应安装和操作连续监测系统以测量和记录的参数有：烟尘、一氧化碳、氮氧化物及二氧化硫，还应监测氧气含量，"确保焚烧炉出口烟气中氧气含量达到 6%～10%（干烟气）"。

（2）对烟气黑度、氯化氢、氟化氢、重金属及其化合物等的监测应根据需要确定监测频率，每季度至少监测 1 次。

（3）周期性地监测烟囱排放物中的二噁英类物质 PCDDs 和 PCDFs，并对其监测技术有明确要求（《危险废物（含医疗废物）焚烧处置设施二噁英排放监测技术规范》）。

（4）对其他不完全燃烧的产物和重金属、污染控制装置中的残余物、灰烬或炉渣等也应进行监测。

思　考　题

1. 简述焚烧法处置危险废物的要求、特点及机理。
2. 简述危险废物焚烧预处理和配伍的主要内容及相关规定。

3. 简述危险废物焚烧处置设备的类型及特点。

4. 简述回转窑焚烧炉的操作方式和焚烧模式，以及焚烧过程中的主要问题。

5. 简述炉排焚烧炉的工作方式和焚烧特点。

6. 简述液体注射式焚烧炉结构及设计时需要考虑的问题。

7. 简述 VOCs 焚烧炉的类型及各自特点和应用范围。

8. 简述危险废物焚烧工艺流程及控制要求。

9. 简述危险废物焚烧热量利用方式及需要注意的问题。

10. 通过文献调研，简述如何控制危险废物焚烧尾气污染。

11. 简述危险废物焚烧炉排放监测项目及频率。

第十章　危险废物填埋处置技术

第一节　危险废物填埋场规划与选址

一、填埋场规划

危险废物填埋场规划是在地区环境保护总体规划的基础上，根据区域危险废物处置规划制定的，其中，企业自行建设的危险废物填埋场则根据企业危险废物处置规划制定。填埋场规划的整个实施过程分为规划、设计和运行管理三个阶段，在规划时要综合考虑各个具体的实施步骤。因此，在制定填埋场规划时，除了要考虑国家危险废物管理规划外，还必须充分考虑到下列规划和调查内容：①地区环境保护和工业总体规划；②区域危险废物处置规划；③环境影响评价；④环境保护对策；⑤环境监测结果；⑥场址恢复计划；⑦其他。填埋场规划主要内容包括填埋场选址、计划填埋容量、计划填埋年限和场址恢复计划。

二、填埋场选址

确定填埋场场址首先要确定选址的条件和标准。场址必须满足地区的环境保护和工业总体规划、满足选址和土工设计标准，还要获得公众的接受，这一点很重要[190]。一般先列出满足所要求条件可能的场址名单，然后在地图上以危险废物产生区域为圆心，以经济运输距离为半径画出"寻找区域"。如果在这个"寻找区域"内无法找到适宜的填埋场场址，可以适当加大"寻找区域"的半径。

（一）场址确定条件

填埋场的投资和工程量巨大，如果发现场址选择错误而出现对环境造成污染时，一般也难以放弃旧场址而重新选择新场址，因此，场址的确定是一个复杂而重要的过程。通常认为，选择一个好的场址，填埋场就已经成功了一半。一般通过考虑以下内容来选择场址。

1. 法规要求

在场址选择之前，要尽可能地收集与此有关的各种法规文件，详细阅读并研究其对填埋场场址选择的影响。例如，法律禁止在水源保护地、各种自然保护区（如森林保护区、濒危生物保护区、动物保护区等生态保护区）、农业保护区、文物保护区内建立填埋场。

2. 运输距离

场址如果选在远离废物产生地区会大大增加运输费用，即增加了废物的处置费用。一般将危险废物处置的经济运输距离定为50km，即由废物产生地到填埋场的运输距离不宜超过50km。废物的运输一般采用公路运输，但是在有条件时也可以考虑采用铁路和水路运输，无论采用何种运输方式，必须进行环境风险评价，必须配置必要的事故应急设施、措施和应急计划。

3. 周边条件

填埋场应与周围环境尽可能地协调、融洽：①填埋场不能破坏周围的环境，包括自然环境和周围居民的生活环境；②填埋场的运行不能干扰该区域内原有设施的正常运行；③填埋场应尽可能地远离人们的视线、交通要道及高速公路；④废物运输时尽可能不要穿越人口稠密的村镇和交通繁忙的道路；⑤应该充分考虑电力、通信、供水、交通等基础设施的状况，否则，将会增加填埋场的建设费用或给填埋场的运行增加困难。此外，在规划和选址阶段必须考虑填埋场建设对居民心理的影响，尽量减少这一心理因素对填埋场建设和运行的影响。

4. 地形地质条件

地形条件制约着填埋场场址的选择范围、填埋容量和建设工程量。例如，在河网地区和湿地，一般不能建设填埋场；在低洼地区，也要考虑洪水淹没的可能。地质条件对于填埋场的建设也是非常重要的。填埋场应避开地质断裂带、坍塌地带、地下溶洞（喀斯特地貌），以防止废物渗滤液对地下水的污染风险；应该尽量选择有较厚的低渗透率土层和地下水位低的地区，以降低防渗工程的费用和减轻填埋场对环境的压力；应尽量避开软土地基和可能产生地基沉降的地区，以防止在填满废物后由于重力作用造成填埋层沉降，进而破坏防渗衬层，造成废物渗滤液渗漏污染地下水[191]。

5. 地区发展计划

填埋场的建设必须与地区的发展协调一致。一方面，危险废物填埋场的规划与建设要充分考虑到由于地区经济结构调整和工业发展而导致的废物产生量和废物性质的变化；另一方面，场址的确定要考虑场址周围地区的社会、经济、文化的发展，以防止填埋场在运行期和封场后成为这些发展的阻碍。因此，在填埋场规划、选址和设计时必须对所在地区的发展计划有充分、深入的了解，并对将来的发展做出合理的预测[192]。

表10-1列出了一些不适合修建填埋场的场地及限制因素[8]。

表 10-1　不适合修建填埋场的场地

场地	选址限制因素与条件
机场	距涡轮喷气式飞机机场 3000 m；距活塞式飞机机场 1500 m。更近距离的填埋场必须要证明其不会给飞机带来来自飞鸟的威胁
洪泛平原	100 年的洪泛平原。位于 100 年洪泛平原内的填埋场设计，须不阻碍洪流，不减少洪泛平原的临时储水容量，不能导致固体废物被水冲走而对人体健康和环境造成危害的情况发生
湿地	新建填埋场不能位于湿地上，除非：①不存在可行的，环境风险更小的替代方案；②不会发生违反其他地方法律的情况；③不会导致或加剧湿地的显著退化；④已采取合适的和可行的步骤最大限度地减少潜在的负面影响；⑤决策所需资料充分
断层区	新建填埋场不能位于全新世（距今 1 万年）以来活动过的断层线两侧 61m 范围内
地震影响区	位于地震影响带内的新建填埋场必须证明其所有污染防治构筑物（衬层，渗滤液收集系统，地表水控制构筑物）是按抵抗场地内岩石化材料（液态或松散物质固结成岩）的最大水平加速度来设计的
不稳定区	位于不稳定区域内的新建填埋场必须证明其设计能保证结构部件的稳定性。不稳定区域包括滑坡的坡前地带，灰岩孔密集的喀斯特地貌区，以及受地下矿井影响的区域。已建成的设施中不能证明其结构部件能够保持稳定的，要求自法规实施之日起 5 年内关闭

（二）场址确定步骤

（1）首先，根据有效的运输距离确定选址区域。在该区域内，根据法规、已确定的选址标准、城市发展规划、地形、地质条件等选出可能场址。然后与当地有关主管部门（土地、规划等）讨论可行场址的名单。另外，需要充分考虑公众的反应和反馈。根据这些讨论、调查提出初选场址名单。

（2）对初选场址进行必要的土工、地质调查，然后分别由有关专家作出包括地质、技术、经济、社会等方面因素的评价。这一评价如果是量化的评分，在评分之前需要确定评价因子、评分标准和加权系数。根据评价结果排出初选场址的评价顺序。将评价顺序靠后的场址排除掉，选出 1～3 个场址作为备选场址。

（3）对备选场址进行初步勘探，提出选址报告，提交政府主管部门决策。选址报告应该包括场址水文地质调查、填埋场建设所需材料资源调查、环境影响评价及填埋场规划等必要的可行性研究内容。根据这一报告，有关决策部门在专家论证的基础上，最终确定填埋场场址。

（三）场址选择方法

当前，用于填埋场场址选择的方法有：灰色聚类法、模糊评价法、层次分析法、GIS 法等。在这些方法中，层次分析法是一种有效的定量与定性相结合的多目标决策分析方法，也是一种优化技术，经过多年发展已较为成熟，近年来在场址选择等多个领域发展迅速。其基本原理是：将各要素以上一层次为准则，对该层次因素进行两两比较，依照规定的标度量化后写成矩阵形式，即构成判断矩阵。然后，根据两两比较算出各因素的权重和各因素的评价标准。最后，根据综合评分确定最优方案[193]。

应用层次分析法，其过程为[193, 194]：首先建立层次结构模型，将危险废物填埋场综合适宜性作为层次分析的目标层（A）；将填埋场选址的制约因素作为层次分析的资源层（B），包括运输条件（B1）、环境保护条件（B2）、建厂条件（B3）、地质条件（B4）；将制约因素的子系统作为层次分析的元素层（C层和D层），即更为具体的标准，如图10-1所示。

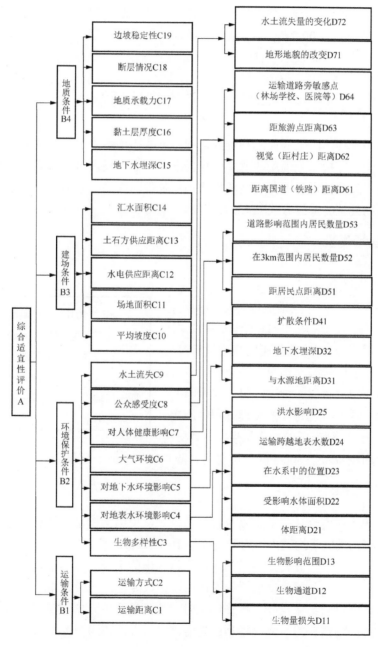

图 10-1 危险废物填埋场选址的层次分析法结构模型

通过多名相关专业资深专家根据经验判断对影响因素中的每 2 个因素之间的重要性做出标度判断，并列成矩阵，最终获得所有因素的平均权重系数。根据评价标准和各场址影响因素的实际情况进行评分，一般可采用 3 分制，最高 3 分，最低 1 分，评分之间的最小分差为 0.5 分。最终计算出场址适宜度的综合评价分数。将所有候选场地的综合评分结果进行排序，排在前列的作为推荐场址。适宜性等级标准，90～100 为最佳；80～90 适宜；70～80 较适宜；60～70 勉强适宜；50～60 不适宜；<50 极不适宜。

第二节　危险废物填埋场

对危险废物的污染源控制与资源化利用不能完全解决危险废物的产生问题，而且经过焚烧等技术处理后的危险废物仍会有一定的残留量，必须采用经济可行的方法进行安全处置。因此安全填埋法仍然是危险废物处置的主要方法，也是目前危险废物处置的最终方式[8]。

一、填埋场类型

（一）平面型

当地面不适于开挖堆放固体废物的沟槽时，使用平面型填埋场。填埋操作通常以修建一个废物坝开始，废物紧靠废物坝堆放成薄层并压实：废物卸下后，在地面上铺成窄长条形，呈层状（下覆底衬层）堆放，每一层厚 40～75cm。每一层都要在每日的填埋过程中压实。根据废物类型，每一天的操作结束时，需在填

> **附注 10-1**　《危险废物安全填埋处置工程建设技术要求》
> 　　5.2.2 填埋场类型的选择应根据当地特点，优先选择渗滤液可以根据天然坡度排出、填埋量足够大的填埋场类型。

埋废物上面覆盖 15～30cm 的盖层材料，防止废物暴露于环境中。

（二）沟槽型

对于覆土厚度合适且地下水位较低的区域，使用沟槽型填埋场。在沟槽型填埋场中，废物堆放于沟槽内，沟槽一般长 30～120m，深 1～2m，宽 4～8m。填埋操作如下：开始时，先开挖沟槽的一段，将挖出的土堆放在沟槽边形成一个堤。在安装好底衬层后，将废物放置于沟槽中，铺成薄层，一般为 40～60cm，压实。达到预定的高度后结束操作。操作结束时，达到最终单元填埋高度。覆盖材料通过开挖相邻的沟槽获得，或直接利用先前挖出后堆放在沟槽旁边的土。

（三）凹坑型

填埋操作可有效地利用自然形成的或人工开挖的凹坑，如峡谷、冲沟、采石场等。凹坑填埋中废物的堆放和压实技术因场地几何形状、覆土特性、水文、地质情况及入场途径的不同而不同。

> **附注 10-2**　《危险废物安全填埋处置工程建设技术要求》
>
> 5.1.3 危险废物安全填埋场应包括接收与储存系统、分析与鉴别系统、预处理系统、防渗系统、渗滤液控制系统、填埋气体控制系统、监测系统、应急系统及其他公用工程等。

二、填埋场构造

危险废物安全填埋场构造一般分为柔性构造、刚性构造和刚柔结合构造。柔性构造是以有机合成材料[常用高密度聚乙烯（HDPE）膜]和黏土配合作为防渗构造的填埋场，目前是危险废物填埋场的主要构造。刚性构造以钢筋混凝土作为框架结构，配合有机合成材料（常用 HDPE）作为防渗构造的填埋场。刚柔结合构造是在柔性构造的基础上加入地下腹壁挡墙。

三、填埋场组成

典型的危险废物安全填埋场必须具有两大基本构造系统：防渗层和渗滤液收集系统；覆盖系统。覆盖系统由上至下依次是：植被覆盖层、植被支撑层、横向排水层、土工膜防渗层、压实黏土层、废物层。防渗层和渗滤液收集系统由上至下依次是：渗滤液收集层、土工膜防渗层、渗滤检测层、土工膜防渗层、压实黏土层。可靠的底部防渗层可加强渗滤液的收集，减少污染物在底层的转移；有效的覆盖层可以减少有害气体的溢出和地表水的渗透。

四、填埋场容量

计划填埋量是指在计划填埋年限中各年计划填埋量的总和与覆土量之和。由于废物种类变化，造成废物密度变化，填埋场实际填埋量会发生变化，与计划填埋量有出入。年填埋量实际上是填埋场服务区域内废物排出量，该排出量一般根据调查统计得出，但调查时得出的废物产生量需要减去废物的综合利用量和处理量后，再加上综合利用残渣和废物处理残渣后才是需要处置的危险废物量。

覆土是填埋场运行的必要步骤，根据所填埋危险废物的种类和性质，填埋场也会选取覆土的工艺步骤。因此在考虑废物填埋总容积时要将覆土所占体积计算进去。

第三节　危险废物填埋预处理技术

对于不能直接进入填埋场的危险废物需进行固化/稳定化处理。本节所介绍的固化/稳定化技术广泛应用于危险废物的处理，包括：工业危险废物的处理；危险废物填埋预处理；污染土壤处理等。

一、基本概念

通常，稳定化过程是选用某种适当的添加剂与废物混合，以降低废物的毒性和减小污染物到生态圈的迁移率。因此，它是一种将污染物全部或部分固定于作为支持介质的黏结剂或其他形式添加剂上的方法。固化过程是一种利用添加剂改变废物工程特性（如渗透性、可压缩性和强度等）的过程，其目的是减小废物的毒性和可迁移性，同时改善被处理对象的工程性质。固化可以看作是一种特定的稳定化过程，也可理解为稳定化的一个部分，但它们又有所区别。

固化（solidification）：在废物中添加固化剂，使其转变为不可流动固体或形成紧密固体的过程。固化的产物是结构完整的整块密实固体，这种固体可以方便地按尺寸大小进行运输，而无须任何辅助容器。

稳定化（stabilization）：将有毒有害污染物转变为低溶解性、低迁移性及低毒性物质的过程。稳定化一般可分为化学稳定化和物理稳定化，化学稳定化是通过化学反应使有毒物质变为不溶性化合物，使之在稳定的晶格内固定不动；物理稳定化是将污泥或半固体物质与一种疏松物料（如粉煤灰）混合生成一种粗颗粒、有土壤状坚实度的固体，这种固体可以用运输机械送至处置场。实际操作中，这两种过程是同时发生的。

还有以下几个名词用于描述固化/稳定化过程。

固定化：具有固化和稳定化作用的过程。

限定化：将有毒化合物固定在固体粒子表面的过程。

> 附注 10-3　《危险废物安全填埋处置工程建设技术要求》中对固化和稳定化的定义：
>
> 　　3.7 稳定化：选用某种适当的添加剂与危险废物混合，发生某种物理或化学变化，将其转变为低溶解性、低迁移性及低毒性物质的过程。
>
> 　　3.8 固化：在危险废物中加入某些添加剂，使其转变为紧密固体的过程。

包容化：用稳定剂/固化剂凝聚，将有毒或危险废物颗粒包容或覆盖的过程。

目前所采用的各种固化/稳定化方法往往只适用于处理一种或几种类型的废物，尚未研究出一种适于处理全类型危险废物的最佳固化/稳定化方法。根据固化基材及固化过程，目前常用的固化/稳定化方法主要包括：①水泥固化；②石灰固化；③塑性材料固化；④有机聚合物固化；⑤自胶结固化；⑥熔融固化（玻璃固化）和陶瓷固化。

二、物理化学过程

固化/稳定化技术有多种处理方法，这些方法的主要目的都是将废物中的有害物质转化为物理、化学特性更加稳定的惰性物质，降低其有害成分的浸出率，或使之具有足够的机械强度，从而满足再生利用或处置的要求。目前较为成熟的固化/稳定化技术所利用的主要过程包括以下四个。

（1）包容过程：包容一般指物理包容，利用基材将有害物质的颗粒包封以隔离水分，从而防止可溶性有害物质的浸出，有害物质与基材之间不发生反应。包容是固化所依据的主要机理。

（2）吸附过程：吸附过程指各种气体、蒸气或可溶性物质被浓集附着在固体表面上的过程。有害组分由于分子引力（范德华力）或价键力固定于具有大表面积的多孔性吸附剂表面。前者称为物理吸附，以活性炭吸附为代表，一般不具有选择性；后者称为化学吸附，吸附剂对吸附质通常具有选择性。

（3）化学反应过程：被处理的物质通过与添加剂或水分发生沉淀、离子交换、分解、络合等反应，生成无毒性的或不溶性的产物而被固定。其中生成无毒化合物的过程在危险废物处理上称为解毒。

（4）其他过程：还有许多物理化学过程被逐渐应用于固体废物的固化/稳定化处理。如气提、膜过程、超临界流体过程等。但是这些过程的应用，大部分被用于特殊的场合，或尚在试验和探索阶段。

三、固化/稳定化技术

在利用一种特定的技术来稳定废物中有害物质时，并不是单独利用上述的某一种物理化学过程。在大多数情况下，是两种以上过程的综合效果。例如，用水泥固化重金属镉可能是包容、物理吸附、沉淀、同晶置换等共同作用的结果。硅酸盐水泥遇水发生反应生成水化硅酸钙（C-S-H）凝胶等水化产物，C-S-H凝胶的空隙很小，渗透性低，可以把 Cr 包容起来；同时，C-S-H 凝胶具有较大的比表面积，能对 Cr 离子产生吸附作用；在水泥水化反应过程中，其周围形成高碱性环境，Cr 可以发生沉淀反应，形成低溶解度的氢氧化物沉淀使离子不易浸出；C-S-H 凝胶为层状硅酸盐结构，Cr 离子能替换其晶格中的 Ca、Al、Si 离子，从而被固定在晶格中。但在这些平行的过程中，总是有一种作用，或者是起到了稳定化的主要作用，或者是为人们所利用最主要的方面（如固化对于建筑材料的作用）。

在固化/稳定化技术的分类上，以这种具有突出地位的过程为归属。对选定的废物类型，每种稳定化药剂的效果见表 10-2。表 10-2 的应用取决于几种因素，如污染物浓度、药剂的数量、多种污染物与稳定剂的协同作用。

表 10-2　适于废物稳定化的稳定剂

废物成分	水泥基	火山灰基	热塑性材料	有机聚合物
非极性有机物：油脂、芳烃、卤代烃、PCBs	可能阻止固定。很长一段时期后降低耐久性。搅拌时挥发。特定条件下的示范效果	可能阻止固定。很长一段时期后降低耐久性。搅拌时挥发。特定条件下的示范效果	有机物可能加热蒸发。特定条件下的示范效果	可能阻止固定。特定条件下的示范效果

废物成分	水泥基	火山灰基	热塑性材料	有机聚合物
极性有机物：酒精、酚类、有机酸、乙二醇	苯酚将明显地延缓固定，短期内降低耐久性。很长一段时期后降低耐久性	苯酚将明显地延缓固定，短期内减少耐久性。酒精可延缓固定。很长一段时期后降低耐久性	有机物加热蒸发	对固定没有显著影响
酸，如盐酸、氢氟酸	对固定没有显著影响。水泥可中和酸。证实类型Ⅱ和Ⅳ的波特兰水泥比类型Ⅰ具有更好的耐久性特性。有示范效果	对固定没有显著影响。相容，可中和酸。有示范效果	结合前能中和	结合前能中和。尿素甲醛树脂证实有效
氧化剂，如钠、次氯酸盐、钾、高锰酸盐、硝酸、重铬酸钾	相容	相容	可能引起基质的破坏、解体	可引起基体的破坏、解体
盐，如硫酸盐、卤化物、硝酸盐、氰化物	延长固定时间，降低耐久性。硫酸能延缓固定和引起散裂，除非使用特殊的水泥。硫酸盐会加速其他反应	卤化物容易浸出，延缓固定。卤化物可延缓固定，大多数容易浸出。硫酸能延缓或加速反应	硫酸盐和卤化物可脱水和再水合，引起散裂	相容
重金属，如铅、铬、镉、砷、汞	相容。可延长固定时间。特定条件下有示范效果	相容。对特定的成分（铅、镉、铬）有示范效果	相容。对特定的成分（铜、砷、铬）有示范效果	相容。对砷有示范效果
放射性物质	相容	相容	相容	相容

（一）包容固化技术

1. 水泥固化

水泥是最常用的危险废物稳定剂。它是一种无机胶结材料，经过水化反应后可以生成坚硬的水泥固化体。以水泥为基本材料的固化技术最适用于无机类型的废物，尤其是含有重金属污染物的废物，如固定电镀工业产生的污泥和其他类型的金属氢氧化物废物。也有研究者用水泥对焚烧飞灰进行固化[195]，飞灰掺入水泥基质中，在一定条件下，飞灰经物理、化学作用更进一步减少飞灰中有害物质的迁移率。其中的重金属成分与水泥反应最终生成氢氧化物或络合物，并停留在水化硅酸盐胶体 C-H-S 表面上，且水泥为重金属提供一个碱性环境，抑制其渗滤。有机物对于水泥固化过程有干扰作用，减小最终产物的强度，并使稳定化过程变得困难。在固化过程中加入黏土、蛭石及可溶性的硅酸钠等物质，可以缓解有机物的干扰作用，提高水泥固化的效果。

水泥固化危险废物具有若干优点：水泥已经被长期使用于建筑业，其操作、混合、凝固和硬化过程的规律都已经为人们所熟知；相对其他材料来说，其价格和所需要的机械设备比较简单，且由于水泥的水化作用，在处理湿污泥或含水废物时，无须对废物做进一步脱水；用水泥进行稳定化可以适用于具有不同化学性质的废物，对酸性废物也能起到一定的中和效果。水泥固化的缺点是：在水泥固化过程中，由于废物组成的特殊性，常会遇到混合不均匀，过早或过迟凝固，产品的浸出率较高、强度较低等问题。影响水泥固化的因素很多，为在各种组分之间得到良好的匹配性能，在固化操作中需要严格控制 pH、配量比、凝固时间等条件。

2. 石灰固化

石灰固化所使用的固化基材有石灰、水泥窑灰及熔矿炉炉渣等。石灰中的钙与废物中的硅铝酸根形成水合硅酸钙、水合铝酸钙、水合硅铝酸钙等物质，然后将废物中的重金属等有害成分吸附于所产生的胶体结晶中，只用石灰为基材的系统能提供较高的 pH。但是其强碱性并不利于两性元素的固化和稳定，该系统的固化体具有多孔性，有利于污染物质的浸出，且抗压强度和抗浸泡性能不佳。石灰固化的最终产物并不能提供足够的结构强度，因此通常情况下并不单独使用。石灰与凝硬性物料结合会产生能在化学及物理上将废物包裹起来的黏结性物质。化学固定法中最常用的凝硬性物料是粉煤灰和水泥窑灰。这两种物料属于固体废物，因此这种方法具有共同处置的明显优点。

例如，对 Cd 污染农田施用石灰、粉煤灰、钢渣、高炉渣等碱性物质可以提高土壤的 pH，促进重金属生成硅酸盐、碳酸盐、氢氧化物沉淀。有研究显示，在 Cd 污染土壤上施用石灰，一般土壤施用 750 kg/hm²，使土壤中重金属 Cd 有效态含量降低 15%左右[196]。施用石灰 2~5 年后，收获作物（土豆、胡萝卜）中含 Cd 的量下降 30%~50%[197]。施用粉煤灰处理重金属污染土壤后，收获的莴苣中 Zn、Cd、Cu、Ni 的浓度降低[198]。

3. 塑性材料固化

塑性材料固化法属于有机性固化/稳定化处理技术，由使用材料的性能不同可以把该技术划分为热固性塑料包容和热塑性塑料包容两种方法。

（1）热固性塑料包容：热固性塑料是指在加热时会从液体变为固体并硬化的材料，危险废物可利用热固性有机聚合物达到稳定化。目前使用较多的材料是脲甲醛、聚酯和聚丁二烯等。一般在操作过程中废物与材料之间不进行化学反应，所以包封的效果取决于废物自身的形态（颗粒度、含水量等）及聚合的条件。

（2）热塑性塑料包容：热塑性塑料高温下软化或熔融，熔融的塑料与危险废物混合，冷却以后，废物就为固化的热塑性物质所包容，包容后的废物可在经过一定的包装后进行处置。常用的热塑性物质有沥青、石蜡、聚乙烯、聚丙烯等。在 20 世纪 60 年代末出现的沥青固化，因为处理价格较为低廉，被大规模应用于处理放射性废物。沥青具有化学惰性，不溶于水，具有一定的可塑性和弹性，对于废物具有典型的包容效果。

（二）熔融固化技术

熔融固化技术，也称为玻璃化技术，该技术是将待处理的危险废物与细小的玻璃质（如玻璃屑、玻璃粉）混合，经混合、造粒成型后，在 1000～1100℃ 高温下熔融形成玻璃固化体，借助玻璃体的致密结晶结构，确保固化体的永久固定[199]。该技术在国外已经用于研究被有机物污染的土壤并进行了中等规模试验。对某些类型的危险废物及被污染土壤进行玻璃固化处理后得到的产品，可以作为玻璃制造厂的原料或者作为修筑道路的骨料。

玻璃固化所得到的残渣浸出性能及在此过程向大气中排放大量挥发性物质的问题，也是该技术是否能在今后广泛应用的关键。过程中的气体排放物，可以在收集以后利用通常的大气治理技术令其达到排放标准。玻璃化的产物可以用做高卫生标准的回填物，或代替砾石作为填埋场的排水层骨料等。

（三）自胶结固化技术

自胶结固化是利用废物自身的胶结特性来达到固化废物的目的。该技术主要用来处理含有大量硫酸钙和亚硫酸钙的废物，如磷石膏、烟道气脱硫废渣等。废物中所含有的 $CaSO_4$ 与 $CaSO_3$ 均以二水合物的形式存在，即 $CaSO_4 \cdot 2H_2O$ 与 $CaSO_3 \cdot 2H_2O$。将它们加热到 107～170℃，脱水生成 $CaSO_4 \cdot 0.5H_2O$ 和 $CaSO_3 \cdot 0.5H_2O$，这两种物质在遇到水以后，会重新恢复为二水合物，并迅速凝固和硬化。将含有大量硫酸钙和亚硫酸钙的废物在控制的温度下煅烧，然后与特制的添加剂填料混合成为稀浆，经过凝结硬化过程即可形成自胶结固化体。这种固化体具有抗渗透、抗微生物降解和污染物浸出率低的特点，同时，自胶结固化工艺简单，不需要加入大量添加剂。

（四）药剂稳定化技术

药剂稳定化技术，以处理重金属废物为主，该技术在废物无害化的同时，使废物少增容或不增容，从而提高危险废物处理处置系统的总体效果和经济性。药剂稳定化技术包括氧化/还原电势控制技术和沉淀技术。

氧化/还原电势控制技术：为了使某些重金属离子更易沉淀，常要将其还原为最有利的价态。最典型的是把 Cr^{6+} 还原为 Cr^{3+}、As^{5+} 还原为 As^{3+}。常用的还原剂有硫酸亚铁、硫代硫酸钠、亚硫酸氢钠、二氧化硫等。

沉淀技术：常用的沉淀技术包括氧化物沉淀、硫化物沉淀、硅酸盐沉淀、共沉淀和络合物沉淀。

1. 氧化物沉淀

氧化物沉淀是最常用、最简单的沉淀方法，其原理为：加入碱性药剂，将废物的 pH 调整至使重金属离子具有最小溶解度的范围，从而实现其稳定化。常用的 pH 调整剂有石灰[CaO 或 Ca(OH)$_2$]、苏打（Na$_2$CO$_3$）、氢氧化钠（NaOH）等。另外，大部分固化基材，如普通水泥、石灰窑灰渣、硅酸钠等也都是碱性物质，它们在固化废物的同时，也有调整 pH 的作用。

2. 硫化物沉淀

重金属稳定化技术中三类常用的硫化物沉淀剂包括可溶性无机硫沉淀剂、不可溶性无机硫沉淀剂和有机硫沉淀剂（表 10-3）。

表 10-3　常用的硫化物沉淀剂[8]

硫化物类别		化学式
可溶性无机硫沉淀剂	硫化钠	Na$_2$S
	硫氢化钠	NaHS
	硫化钙（低溶解度）	CaS
不溶性无机硫沉淀剂	硫化亚铁	FeS
	单质硫	S
有机硫沉淀剂	二硫代氨基甲酸盐	[—R—NH—CS—S]$^-$
	硫脲	H$_2$N—CS—NH$_2$
	硫代酰胺	R—CS—NH$_2$
	黄原酸盐	[RO—CS—S]$^-$

无机硫沉淀是除氢氧化物沉淀外应用最广泛的一种重金属药剂稳定化方法。原因在于大多数重金属硫化物在所有 pH 下的溶解度都大大低于其氢氧化物。但是为了防止 H$_2$S 的逸出和沉淀物的再溶解，仍需要将 pH 保持在 8 以上。需要注意的是，硫化剂的加入要在固化基材的添加之前，因为废物中的钙、铁、镁等会与重金属竞争硫离子。

3. 硅酸盐沉淀

硅酸根与重金属反应生成一种可看作由水合金属离子与二氧化硅或硅胶按不同比例结合而成的混合物，这种硅酸盐沉淀在较宽的 pH 范围（2～11）有较低的溶解度。硅酸盐沉淀在实际处理中应用得并不广泛。

4. 共沉淀

一些重金属，如钡、镉、铅的碳酸盐溶解度低于其氢氧化物，但碳酸盐沉淀法并没有得到广泛应用。原因在于，当 pH 较低时，二氧化碳会逸出，即使最终的 pH 很高，最终产物也只能是氢氧化物而不是碳酸盐沉淀。

在非铁二价重金属离子与 Fe^{2+} 共存的溶液中，投加等量的碱调节 pH，则有反应

$$xM^{2+} + (3-x)Fe^{2+} + 6OH^- \Longrightarrow M_xFe_{3-x}(OH)_6 \qquad (10\text{-}1)$$

生成暗绿色的混合氢氧化物，再用空气氧化使之再溶解，经络合而生成黑色的尖晶石型化合物（铁氧体）$M_xFe_{3-x}O_4$。

$$2M_xFe_{3-x}(OH)_6 + O_2 \Longrightarrow 2M_xFe_{3-x}O_4 + 6H_2O \qquad (10\text{-}2)$$

在铁氧体中，三价铁离子和二价金属离子（也包括二价铁离子）之比是 2∶1，因此可以铁氧体的形式投加 Mn^{2+}、Zn^{2+}、Ni^{2+}、Mg^{2+}、Cu^{2+}。

例如，对于含 Cd^{2+} 的废水，可投加硫酸亚铁和氢氧化钠，并用空气使其氧化，这时 Cd^{2+} 就和 Fe^{2+}、Fe^{3+} 发生共沉淀而包含于铁氧体中，因而可被永久磁铁吸住，不用担心氢氧化物胶体粒子不好过滤的问题。把 Cd^{2+} 集聚于铁氧体中，使之有可能被永久磁铁吸住，这就是共沉淀法捕集废水中 Cd^{2+} 的原理。

5. 络合物沉淀

络合剂可与重金属离子配位形成非常稳定的可溶性螯合物，如磷酸酯、柠檬酸盐、葡萄糖酸、氨基乙酸、EDTA 及多种天然有机酸。螯合物比相应的非螯合物具有更高的稳定性，这种效应称为螯合效应。

螯合效应对 Pb^{2+}、Cd^{2+}、Ag^+、Ni^{2+} 和 Cu^{2+} 等重金属离子都有很好的捕集效果，去除率均达到98%以上；对 Co^{2+} 和 Cr^{3+} 的捕集效果较差，但去除率也在85%以上。络合或螯合稳定化处理效果优于无机硫沉淀剂的处理效果，得到的产物能够在更宽的 pH 范围内保持稳定，同时还具有更高的长期稳定性。

第四节　填埋场防渗层和渗滤液收集系统

一、填埋场防渗层系统

（一）防渗层结构

依据不同的地基基础条件，填埋场的防渗结构可以分为三种[8]，防渗层结构示意如图 10-2～图 10-4 所示。

（二）防渗层设计

防渗层的目的是将污染物与土壤、地下水隔开，防止渗滤液污染土壤和地下水。安全填埋场的运行与防渗层的设计与建造的质量直接相关。

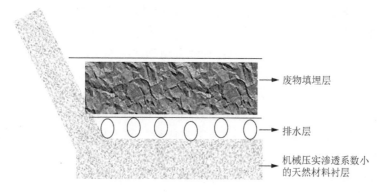

图 10-2　天然材料衬层结构示意图

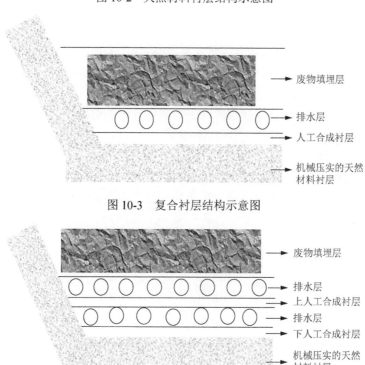

图 10-3　复合衬层结构示意图

图 10-4　双人工衬层结构示意图

1. 防渗材料

防渗材料选择的依据是渗透系数小、稳定性好、价格便宜。目前通用的主要有两种：黏土（天然黏土、改良土）和人工合成材料（高密度聚乙烯、聚氯乙烯、氯化聚乙烯、异丁橡胶、氯碘化聚乙烯）。大部分填埋场选用的衬层是复合衬层，即黏土层和人工合成材料层复合形成一个完整的衬层系统[200]。

（1）黏土。黏土是土衬层最重要的成分，可保证较低的渗透率[201]。膨润土是一种天然优质黏土，主要成分是蒙脱石。膨润土吸水后迅速膨胀，形成一层连续的不透水柔性隔离层，可以自动修补缝隙，阻止水分子的通过，还可以吸收周围细小颗粒特别是重金属，吸收后抗渗性还会增加。膨润土已被广泛地应用于国内外填埋场的防渗结构中，但是因用量较大、施工较难、运输困难等缺点而受到限制。

（2）人工合成材料。实际上，黏土只能延缓渗滤液的渗漏，而不能阻止渗漏[202]，因此出现了人工合成的渗透系数小于 1.0×10^{-12} cm/s 的聚合物防渗膜。高密度聚乙烯因其防腐蚀能力强、制造工艺成熟、易于现场焊接、工程实施经验成熟而被广泛应用于填埋场地防渗衬底材料。高密度聚乙烯膜产品的厚度从 $0.25 \sim 3$ mm，间隔 0.25 mm 一个规格，共 12 种规格。对于填埋场底部需承重的防渗层宜采用较厚的型号，对于最终覆盖层则用较薄的型号。

2. 防渗设计

为防止废物溢出的渗滤液污染地下水，填埋场需要在填埋坑底部铺设防渗层，即将防渗材料按照一定的结构铺设于坑底。防渗层按其结构可分为单层防渗层与复合防渗层两类。

（1）单层防渗层是指单独使用膨润土或高密度聚乙烯膜等铺设而成的防渗层，北京阿苏卫和天津双口垃圾填埋场均采用了这种结构。单层防渗层造价低，一般在废物毒性小、地下水位低、土质防渗性好时才推荐使用。

（2）复合防渗层是多层结构的防渗系统，各层具有一定的功能，提高了防渗系统的安全性。一个完整的复合防渗层系统应包含以下几个层次，如图 10-5 所示。

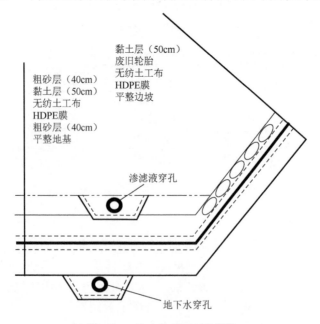

图 10-5　复合防渗层结构[200]

渗滤液排水层是由 40 cm 厚的粗砂层构成，层内按一定的间距设置穿孔管。该层的主要功能是收集废物中流出的渗滤液并排出填埋坑。保护层是用来保护防渗层的安全。例如，在 HDPE 膜上下覆盖无纺土工布，以防止膜被刺穿及减轻地基变形对膜的拉力；HDPE 膜上部铺设 50 cm 厚的黏土层，使膜受力均匀。防渗层主要由防渗材料构成，该层的结构千差万别，有两层 HDPE 膜中间夹一层膨润土的，也有一层 HDPE 膜上铺一层膨润土的，还有单独使用一层 HDPE 膜的。总的来讲，该层至少应设一层 HDPE 膜。

防渗层的层数越多，安全性能越强，但造价也相应提高。因此，在工程实践中，应根据废物性质、场区环境等因素具体分析选取的层数和材料。对于地下水水位较高的区域，应设地下水排水层，防止防渗层受到地下水浮力的作用。地下排水层结构类似于渗滤液排水层：在防渗层下部铺设 40 cm 厚的粗砂层，并设排水管，可将地下水排出场外，保持地下水位距防渗层 1.5～2.0 m。地基在整理时必须夯实、平整、碾压，筑成符合要求的坡度，同时，地基的处理还必须符合整个填埋场渗滤液收集系统的要求。

（3）在坑的边坡上，一般需要设计边坡防渗层，该层不需设渗滤液排水层和地下水排水层。一般操作为：在表面直接铺 50 cm 厚的黏土层，在无纺土工布上铺一层废弃的汽车轮胎，防止斜坡在填埋时受到碾压机械的碰撞，破坏防渗层；为了固定 HDPE 膜和无纺土工布，在填埋坑周边开挖锚固沟（图 10-6），防渗层在填埋坑底部和边坡铺设完后，将边缘埋入锚固沟，用原土填平、夯实。

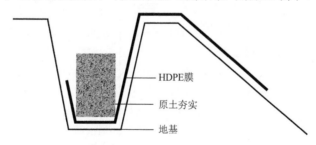

HDPE膜

原土夯实

地基

图 10-6　锚固沟结构示意图[200]

（三）地下水集排水系统

填埋场选址时要尽量避免位于地下水水位之下，如果填埋场衬层发生破损，渗滤液中的物质会污染地下水，同时地下水会大量涌入填埋场，给渗滤液集排水系统造成巨大的压力。另外，由于地下水及地下水中气体的压力，有可能造成衬层的破裂；填埋场周围地下水位上升，造成周围土质下降，从而形成不均匀沉降，造成衬层破裂，甚至引起山体移动、崩塌[8]。

地下水排水系统一般是由砂石过滤材料包裹穿孔管构成的暗沟组成。在管沟下部铺设混凝土管基，管道四周用砂石覆盖。管道的布置，按水流方向布置干管，在横向上布置支管。防止因一根主要管道破损而使整个系统机能丧失，干管一般要两根以上。

地下水排水系统的设计应充分考虑各种不利情况，将排水能力设计得足够大；另外由于水文地质勘探的盲点，在施工中要根据情况对设计进行修订和补充，保证地下水顺畅排出。

二、填埋场渗滤液控制系统

（一）收集和排出系统的构建

衬层防渗系统，可能包括一个或多个渗滤液收集排放系统（leachate collection and removal systems，LCRS）。在危险废物填埋场中，有两个 LCRS 系统：一个是在顶部衬层之上、废物之下的主 LCRS，用来排出废物在储存期间产生的渗滤液；另一个是处于顶部和底部衬层之间的二级 LCRS，用来收集可能通过上层衬层裂口渗出的渗滤液。后者也具有泄漏检测系统的功能。在危险废物的表面集水区，仅需要二级渗滤液收集和排出系统或泄漏检测系统来检测和收集可能通过顶部衬层裂口渗出的渗滤液。

1. 二级 LCRS 的构建

危险废物控制单元的二级 LCRS 建设在底部衬层之上。如果设计要求铺设管路，在软膜衬层（FML）的复合衬层铺设之前，必须在底部黏土衬层挖掘放置管路的沟渠。挖掘沟渠的过程中，应该采取措施监测黏土层的厚度，以便能够达到要求的厚度。沟渠的边缘应该进行圆角处理以防对 FML 造成破

附注 10-4 《危险废物安全填埋处置工程建设技术要求》中规定：

6.5.3 地下水集排水系统

（1）地下水排水系统应由砂石过滤材料包裹穿孔管构成的暗沟组成。在管沟下部应铺设混凝土管基，管道四周应用砾石覆盖。

（2）应按水流方向布置干管，在横向上布置支管。

（3）排水能力设计应有一定富余，管道直径应不小于 200mm。

（4）地下水集排水系统应进行永久维护。危险废物中加入某些添加剂，使其转变为紧密固体的过程。

附注 10-5 美国国会要求所有新填埋场和地表蓄水池都具有双衬层和沥滤液收集、去除系统。在双衬层填埋场中，有两层衬层和两层渗滤液收集、去除系统。要求在初级渗滤液收集、去除系统中有渗滤液收集池，渗滤液收集池中污水要及时排出。要求在次级渗滤液收集、去除系统中有一适当大小的渗滤液监测池，每天监测渗滤液收集池中的液位或进水流速，特别是用来监测顶部衬层的渗滤速率。渗滤液监测池设计指标有两个标准：①渗滤监测灵敏度为 1 加仑/（英亩·天）；②渗滤检测时间为 24h。

双衬层填埋场要求：①LCRS 必须在封场后能安全运行 30～50 年；②要有主 LCRS 和二级 LCRS，主 LCRS 只需要覆盖单元底部（侧壁覆盖随意），二级 LCRS 要求覆盖底部和侧壁。

坏。底部衬层应该仔细铺设，以便有足够的材料来铺设沟渠。同时，应该小心操作，防止破坏低渗透性土壤衬层，并且不允许疏松物质进入沟渠底部。这时，管路放置在沟渠中，并且将必需的排水材料放置在管路周围。

如果在设计中指明使用合成材料作为排水或者基层材料，那么材料需要按照与构建 FML 衬层相似的铺设计划来铺设。铺设合成排水介质之前，需要将存在于沟渠下方 FML 中的泥土和碎片清理干净。铺设的材料应该有足够的重叠区域用来焊合，以便材料没有褶皱和折叠。焊合应该按照规定程序进行。如果颗粒材料应用在排水系统中，则应该谨慎选用铺设和压缩衬层上颗粒状材料的设备。为了避免由交通或人员可能造成的裂口，大的颗粒应该从衬层表面去除。如果复合衬层铺设在二级 LCRS 之上，则在土壤上铺设衬层必须非常谨慎。推荐最初的土壤层不进行压实，随后的土壤层进行轻度压实，直到形成足够的基床时才允许进行全面的压实。规范要求与顶部 FML 接触衬层的最大渗透系数为 $1×10^{-7}$ cm/s。

2. 主 LCRS 的构建

主 LCRS 铺设在顶部衬层上方。随着管网铺设在衬层之上，即没有使用沟渠，多孔管颗粒系统能够被建设。同二级 LCRS 的构建相似，为了避免刺破 FML 和损坏管路，铺设和压实管路上颗粒排水材料时，应该相当谨慎。铺设完成后，推荐冲洗管网系统确保管路保持清洁。

（二）渗流区的监测

为防止危险废物填埋场中渗滤液泄漏对地下水造成污染，应对危险废物填埋场渗流区内地下水进行定期监测[203]。应充分利用填埋场中的每个集水井进行水质和水位的监测；并在填埋场上游及下游布设监测井对地下水进行监测，填埋场上游设置监测井的目的是需在未被设施影响的区域取得填埋区地下水的本底值。

> **附注 10-6**　《危险废物填埋污染控制标准》中地下水监测有明确要求：
>
> 10.3 地下水
>
> 10.3.1 地下水监测井布设应满足下列要求：
>
> a. 在填埋场上游应设置一眼监测井，以取得背景水源数值。在下游至少设置三眼井，组成三维监测点，以适应于下游地下水的羽流几何型流向；
>
> b. 监测井应设在填埋场的实际最近距离上，并且位于地下水上下游相同水力坡度上；
>
> c. 监测井深度应足以采取具有代表性的样品。
>
> 10.3.2 取样频率
>
> 10.3.2.1 填埋场运行的第一年，应每月至少取样一次；在正常情况下，取样频率为每季度至少一次。
>
> 10.3.2.2 发现地下水质出现变坏现象时，应加大取样频率，并根据实际情况增加监测项目。查出原因以便进行补救。

第五节　填埋场覆盖系统

危险废物填埋场覆盖场的设计应考虑封场后的人体健康和安全、美观及场地使用的问题，同时在工程上应注意渗透性、可压缩性、强度等问题。

一、覆盖系统的设计

最终覆盖系统的设计需要保证如下条件[19]：①控制水分进入填埋场系统以减少渗滤液的产生；②对可能向生态系统引进疾病的动物和带菌媒介进行控制；③保护公众不与废物直接接触；④控制气体运动以避免空气质量的降低；⑤减小潜在火灾的可能性，避免空气排放，避免填埋场各部分的毁坏；⑥保证填埋场斜坡上衬层的稳定性，以避免衬层不稳定而导致污染物排放到环境中；⑦控制地表水径流；⑧防腐蚀；⑨防止残余物随风飘扬；⑩减少有毒气体；⑪提供更好看的外观；⑫考虑填埋场封场后土地的使用，必须为植被层提供所需的结构支持，并能承载交通工具的质量。

填埋场最终覆盖层的设计除满足以上条件外，同时还要保证为填埋场提供长期的服务，具有调节潜在弊端机制的能力。例如，下部填埋物发生沉降变形，最终覆盖层应在不被撕裂而危及自身完整性的情况下调节这种变形。季节性变化导致的干燥和湿润，不应导致最终覆盖层的干燥破碎和其他性能的退化。最终覆盖层应保证填埋场不受冻结-融化循环过程所带来的破坏。

覆盖层的组成已在第二节中介绍过，以下介绍各层的作用。

（1）植被层。起到了保护层的作用，可以减少腐蚀；减少降水的渗入；提高蒸发量，把被土壤吸收的水分释放到周围空气中以提高其湿度来减少水分渗入。

（2）水平排水层。由可以自由排水的多孔介质、大颗粒材料、地质网、地质合成材料组成。目的是提高对通过植被层渗入地下的雨水排泄量。水平排水层与上面的隔离层和植被层结合在一起，起到了保护下面隔离层免受干燥、湿润、冰冻、融化过程带来的环境压力。

（3）隔离层。水平排水层之下是一层或多层的隔离层，由地膜、黏土衬层或混合材料等组成，是防止雨水渗入的最后一道屏障。

（4）气体收集层。由多孔沙石和气体收集管道组成，作用是收集可能由填埋场内部释放到空气中的气体。与上面的隔离层之间要放置一层土工布过滤层，防止气体收集材料的堵塞。

（5）最下面是基础层，主要作用是调节填埋场表面的不平和不稳，还可作为建造覆盖系统其他各层时的轮廓线，同时起到提高排水量、减小水压头的作用。

二、覆盖系统的性能

影响覆盖系统长期性能的一个主要因素就是全面或部分的下陷。覆盖系统结构的运动和变形都会降低此结构的有效性。下陷类型和程度在很大程度上取决于填埋场所用材料的性质，而且随着填埋场的不同而不同，即使在同一个填埋场中也会随着具体位置的不同而不同。危险废物填埋场下陷机制包括机械压缩、地表剥蚀和剥落。机械压缩是由于上层废物的质量对下层废物造成的挤压、重排、混合和变形作用而产生的。湿润的待填废物会产生较大的机械压缩。剥蚀是最重要的影响填埋场长期性能的因素，主要是由于生物或物理化学过程（氧化）对废物的降解而产生的。剥落是废物材料块中细小的材料进入较大空隙中产生的，在填埋场长期运行过程中可能出现这种状况。

危险废物填埋场必须对地表水进行控制，以避免腐蚀和沉积物传输。为控制地表水，在危险废物处置设施中使用了一些常规技术，如地表水转移和收集系统，主要目的是减小地表水进入填埋场的可能。地表水转移系统包括筑堤、挖排水沟、修筑倾斜的平地、修建排水管道等。地表水还可通过修建缓坡和种植植被来控制。

第六节　填埋场气体的产生与控制

为阻止填埋场气体（landfill gas，LFG）直接向上或是通过填埋场周围土壤的侧向和竖向迁移，进而通过扩散进入大气层，在填埋场内一般设有气体控制系统，用以收集场中填埋废物所产生的气体，并将其在有控条件下放空或燃烧，其目的在于减少对大气的污染。

一、填埋场气体组成

LFG 是填埋废物中的有机组分通过生化分解所产生的，主要组成为甲烷、二氧化碳和其他痕量有机气体，其中甲烷和二氧化碳是最主要的气体[204]。痕量气体包括 $C_1 \sim C_n$、芳香烃、卤代烃、有机硫化物等，这些非甲烷有机化合物（NMOC）在填埋气中的组成及浓度取决于原始危险废物的组成及所处降解阶段[205]。痕量气体虽然含量很小，但其毒性大，对人体健康危害大。

二、填埋场气体产生

（一）填埋场气体产生量

影响填埋气体产生量的因素很多，因此很难精确估算 LFG 产生量。为此，国外从 1970 年年初就发展了许多不同的理论或实际估算废物填埋场产甲烷量的方法，包括：①评价填埋场物理特征和操作背景；②利用废物量、堆放历史和分解过程建立的数学模型；③现场测试。为确定 LFG 的实际产生量和产生速率，首先需要知道填埋废物的潜在产气量（即理论产气量）。理论产气量一般根据废物的化学计量分子式计算确定，也可以根据废物的化学需氧量计算确定。

1. 经验估算

经验估算需要知道填埋场地尺寸、废物填埋量、填埋平均深度、废物组成、降解速率及该场地的最大容量等有效数据。然后根据废物填埋量和填埋场含水率进行初步计算，就可以得到填埋场目前和远期产气较为简单的估算。经验估算是填埋场初步设计中的有用工具。

2. 化学计量计算

有机废物厌氧分解的一般化学反应可写为

$$有机物质（固体） + H_2O \xrightarrow{\text{细菌}} 可生物降解有机物质 + CH_4 + CO_2 + 其他气体$$

$$(10\text{-}3)$$

假如，填埋场废物中除塑料外的所有有机组分用分子式 $C_aH_bO_cN_d$ 来表示，可生化降解有机废物完全转化为 CO_2 和 CH_4，则可用式（10-4）来计算其气体产生总量。

$$C_aH_bO_cN_d + \left(\frac{4a-b-2c-3d}{4}\right)H_2O \longrightarrow$$

$$\left(\frac{4a-b-2c-3d}{8}\right)CH_4 + \left(\frac{4a-b+2c+3d}{8}\right)CO_2 + dNH_3 \qquad (10\text{-}4)$$

采用化学计量方程式计算填埋废物理论产生量的方法和步骤如下。

（1）制定一张确定废物主要元素百分比组成的计算表，并确定迅速分解和缓慢分解有机物的主要元素百分比组成。

（2）忽略灰分，计算元素的分子组成，建立一张确定归一化摩尔比的计算表格，分别确定无硫的迅速分解有机物和缓慢分解有机物的近似分子式。

（3）计算城市垃圾中迅速分解和缓慢分解有机组分产生 CH_4 和 CO_2 气体的数量、体积和理论气体产额。

3. 化学需氧量法

假设填埋释放气体产生过程中无能量损失；有机物全部分解，生成 CH_4 和 CO_2。则据能量守恒定理，有机物所含能量均转化为 CH_4 所含能量，即

$$有机物所含能量 = CH_4 所含能量 \qquad (10\text{-}5)$$

而物质所含能量与该物质完全燃烧所需氧气量（即 COD）成特定比例，因而有：

$$COD_{有机物} = COD_{CH_4} \qquad (10\text{-}6)$$

据甲烷燃烧化学计量式：$CH_4+2O_2 = CO_2+2H_2O$，可导出

$$1\,g\,COD_{有机物} = 0.25\,g\,CH_4 \tag{10-7}$$

为便于实际测量和应用，将 CH_4 的衡量单位转化为体积（L），得

$$1g\,COD_{有机物} = 0.35\,L\,CH_4\ (0℃，1\,大气压) \tag{10-8}$$

据此，可以计算填埋场的理论产 CH_4 量（即最大 CH_4 产生量）。

由于 CH_4 在填埋场气体中的浓度约为 50%，可近似地认为总气体产生量为 CH_4 产生量的 2 倍，于是可得

$$1\,kg\,COD_{有机物} = 0.7\,m^3\,填埋气体\ (0℃，1\,大气压) \tag{10-9}$$

这样，如果知道单位质量固体废物中的 COD 及总填埋废物量，就可以估算出填埋场理论产气量：

$$L_0 = W \times (1-\omega) \times \eta_{有机物} \times C_{COD} \times V_{COD} \tag{10-10}$$

式中，W 为废物质量（kg）；C_{COD} 为单位质量废物的 COD（kg/kg）；V_{COD} 为单位 COD 相当的填埋场产气量（m^3/kg）；L_0 为填埋废物的理论产气量（m^3）；ω 为废物的含水率（质量分数，%）；$\eta_{有机物}$ 为废物中的有机物含量（质量分数，%）（干基）。

（二）填埋场产气持续时间

刚封场的填埋场内气体成分分布是时间的函数，其产气阶段的持续时间与填埋废物降解难易、温度、湿度、初始压实程度及是否可以得到营养物质息息相关。例如，几种不同的废物被压实在一起，碳/氮比和营养平衡可能会不利于产生 LFG；同样，若填埋场内的废物不能获得足够的水分，则 LFG 的产生将受到抑制。增加填埋场内废物的密度，将会降低生物转化和气体产生速率，使产气时间变长。

三、填埋场气体控制系统

填埋气控制系统分为主动和被动控制系统，其目的是减少 LFG 向大气的排放量及向地下的横向迁移，并回收利用甲烷气体。主动控制系统是采用抽真空的方法来控制气体的运动。被动控制系统是指填埋气体的压力是气体运动的动力。被动控制是在主要气体大量产生时，为其提供高渗透性的通道，使气体沿设计的方向运动。主动控制系统对气体导排效果好，抽出的气体可直接利用，具有经济效益，但是运行成本高；被动控制系统无运行费用，但是排气效率低。当主要气体的产生量变小时，被动控制系统就不再有效。

（一）填埋气体收集器

填埋气体收集器有：垂直井，水平和地表收集器，本节主要介绍前两种。

1. 垂直抽气井

1）井深

为避免渗滤液污染地下水，井孔绝对不能穿透填埋场底部。井深一般不能超过填埋场深度的 90%，具体井深应由现场条件确定。

2）井间距及影响半径

井间距影响抽气效率，等边三角形布局是最常用的布局形式，其井间距离可用式（10-11）计算：

$$D = 2R\cos 30°$$　　　　　　　　　　（10-11）

式中，D 为三角形布局的井间距离；R 为垂直抽气井的有效半径。

一般来讲，井间距离为 30 m。但这是基于不同井之间是等效的假设，与实际情况往往不符，然而在缺少现场实测数据的情况下，这是最好的气井布局方式。对于深度大并有人工薄膜的混合覆盖层的填埋场，常用的井间距为 45～60 m；对于使用黏土和天然土壤作为覆盖层材料的填埋场，井间距约 30 m，以防把空气抽入气体回收系统中。

3）井槽

正常情况下，开槽位置在井筒底部的 1/3～2/3。18 m 深的井一般从底部的 1/2～1/3 开槽；如果井深 12 m，在底部的 1/3 开槽。深井可能要增加开槽宽度。通常井筒上应开相当宽的垂直槽（如宽 6 mm，长 15～36 cm）。

4）井头

井头通常安放在井筒的顶部（水平井和垂直井相同）并用来测量和控制 LFG 从抽气井的产出率。井头装有流量控制阀（监控真空压力、流量），LFG 组成的观测口和收集 LFG 的样品室。井头既可以通过水泥或胶附着在井筒上，也可以用法兰与井筒联结，联结 PVC 弯管必须使用一种特殊的柔性 PVC 水泥，其他成分的弯管应该与不锈钢弯管夹联结在一起。为便于垂直安装的井头临时移动，可用硅氧树脂替代水泥作垂直井筒上的第一层衬套之间耦合黏着剂。

5）井头流量控制

在井头安装流量控制阀，才能有效控制 LFG 流动或表面逸散。

（1）井头真空控制：井头的真空压力与抽气速率直接相关，维持井头真空压力恒定可以控制抽气速率短期变化，但不能很好地调整抽气率。

（2）LFG 组成控制：最大抽气速率可通过测定气井出口甲烷和氮气浓度来确定。抽出气体中的甲烷和氮气浓度可作为衡量抽气是否过量的指标，如果气井抽气过量，地表空气会渗入填埋场，使 LFG 中氮气增加、甲烷减少。这种方法实用、有效，但监测和收集系统较为麻烦。

（3）体积流量比控制：该方法要求使用流量计（总压管，孔板流量计，文丘里管等）实测每口井产气量和总产气量，并采用适宜的流量方程模拟核定，它是确定单井 LFG 流量的最准确方法之一。

6）井的过滤装置

在安装井筒之前，需要在井孔底部铺一到两层水洗砾石，如果井槽总不能延伸到井筒底部，井筒底部应密封，并在其底部布设排水孔。安装完井筒，需要用2.5～4 cm 水洗砾石对井进行回填，作为井的过滤装置，小心加入砾石，以免损坏井筒或使过滤装置与井筒偏心误差过大。

7）井孔密封

井孔密封的方法有两种：孔下密封和表面附近密封。表面附近密封是在填埋场表面或附近增加一密封层，保证气井性能，防止逃逸的 LFG 沿着井孔和覆盖材料的交界面扩散；孔下密封应用较为普遍，密封材料是硅氧树脂或硅氧树脂和膨润土的混合物（含有 10%～50%硅氧树脂）。近年为控制表面逸散和潜在空气干扰，越来越多地采用柔性薄膜的表面附近密封。

8）井筒伸缩连接

双筒式井的滑动式连接能够承受来自不同程度沉降、侧壁负荷和填埋场内环境温度升高等因素产生的巨大压力。在安装部位，地下连接有助于补偿沉降。对于延伸至填埋场底部附近的井筒，特别需要伸缩连接。

2. 水平收集器

水平气体抽排沟（管）一般由带孔管道或不同直径管道相互连接而成，沟宽0.6～0.9 m，深 1.2 m，沟壁一般要铺设无纺布，有时无纺布只放在沟顶。这种水平收集器常用于正在运行的填埋，建设操作如下：先在填埋场下层铺设一个 LFG收集管道系统，然后，在填埋 2～3 个废物单元层后再铺设一水平排气沟（管）井。做法是先在所填废物上开挖水平管沟，用砾石回填到一半高度后，放入穿孔开放式连接管道，再回填砾石并用废物填满。这种方法的优点是，即使填埋场出现不均匀沉降，水平抽排沟仍能发挥其功效。

水平井的水平和垂直方向间距随着填埋场设计、地形、覆盖层，以及现场其他具体因素而变。水平间距范围是 30～120 m，垂直间距范围是 2.4～18 m 或每1、2 层废物的高度。

（二）填埋气体的被动控制

被动控制系统包括被动排放井和管道、水泥墙和截流管道等，其操作是在填埋场最终覆盖层上安装达到危险废物中的排气孔，有时这些隔离通气口是用一根埋在底层中的穿孔管联结起来的，系统由一系列隔离通气口组成。如果在排出气体中甲烷有足够高的浓度，则可以把几个管道连接起来，并装上燃气系统。

由砾石充填的沟渠和埋在砾石中的穿孔塑料管组成的周边拦截沟渠可有效阻截 LFG 的横向运动，并通过与穿孔管道连接的纵向管道收集 LFG 将它排到大气中。为有效收集气体并防止气体从边墙逸出填埋场之外，在沟渠外侧要铺设防渗衬层。

（三）填埋气体的主动控制

主动控制系统可有控制地从填埋场中抽取 LFG，包括内部 LFG 回收系统和控制 LFG 横向迁移的边缘 LFG 回收系统：内部 LFG 回收系统由用于抽排填埋场内的垂直深层抽气井、集气/输送管道、抽风机、冷凝液收集装置、气体净化设备及发电机组成，常用来回收 LFG，控制臭味和地表排放。

边缘 LFG 回收系统由周边气体抽排井和沟渠组成，其功能是回收并控制 LFG 的横向地表迁移。由于边缘提取系统的 LFG 质量通常较低，其 LFG 有时与内部提取系统的 LFG 进行混合，如果没有充足的 LFG 数量或质量，在最小可接受温度下需要补充燃料以进行 LFG 燃烧。随填埋场年限增大，LFG 质量和数量随之减少，这越来越成为一个问题。

四、填埋场气体处理系统

如果难以利用所收集到的 LFG，则必须将其焚毁，将甲烷和其他痕量气体转变为二氧化碳、二氧化硫、氮氧化物和其他无害气体。即使有将 LFG 变为能源的系统，也常设置燃烧系统，以便在产能系统停止运行或出现故障时用于焚烧气体，控制气体迁移。

典型的 LFG 焚烧处理的风机/燃烧站布置如图 10-7 所示。其中，焚烧系统主要设备包括：进气除雾器，流量计，风机，自动调节阀，燃烧器，点火装置，冷凝液收集/储存罐，冷凝液处理设备，管道和阀。

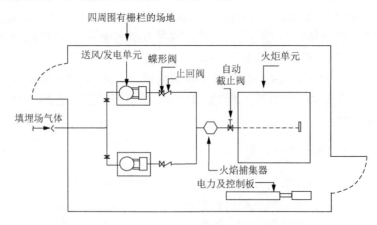

图 10-7　填埋场气体焚烧处理的风机/燃烧站布置

1. 燃烧器

燃烧器有蜡炬式燃烧器和封闭式地面燃烧器两种类型。蜡炬式燃烧器由带有高架燃烧器的垂直管组成，比封闭地面燃烧器的基建成本低，可临时组装，设计时要避免出现断火。封闭式地面燃烧器通常为自然抽气型，能很好地降低燃烧过程的可视性，其效果取决于燃烧体的高度，因此需要多个燃烧器。

燃烧器的设计还需要注意以下问题：①燃烧设施应使用不锈钢管道；②填埋产气管上还应装一个火焰防止装置，以防止火焰回到引风机中；③需要设计进气洗气器，以除去气体中的颗粒和液滴，保护风机正常工作；④在进气口的洗气器前通常安装一个自动调节阀用于调节气流。

2. 风机

根据预期的最坏操作条件确定系统需要的总压力差（最大吸力容积与排放压力），选择引风机的型式及容量。离心式引风机是常用设备。为避免产气波动，可安装一个引风机、一个备用机，或多个单元。机械式密封容易出问题，在抽气侧的引风机密封可以是机械式或迷宫式的，但不应允许过多的空气进入引风机腔。如果引风机轴的密封类型不合适或效果不佳，LFG会泄漏到空气中引起安全问题，并产生 LFG 气味。

第七节　封场及环境监测

危险废物填埋场所需的维护是永久的，并且要为更长远的维护提供最小量的环境保护。危险废物填埋场的管理者或操作者必须对填埋场的封场和封闭场地的维护提供必要的经济支持，并且对封场前后可能出现的紧急/非紧急事故负责。

一、封场和封场后所要考虑的问题

在成功地封闭填埋场并且成功建造最终覆盖层之后，需要对系统进行监测。对系统的监测包括测量填埋场内部的渗滤液水位以防止出现"浴缸效应"。另一个主要考虑的问题就是维护覆盖层的整体性。例如，掘洞动物可能挖掘穿过覆盖系统的洞穴，这就威胁到覆盖系统的整体性。应该对枝繁叶茂的植物进行控制，以防止这些植物的根系破坏覆盖系统的整体性。如果覆盖系统需要满足交通运输的条件，还要对交通运输所产生的影响进行监控。

> 附注 10-7　危险废物填埋场的封场应该"在保护人体健康以及环境所需的程度上，减小或者消灭封场后危险废物、危险组分、渗滤液、污染物径流或者危险废物降解物质释放到地面、地表水或大气中"。

最后，对周围的地表水和地下水进行监测是填埋场最终封场及封场后管理的重要组成部分。在饱和区域需要使用监测井，在非饱和区域需要使用测渗计。

还需要对空气进行监测。在填埋场地表处就可以对填埋场所释放出的气体进行监控，以减小对公众健康和环境的风险。

二、封场和封场后规范

(一)封场过程

计划前阶段包括确认最终场址的地形计划；准备最终场址的排水计划；明确覆盖材料的来源；准备植被覆盖和景观设计；说明主体运行部分的关闭程序；说明场内设施发展的工程计划。

封场前三个月应进行以下工作：完成最终排水控制设施和结构；完成气体导出系统、渗滤液控制系统和监测系统；设立沉降板和其他设备以检测沉降；设立最终覆土系统和植被覆盖。

(二)封场计划

封场计划包括对方法、规范及封场过程的全面描述。

1. 书面计划

危险废物安全填埋场必须有一份书面的封场计划，明确填埋场部分封场或最终封场所需采取的步骤。封场计划应包括以下几方面。

(1)描述各危险废物处理设施如何关闭；

(2)描述设施的最终关闭将如何进行；

(3)估计涉及生命周期中的危险废物最大存储量；

(4)具体描述在部分封场和最终封场过程中，去除或治理所有危险废物残余物和容纳系统中受污染的装置、结构和土壤等；

(5)具体描述部分封场和最终封场时为了达到封场标准而应采取的其他行动，如地下水监测、渗滤液收集、进出场径流的控制等；

(6)各危险废物处理单元和设施的最终关闭日程表；

(7)设计最终气体控制系统和地下水监测系统，并拟定一份达到封场标准的活动日程表；

(8)估算封场费用。

2. 封场费用

为精确估算封场费用，必须知道填埋场的运行周期并较准确地估计覆土量和导气管及相关费用，此外，填埋场封场后护理费用可根据填埋场生命周期进行估算。

三、环境监测

环境监测包括对产气、地下水、地表水和渗滤液的监测。填埋场产出气体和渗滤液控制系统的监测将为填埋场提供有价值的信息。最为重要的是能尽快地发现各种问题，并迅速采取修复行动。这样可以将对环境的危害减至最小，而处理费用也将降至最低。从监测数据可能会发现某些昂贵的设施并没有完成预想的功能，或者这种功能可以以较低的费用完成，可用于未来填埋场的设计。

思　考　题

1. 简述危险废物填埋场规划及选址需要考虑的因素。
2. 简要介绍危险废物填埋场类型及该技术的优势。
3. 简述固化/稳定化技术的应用范围及目前常用的固化/稳定化方法。
4. 简述固化/稳定化技术所利用的物理化学过程的机制。
5. 针对不同类型废物所适用的稳定剂有哪些？
6. 简述危险废物填埋场防渗层系统的结构和防渗层设计需要注意的问题。
7. 简述危险废物填埋场渗滤液控制系统构建和检测的主要内容和需要注意的问题。
8. 简述危险废物填埋场覆盖系统设计需要考虑的问题。
9. 简述危险废物填埋场主要气体及其产生过程、产气量估算方法。
10. 简述填埋场气体控制系统的分类及选择原则、填埋气收集器的类型。
11. 简述填埋气体处理系统主要设备及需要注意的问题。
12. 简述危险废物填埋场封场和封场后需要考虑的问题。
13. 简述危险废物填埋场环境监测的主要内容。

第十一章　危险废物环境风险评价与管理

环境风险评价（environmental risk assessment，ERA）是指从人体健康、社会经济、生态系统等可能造成的损失角度对人类的各种社会经济活动所引发的危害（包括自然灾害）进行评估并据此进行管理和决策的过程。随着环境污染管理向环境风险管理政策的转变，环境风险源评价成为环境风险管理与环境科学的科学基础和重要依据[206]。危险废物风险评价方法主要分为两类：第一类是利用风险评价指标和风险指数的方法对危险废物进行分级管理；第二类是危险废物环境风险的综合评价。

风险指数是一个有代表性的、综合性的数值，它表征着固体废物中危险废物整体的优劣情况。该指数既可以只用单个危险废物的观测指标计算得到，也可以由多个风险评价指标综合算出。根据危险废物评价指标体系和综合指数，按照一定的数学方法，将表征危险废物的各种数值综合归类，确定危险废物所属的等级。

危险废物环境风险综合评价主要是指危险废物处理处置设施的风险评价，包括废物收集、运输、储存和处理处置过程中因设备事故、操作不规范等各种人为活动或自然灾害引发的危险废物泄漏，并由此导致的一系列诸如火灾、爆炸，以及有毒有害物质污染生态环境，危害人体健康的风险事故。本章将危险废物环境风险评价重点集中在处理处置设施的综合评价方面。

第一节　危险废物环境风险评价

一、危险废物环境风险评价方法

危险废物处理处置设施属于特殊的环保类建设项目，因此可按照我国建设项目环境风险评价技术导则对危险废物处理处置过程中的环境风险进行预测和评估。按照导则推荐的评价程序，根据危险废物处理设施采用的处置技术和工艺流程，对各个处理环节进行系统风险分析，识别工艺过程中潜在的风险源。针对不同的风险类型，选用适宜的源项分析方法，在计算事故发生概率的同时，对事故可能造成的环境污染危害进行有毒有害污染物释放源的确定，以便为后续风险事

附注 11-1　以人体健康作为环境风险评价终点，是指在对危险废物处理处置过程中产生的事故风险进行环境影响评价的基础上，分析人群种类及其与受风险影响的环境介质之间的接触类型，重点对人体暴露途径和人体健康受危害程度做深入分析，确定危险废物处理处置设施可能引发的人体健康风险，并根据评价结果判断风险的可接受水平，从而为危险废物处理处置设施的环境风险管理和事故应急机制的建立提供理论依据。

故引发的环境影响评价提供预测和评估依据。

危险废物处理处置过程中的环境风险分析和事故发生概率估算可通过事故树、故障树、蒙德法和道化学等方法实现，其中，对于有毒有害物质泄漏风险类型，可根据物质特性的差异选用相应的泄漏模型进行污染物泄漏量计算；火灾、爆炸等风险类型采用池火灾模型、蒸汽云爆炸伤害模型对易燃、易爆物质的火灾、爆炸等重大事故后果进行预测；处理设备运行操作过程中的风险分析可采用系统安全性评价方法。在确定有毒有害污染物源项的基础上，利用污染物在大气和水环境等环境介质中的扩散迁移转化模型，对事故状态下的环境影响程度进行预测和评价。

二、危险废物环境风险评价程序

早期的风险评价多是立足于化工生产过程风险水平和化工企业整体风险水平层面。美国国家环保局于 1983 年提出环境风险评价"四步法"，包括危害识别、剂量-响应评估、暴露评估和风险表征四个步骤。美国国家科学院在总结各地风险评价研究和实践的基础上，编写了《联邦政府风险评价：管理过程》，作为风险评价工作开展的技术指南[207]。在危险废物处理处置建设项目环境风险评价方面，目前我国先后发布了《建设项目环境风险评价技术导则》和《危险废物和医疗废物处置设施建设项目环境影响评价技术原则》，对危险废物运营设施的环境风险评价做出了相关规定。

综合常用环境风险评价的程序和步骤，本书按如下程序介绍危险废物环境风险评价：风险识别—源项分析—风险影响分析—暴露评价—风险表征[208]。

（一）风险识别

危险废物处理处置设施对危险废物的污染防治主要包括以下活动和工艺过程：收集运输、储存、综合利用、物化处理和焚烧、填埋。根据上述各处理环节的划分，将其分为七个主要的环境风险评价功能单元。为便于对各评价功能单元进行环境风险源项分析，需要对各单元所采用的处理设施和工艺流程进行深入了解和分析，确定各处理过程中存在的事故隐患及其可能引发的环境风险类型。表 11-1 详细介绍了危险废物在收集运输、储存以及前处理过程中可能存在的事故类型和原因。

表 11-1　危险废物在收集运输、储存、前处理过程中存在的环境风险类型

危险废物管理环节	事故类型	原因
收集运输	泄漏、火灾、爆炸事故	运输车辆出现交通意外，出现撞击或翻车事故，导致危险废物外泄，发生渗漏；未严格执行危险废物运输技术规范的要求，运输过程中未按照规定路线行驶，或者在装卸过程中因倒置或碰撞等出现泄漏现象；泄漏的易燃易爆废物遇明火发生爆炸，并引发火灾

续表

危险废物管理环节	事故类型	原因
储存	火灾、爆炸事故	废物中存在易燃易爆物品，加之储存车间电线短路或者存在明火，从而引发火灾、爆炸事故
	泄漏事故	储存场所未设置防渗、防雨系统；堆放方式不合理，废物受挤压发生泄漏；危险废物入储存库之前未进行规范包装，导致有毒有害物质泄漏
综合利用与前处理	泄漏、火灾、爆炸事故	对几种不相容的危险废物进行混合处理，造成火灾爆炸事故；物化处理装置操作不规范，导致蒸馏装置、废物热处理装置发生爆炸
		危险废物中混入高酸、高碱性物质，物化处理过程中严重腐蚀处理设备并导致泄漏事故；废物预处理设备及其配套设施，以及连接各个车间的废物运输管道存在跑、冒、滴、漏现象，并引发泄漏事故

1. 收集与运输

由于危险废物多采用集中处置的方式进行管理，因此各地区的危险废物必须通过交通运输的方式于某一集中处理处置设施进行治理和控制。目前大部分还是采用公路运输的方式，当运输过程中发生交通意外等事故状况时，势必会引发危害严重的突发性污染事件。从危险废物运输过程来看，最可能的风险事故类型是交通意外情况下造成的危险废物泄漏及其可能引发的爆炸、火灾等次生环境风险。

2. 废物储存

针对危险废物储存情况，2013 年修订版《危险废物贮存污染控制标准》（GB 18597—2001）规定，若在实际操作过程中未严格遵守标准中的有关规定，将本应分类存放的废物混合堆存，或未对储存场所进行防渗、防雨处理，都可能会成为环境风险隐患。储存场所是多种废物类型的集中堆存地，因此除危险废物泄漏、爆炸引发火灾等风险事故以外，还有可能会因为危险废物之间的相互影响造成风险危害的叠加和扩大，从而造成难以挽回的后果。

3. 综合利用与前处理

广泛使用的危险废物综合利用技术包括废矿物油和废溶剂的蒸馏、萃取回收技术，废矿渣、废金属分选、冶炼回收技术等。

该功能单元潜在的环境风险隐患主要是处理设备因堵塞、磨损或非规范性操作而引发的有毒有害危险废物泄漏，焙烧炉、冶炼炉等设备爆炸，蒸馏、气液分离器等密封效果不好导致有毒有害物质外泄，以及由易燃易爆性废物泄漏引起的次生爆炸、火灾等风险事故。

4. 焚烧

危险废物焚烧设施通常包括危险废物进料系统、焚烧系统、燃烧空气系统、热能利用系统、烟气净化系统、残渣处理系统等。危险废物焚烧设施可能出现的环境风险见表11-2。

表 11-2　危险废物焚烧过程中存在的环境风险类型

风险源	事故类型	原因
燃烧空气系统、辅助燃烧装置	事故性停车	由于机械故障（冷却水、除渣、引风、余热锅炉堵塞等故障）造成事故性停车，事故排放口紧急打开
烟气净化系统	多种原因造成的烟气净化、系统故障	净化系统出现故障，此时焚烧炉烟气由紧急排气筒直接排入空气中，短时间内烟气中高浓度有毒物质扩散到空气中
		净化系统中急冷装置或活性炭吸附环节出现故障，从而使烟气中二噁英以较高浓度排入空气中
		引风机出现故障，引风机因停电或设备故障停运时，除尘器内压力升高，废气、粉尘外溢，对周围空气环境产生危害
		当除尘器某一单元出现滤袋破损时，将形成含尘气流短路，未经过滤除尘的废气直接排放进入空气中
危险废物进料系统、焚烧系统	物料不相容或泄漏事故	还原性和氧化性危险废物同时送入焚烧炉，在高温下发生剧烈的化学反应，烧坏炉壁，导致危险废物泄漏甚至爆炸
		危险废物中混入高酸、高碱性物质，焚烧时严重腐蚀炉壁而导致泄漏事故

5. 填埋

危险废物安全填埋场的基本构成包括废物接收系统、储存和预处理系统、防渗系统和渗滤液收集系统、覆盖系统和填埋气导排系统。危险废物安全填埋场可能存在的事故隐患包括填埋气爆炸事故、填埋场崩塌事故及渗滤液泄漏进入土壤和地下水，具体事故类型及其原因见表11-3[209]。

表 11-3　危险废物安全填埋过程中存在的环境风险类型

风险源		产生原因
渗滤液污染地下水	防渗膜破损	①由于废物对于基础层的压力，迫使基础层的尖状物将防渗膜穿孔；②由于基础地质构造不稳定，造成局部压力过大从而使地基不均匀下陷，最终导致防渗膜破裂；③焊缝部位和修补部位渗漏；④在填埋场底部持续承受压力的情况下，拐角部位及易折叠部位容易产生塑性变形；⑤机械设备在防渗膜上施工或者填埋作业时，产生局部膜损；⑥在低温下进行防渗膜的铺设，造成材料变脆，产生裂纹；⑦光氧化作用使防渗膜破损；⑧危险废物或其他废物渗滤液的酸碱性如果较强，可能会造成防渗膜的老化破损
	地下水进入填埋场	地下水集排系统发生堵塞；地下水位升高
	地表水进入填埋场，渗透到地下水中	由于出现暴雨，地表径流进入填埋场内，危险物质渗透到地下水
	集水系统失效	管线、闸门、水泵等导流系统及其部件的损坏和老化，导致填埋坑内渗滤液水位升高，大量渗滤液积存并进入地下水
地表水污染		地震、暴雨等不可抗拒自然因素导致危险废物与地表水发生接触
填埋场崩塌		废物未压实；填埋气的产生使废物结构松散；基础地质构造不稳定
填埋气爆炸		填埋气体泄漏后遇明火

另外，除上述危险废物处理处置过程中因设备损坏或人为操作不规范引起的风险事故以外，对于因地震、暴雨等自然灾害造成的环境污染事故，也应当纳入环境风险评价范畴。

（二）源项分析

源项分析是在风险识别的基础上了解发生事故的概率，确定污染物的释放量，从而为风险事故可能造成的生态环境破坏或人体健康危害的预测奠定基础。源项分析方法包括定性和定量分析两种，定性分析方法有：类比法、加权法和因素图分析法，首推类比法；定量分析方法有：概率法和指数法，包括事件树分析法、故障树分析法等。

1. 源项分析方法

从各环节可能产生的风险类型来看，大致可分为有毒有害物质泄漏（包括填埋场渗滤液渗漏进入地下环境介质）、爆炸、火灾及填埋场坍塌四种环境风险类型。事故发生概率可按照其发生概率的大小采用不同的方法进行估算，对于发生概率比较大的事故可采用统计方法，对于概率较小的事故则多采取故障树方法进行评价。

污染物质泄漏情况的分析内容应包括：事故所致的防渗层破损面积、泄漏时间（或释放率）、泄漏方式、泄漏量等，泄漏量计算包括渗滤液泄漏速率、泄出物质的理化和毒理特性，以及泄出物向环境转移方式、途径等。污染物源强的分析，即单位时间内污染物的排放量的计算需要采用适当模型或经验公式计算得到，我国《建设项目环境风险评价技术导则》中列出了有毒有害物质的泄漏量计算模型。

各种污染物直接向地表水（如溪、小河和湖泊）和地下水的未受控释放包括渗滤液和填埋场中的污染流出物，以及由人类活动引起的溢出、泄漏等。表 11-4 列出了主要的地表和地下水释放来源、释放体积、污染物浓度及影响释放物性质的因子类型。在这些释放中，渗滤液通过填埋场底层向地下水的泄漏是主要来源，产生的渗滤液性质与所产生的液体量、组成及填埋场构造有关。

表 11-4　污染物向地表和地下水的释放

来源	释放体积	污染物浓度	影响释放的因素类型
迁移溢出	运输容器中的部分或全部	高（通常是纯产品）	交通事故；未知事故
储存溢出	储存容器中的部分或全部	高（通常是纯产品）	容器结构破裂；处理过程中的事故
渗漏	速率较小，但是能无限进行，尤其是在地下水中	高（通常是纯产品）	经常查看和保养；储存设施年限
处理流出物	变化，通常很高	低（由规定限制决定）	流入物；设施的设计和运行
填埋流出物	可能很大，取决于降雨量	低，一般为污染的沉积物，填埋场如果覆盖，则为 0	盖子完好性；梯度；土水保持容量

来源	释放体积	污染物浓度	影响释放的因素类型
表面渗漏	速率最小，可无限进行	中等到高	覆盖层性质（梯度和渗透性）；液体的处置；渗滤液的去除
通过地基的渗滤液	有衬层设施，最小或速率很低；无衬层设施，中等或速率很高；无限进行	中等到高	覆盖层性质（梯度和渗透性）；液体的处置；渗滤液的去除和地基渗透性
污水塘溢出	部分或全部成分	高（储存危险废物）	结构破裂、洪水
污水塘渗漏	有衬层设施，最小或速率很低；无衬层设施，中等或速率很高；无限进行	高（储存危险废物）	地基渗透性；液体深度

一般情况下，HDPE 膜的渗透系数在 10^{-15} m/s 数量级以下，完好情况下水分难以通过。但是，在铺设施工和填埋操作过程中 HDPE 膜易被穿刺、拉裂，产生小孔和裂缝等。此时，渗滤液主要通过小孔流出。假设破损小孔为圆孔，当小孔直径小于膜厚度时，小孔出流的体积流量 q_v 可利用 Poiseuille 方程式（11-1）进行计算。

$$q_v = \frac{\pi \rho h r^4}{8 \mu d_g} \tag{11-1}$$

式中，ρ 为渗滤液密度（kg/m³）；μ 为渗滤液黏度（Pa·s）；h 为衬层上渗滤液积水厚度（m）；r 为小孔半径（m）；d_g 为膜厚度（m）。

多数情况下，小孔直径大于膜厚度，此时，小孔出流的体积流量可利用 Bernoulli 方程计算：

$$q_v = \mu A \sqrt{2gH} \tag{11-2}$$

式中，A 为土工膜缺陷的等效孔面积（m²）；H 为土工膜上水头（m）；μ 为流量系数，通常取 0.6。

多数情况下，土工膜衬层置于中等渗透性的基础层之上，基础层的存在对小孔出流会产生一定的阻碍作用。此时，渗滤液通过破损小孔穿透土工膜的渗流量可根据式（11-3）的经验公式计算：

$$q_v = 3a^{0.75}h^{0.75}k_d^{0.5} \tag{11-3}$$

式中，a 为小孔面积（m²）；k_d 为下伏基础层渗透系数（m/s）；h 为衬层上渗滤液积水厚度（m）。

对于复合衬层，渗滤液中污染物的泄漏途径主要为：首先通过破损部位泄漏到下面压实黏土层，然后在黏土层中较小的渗漏面积范围内向下迁移。在土工膜破损面积一定的情况下，过水面积主要取决于土工膜与压实黏土层结合的紧密程度，二者结合越紧密，渗漏面积越小。土工膜与压实黏土结合紧密时，通过一个小孔泄漏到压实黏土层中的渗滤液体积流量 q_v 可根据式（11-4）计算。

$$q_v = 0.21a^{0.1}h^{0.9}k_c^{0.74} \tag{11-4}$$

式中，k_c 为压实黏土渗透系数。

土工膜与压实黏土结合不够紧密时，通过一个小孔泄漏到压实黏土层中的渗滤液量远大于结合紧密时的泄漏量，可根据式（11-5）计算。

$$q_v = 1.15a^{0.1}h^{0.9}k_c^{0.74} \tag{11-5}$$

通过破损小孔泄漏到压实黏土层中的溶质实际上是在三维空间上发生迁移的，通过引入等效渗漏面积 A_e 可将三维问题简化为污染物在截面积为 A_e 的土柱中的一维扩散迁移问题，如图 11-1 所示。等效渗漏面积 A_e 由式（11-6）确定。

$$A_e = \frac{q_v}{k_c i} \tag{11-6}$$

式中，i 为水力梯度。

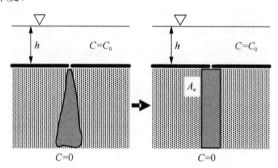

图 11-1　　渗滤液与污染物泄漏模型

2. 确定评价因子

危险废物的理化性质和其中所含污染物的种类差异性较大，除易燃易爆、易腐蚀类明显具有危害性和安全隐患的废物种类以外，还有重金属、有机毒物（如卤代烃、多环芳烃类化合物等）、POPs 类危险废物等。污染物质的形态及其粒径、溶解性、多种环境介质之间的分配系数和挥发性等理化性质是影响其在环境介质中的存在形式及其迁移转化途径和人体暴露途径的主要因素。因此，在进行环境风险评价源项分析时，需要在对处理环节中所涉及的废物种类和污染物特性进行全面了解的基础上，参考有关化学手册、联合国环境署管理的国际潜在有毒化学品登记数据库 IRPTC、美国国家环保局综合信息资源库 IRIS 等，对污染物质的理化性质和毒性参数进行收集整理，从而筛选出风险评价因子。

（三）风险影响分析

根据物质自身特性、泄漏的突发性、有毒有害气体扩散的移动性等特点，毒物扩散

> 附注 11-2　　风险评价因子筛选方法可根据我国发布的《危险化学品重大危险源辨识》（GB 18218—2009）和《职业性接触毒物危害程度分级》（GBZ 230—2010），对项目所涉及的有毒有害、易燃易爆物质进行危险性识别和综合评价。也可按照污染物质是否具有致癌性，从中挑选出致癌和非致癌的污染物数据，将每个化学物质浓度值的平均数进行列表，确定每条潜在暴露路线的非致癌物质的参考浓度和致癌物质的倾斜因子，计算在各种环境介质中化学物质的毒性指数。

分为非重气体扩散和重气体扩散，利用高斯模型或其他气态污染物迁移预测模型评价有毒有害物质对大气环境质量的影响。有毒有害物质泄漏进入河流、湖泊后造成的地表水污染情况采用适当的污染物扩散模式进行预测，对污染物在地表水环境中的扩散迁移规律进行估算，确定受影响的水域范围。在选用预测模型之前需先从有毒有害物质排放量、受纳水域的规模及其水质要求等方面进行模型筛选。地下水环境风险评价内容包括：识别污染物进入包气带和地下水含水层的主要途径，分析污染物到达地下含水层所需时间，确定污染物在地下水含水层中的迁移转化规律和污染物分布情况。预测污染物对地下水环境的影响范围，判断其到达井水抽提地点的时间和浓度。

（四）暴露评价

在研究污染物从源头释放到最终污染空间分布的基础上，分析污染物和未来受体的普通与敏感人群，评估暴露路线和暴露时间。污染物可以通过下列原理组成的路径从现场到达受体，从而确定污染物去向和迁移分析的框架，图 11-2～图 11-4 分别描述了污染物释放进入大气、土壤、水，并最终与受体接触的暴露途径。

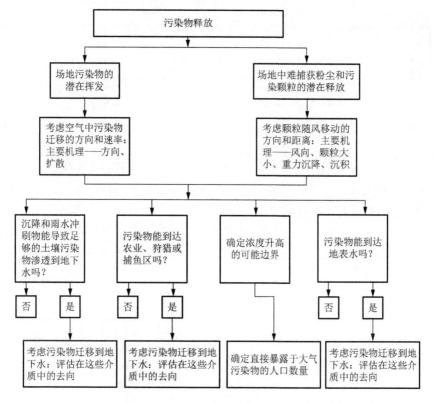

图 11-2　大气中污染物暴露途径示意图

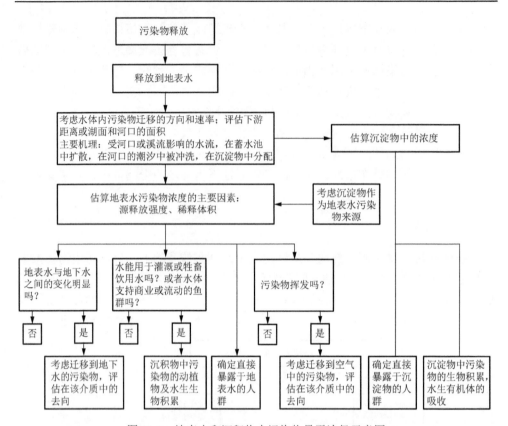

图 11-3　地表水和沉积物中污染物暴露途径示意图

　　暴露评价的下一步是确定潜在的暴露人口。内容包括：接近场地的现有人口；接近场地的未来人口；具有特殊性的构成总人口的分组人口（如铅中毒的儿童）；在所有修复方案中潜在的现场工人。现有人口最初可能是确定在场地边界线指定距离内的现存人数，但是，任何距离的认定都要按照去向和迁移分析的结果来确定。确定潜在暴露人口要参照周围土地的使用情况和表 11-5 中列举的人口统计学资料、文献和原始资料。然后现场视察，确定与土地和饮用水有关的人类活动模式，之后对暴露模式的特征进行描述，确定影响暴露的精确参量（如暴露频率、持续时间和注入率）。

表 11-5　人口统计信息来源

地形图	税收图
人口统计报告	县/区域人口统计研究
市政区域图	场地使用数据
设计的未来场地用途	场地考察
人类活动模式	空中照片

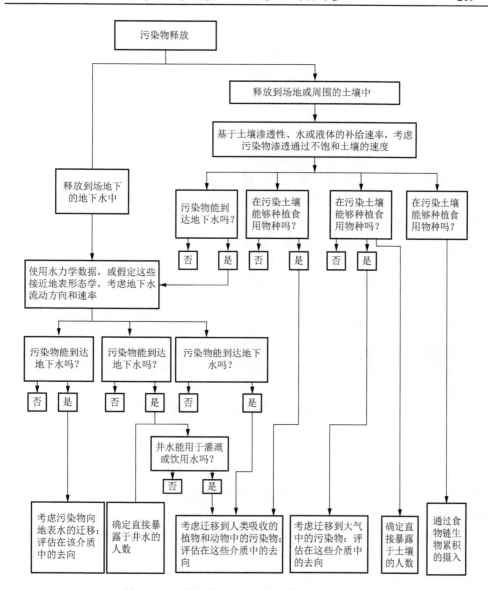

图 11-4　土壤和地下水中污染物暴露途径示意图

　　在潜在人口和暴露路径被确定之后，有必要对发生人口潜在暴露的模式进行描述，并确定其特征。在特定模式确定之后，影响暴露的精确参量就可以被选定了，如暴露频率、持续时间和注入率。

　　暴露评价阶段的最后一步是评估与暴露点潜在受体有关的各种化学物质的剂量。下面列出了三种暴露方式——摄取、吸入和皮肤接触。相对应的接受剂量，即摄取、吸收或皮肤接触的数量可用式（11-7）进行估算。

$$I = \frac{C \times CR \times EF \times ED}{BW \cdot AT} \tag{11-7}$$

式中，I 为进入潜在受体的量（mg/kg 体重）；C 为暴露点的浓度（mg/L 水或 mg/m³ 空气）；CR 为接触率（L/d 或 m³/d）；EF 为暴露频率（d/a）；ED 为暴露持续的时间（a）；BW 为体重（kg）；AT 为平均时间（d）。

（五）风险表征

风险表征是风险评价的最后一步，是风险评价与风险管理的桥梁，在决策中起到关键的作用。风险表征的内容是给出环境风险的计算结果，即风险源发生事故的可能性与风险受体损失严重性的乘积。

一般表征潜在致癌效应时是根据摄入量与特定化学计量反应资料估算个体暴露产生癌症的概率，并且要对主要的假设、科学判断及评价进行不确定性评估；表征潜在的非致癌效应时应进行摄入量与毒性之间的比较。

第二节　危险废物环境风险管理

从国内外危险废物的管理现状可以看出，危险废物的环境风险评价往往是为其分级管理提供服务的，即在危险废物的全过程管理中，从产生量或危害特性等方面综合划定不同的危险等级。因此，分级管理是体现危险废物环境风险管理的一个方面。

危险废物风险管理，即提出减缓和控制危险废物风险的措施或决策，目的在于既要满足人类活动的基本需要，又不能超出当前社会对危险废物风险的接受水平。主要包括以下两方面的内容。

（1）危险废物风险管理的实质是采用与技术、经济、法律、政策及行政相关的各种方式对人类的行动实施控制性的影响，规范人类的行为，按生态规律和环境要求办事。

（2）危险废物风险是否可接受与多种因素有关，如技术、经济、政治及心理和社会因素等。因此，在制定人类活动方案时要充分考虑各种因素对风险的影响，确保风险是可预测、可控制的。风险控制措施一般包括：①减轻危险废物风险：通过改革生产工艺或改进生产设备使危险废物风险降低；②转移危险废物风险：利用迁移厂址、迁出居民区等措施使危险废物风险转移；③替代危险废物风险：通过改变生产原料或改变产品品种可以达到用另一种较小的危险废物风险替代原有的危险废物风险；④避免危险废物风险：要想真正避免一种危险废物风险，只能源头控制，即关闭危险废物风险的工厂或生产线。

一、风险应急措施

对于火灾、爆炸事故，应当迅速查明引发事故的泄漏点或点火源，消防污水通过雨水管道收集至事故池，经泵提升后分批送至污水处理场处理。危险废物在运输过程中发生有毒有害物质泄漏时，可按照危险废物收集、运输系统紧急应变及事故处理办法处理。储存、处理、处置过程中发生的泄漏事故可根据泄漏的污染物种类，采用相应的隔离、吸附、堵截等措施切断污染源头，并对外泄污染物进行收集。监测环境介质中有毒物质的浓度，根据现场气象条件，确定警戒和疏散范围，并发出有害气体逸散警报。安排伤员救护组采取有效防护措施后进入现场抢救受伤人员，疏散现场无关人员和影响范围内的周边居民。加强现场人员个体防护，配置相应的个体防护用品。

二、焚烧炉事故风险及应急防范措施

焚烧炉运行期间可能出现偶发性失常情况，表 11-6 中列举了若干失常现象及应变措施。

表 11-6　危险废物焚烧系统的操作失常情况及应变措施

序号	失常现象	失常的指示信号	应变措施
1	部分（或全部）的废物输入中断，停止进料	燃烧室内温度低；进料系统运行出现故障	寻找失常原因；增加辅助燃料，以维持温度；继续维持排气处理系统的运营
2	黑烟由燃烧室内逸出（燃烧情况不稳定或气密性不良）	压差变化；黑烟逸出	停止固体废物的进料 10~30min，但继续维持炉内温度及燃烧；将工作人员迅速撤离失常现场；进料前评估废物的特性
3	燃烧器强制送风中止	流量计指示超出范围；自动火焰检测器发出警示信号；一次风机失常	及时停止废物的进料；检视失常原因；继续排气处理系统的运转，但降低抽风量
4	燃烧温度高	温度指示信号，高温警示信号	检查燃料及废物的输入量是否正常；检视温度感应器；检查是否其他位置的温度指示也发生同样的变化；打开燃烧室顶的紧急排放口
5	燃烧温度太低	温度指示信号；低温警示信号	检查其他位置的温度指示；检查是否燃料及废物输入量低；检查温度传感器准确性
6	耐火砖剥落	发出很大的噪声；燃烧室温度降低，粉尘量增加，炉壁发生过热现象	停机
7	烟囱排气黑度增加	目视或昏暗检测器的指示超出安全运转的上限	检查燃烧情况、O_2 及 CO 检测器；检查排气处理系统；检查是否废物进料速率过高，造成燃烧不良；废物是否含高挥发性物质或密封容器内的气液体突然受热爆炸
8	排气中 CO 浓度超过排放标准	一氧化碳探测器	检查并调整条件（温度、过剩空气量）
9	抽风机失常	抽风马达过热；抽风机供电指示零或超出范围；风扇停止转动；抽风机的气体进出口压差降低	使用备用抽风机；失常抽风机检修；如仅有一台抽风机则必须紧急停止焚烧系统的操作

续表

序号	失常现象	失常的指示讯号	应变措施
10	急冷室排气温度上升，影响排气处理设备的效率	冷却水供应中断或不足；燃烧温度上升	检查冷却水流量，降低焚烧处理量直到水供应正常为止；检查燃烧状况
11	洗气塔内固体结垢而堵塞	压差上升；填料或盘板的存水量增加，造成泛溢现象；液面指示高	停机，检修内部
12	循环水酸碱度不在正常操作范围之内	pH 测定计指示超出正常范围；洗气塔效率降低，烟气中酸气增加；附近居民或工作人员抱怨眼睛有刺痛感	检查碱性中和剂的供应；检查 pH 检测仪、测量及计量泵量（碱性剂的供应）的运转情况
13	除雾器失常	压差增加（由于固体结垢于除雾器上）	清洗除雾器
14	滤袋破裂	烟气黑度增加	逐步隔离滤袋室内的间隔，检查滤袋是否破裂；如滤袋室内无间隔，则停机全面检修

三、二噁英污染风险分析及预防/应急措施

二噁英是一类剧毒物质，废物焚烧过程是二噁英类的一个显著来源，其形成途径有以下三种。

（1）碳、氢、氧和氯等元素通过基元反应生成 PCDDs/PCDFs，称为二噁英类的"从头合成"。"从头合成"发生在燃烧区或燃烧后的烟气中，如果烟道气中含有 HCl（或 Cl^-）、O_2 和 H_2O 等物质，那么在 300～400℃温度下就会在含碳飞灰的表面合成二噁英类，飞灰中的金属及其氧化物或硅酸盐是"从头合成"过程的催化剂。

（2）在燃烧过程中由含氯前体物通过有机化学反应生成二噁英类。前体物包括聚氯乙烯、氯代苯、五氯苯酚等，在燃烧中前体物分子通过重排、自由基缩合、脱氯或其他分子反应等过程生成 PCDDs/PCDFs，生成温度为 300～700℃。

（3）固体废物本身可能含有痕量的二噁英类。由于二噁英类具有一定的热稳定性，所以当固体废物燃烧时，如果没有达到分解破坏二噁英类分子的温度等条件，这些二噁英类就会被释放出来。对于燃烧温度较低的焚烧炉，这种情况是可能发生的。

上述三个途径在固体废物焚烧炉的二噁英类形成中都可能起作用，各种途径的重要性则取决于具体的炉型、工作状态和燃烧条件。在焚烧炉启停和不正常运行条件下，焚烧炉的二噁英类排放量会很大。由以上分析说明，焚烧过程中均存在产生二噁英的物质条件和工况条件，因此在运行过程中应从以下方面实行最为严格的操作控制及污染治理措施，以降低该物质对环境及人群健康安全风险。

（1）焚烧炉一燃室内的温度达到 850℃以上才能进料，运营过程中炉内温度

低于该温度时，启动助燃系统使温度上升后再进料。

（2）二燃室的温度必须高于1150℃，且在足够供氧的情况下烟气停留时间大于2 s。

（3）急冷塔保证循环水喷淋系统的安全运行，确保烟气在300～600℃的停留时间小于1 s。

（4）在烟道内喷入活性反应助剂及多孔型吸附材料，保证正常量的喷入，以吸附二噁英类物质。

（5）飞灰要严格用水泥固化，保证水泥固化块的安全填埋。

（6）布袋除尘器在破袋、糊袋情况下应强行停炉检修，确保烟气正常排放。

四、有毒有害物质泄漏风险及应急防范措施

随着项目的投产，厂方储藏作为原料、中间产品及末端产物等有毒有害物质（如油料、酸碱、化学药剂、焚烧废渣等）的数量也随之增多。它们的储藏保管如果不注意，则会产生一定的泄漏，尤其遇到非常暴雨期、山洪暴发时，这会对周边的水体环境、生态环境造成污染。

另外，危险废物在运输过程中，如果发生交通事故，也会发生有毒有害物质泄漏。此时，可以按照危险废物收集、运输系统紧急应变及事故处理办法进行处理。

五、填埋场渗滤液污染风险及应急防范措施

填埋场的防渗层如果出现渗漏，将严重污染地下水和土壤。因此，应定期对填埋场的监测井水质及土壤进行监测，监测因子为与填埋废物有关的重金属离子。如发现异常，需及时查找原因并进行处理，必要时应倒库对防渗层进行修补。

填埋场的渗滤液如未经处理直接排放会对水体造成污染，渗滤液中的重金属迁移速率较慢，最终污染的是河沟的底泥。因此，要确保废液处理设施正常运行，确保污染物达到排放要求。另外，当废液处理设施不能正常运行时需设立事故储水池，其容积远超过正常渗滤液量，使所有渗滤液全部进入事故储池，不外排。

六、溃坝风险防范措施

（1）截洪沟提高到按照100年一遇的暴雨强度设计，控制场外地表径流不进入填埋场内。

（2）填埋过程提高填埋堆体的稳定度，采用块状固化稳定化，尽量将密度较大的堆块填埋在下面。

（3）提高坝体强度，结合地勘采取措施保证坝基稳固。

根据危险废物全过程管理中的环境风险评价结果，参照《危险废物经营单位

编制应急预案指南》制定突发环境污染事故时的风险应急预案。在划分应急计划区和应急响应等级的基础上，提出事故预警机制，分析事故状态下应采取的污染控制措施和事故得到控制后应采取的善后措施，确定应急组织方式、应急保障措施和应急监测方案，包括监测点的布设、监测方法和监测频率等，明确从应急响应到应急状态终止的完整应急框架体系。

第三节　石化企业风险评价

石油化工企业原料及产品大多为易燃、易爆、有毒物质，生产过程处于高温、高压或低温、负压状态，石油化工生产潜藏着火灾、爆炸、毒害等危险，在一定条件下会转变为事故。因此预测生产中可能发生的事故，揭示原因，采取有效的控制措施，消除隐患，预防重大事故极为重要，这就涉及环境风险评价。

一、石油化工项目环境风险评价总体要求

石油化工项目由于涉及有毒有害和易燃易爆物质的生产、使用、储运等，其新建、改建、扩建和技术改造项目的环境风险评价应符合《建设项目环境风险评价技术导则》的要求。环发[2012] 77 号文规定：对石油天然气开采、油气/液体化工仓储及运输、石化化工等重点行业建设项目，应进一步加强环境影响评价管理，针对环境影响评价文件编制与审批、工程设计与施工、试运行、竣工环保验收等各个阶段实施全过程监管，强化环境风险防范及应急管理要求。环发[2011] 14 号文中规定：化工石化园区和其他排放挥发性有机物、重金属等有毒有害物质的高环境风险产业园区，应在规划环境影响评价中强化规划环境风险评价，根据风险识别、区域重大风险源分析和综合预测分析结果，评价产业布局、产业结构和规模、运输和储存等可能对区域生态系统和人群健康的影响，提出园区环境风险防范对策建议和跟踪监测计划。对于环境风险隐患突出的化工石化园区，环境保护行政主管部门应责令园区管理部门限期整改。

二、石油化工项目环境风险评价内容

石油化工项目的环境风险评价内容与第二节介绍的一样，分为四部分。

（一）风险识别

风险识别内容包括：环境敏感性识别、物质危险性识别和危险源识别。

环境敏感性识别包括：环境风险是否涉及邻近的饮用水水源保护区、自然保护区和重要渔业水域、珍稀水生生物栖息地等区域，明确保护级别；项目选址是否位于江河湖海岸；项目是否位于人口集中居住区附近；提供各环境保护目标与

危险源之间的距离、方位及相关图件。

物质危险性识别是指对项目所涉及的有毒有害、易燃易爆物质进行危险性识别和综合评价，筛选风险因子。参照《危险化学品重大危险源辨识》（GB 18218—2009）、《职业性接触毒物危害程度分级》（GBZ 230—2010）确定生产、储存、运输、"三废"处理和事故过程中产生的危险性物质；说明危险废物的储存和加工量；分析建设项目产品、中间产品和原、辅材料的物理化学性质和危险性，包括闪点、熔点、沸点、自燃点、爆炸极限、危险度、危险分类和毒性分类等。

> **附注 11-3**　《建设项目环境风险评价技术导则》规定的生产设施风险识别包括：主要生产装置、储运系统、公用工程系统、工程环保设施及辅助生产设施等。根据建设项目的生产特征，结合物质危险性识别，对项目功能系统划分功能单元，按附录 A.1 确定潜在的危险单元及重大危险源。

（二）源项分析

石油化工项目的风险评价需要掌握大量国内外同行的事故统计分析及典型事故案例资料，因此源项分析也是风险评价的难点之一。

统计结果显示，一座工厂内 20%的设备贡献 80%的风险，即大部分风险集中于小部

> **附注 11-4**　《建设项目环境风险评价技术导则》规定的源项分析为：确定最大可信事故的发生概率、危险化学品泄漏量。泄漏量计算包括液体泄漏速率、气体泄漏速率、两相流泄漏、泄漏液体蒸发量计算。其目的是确定最大可信事故及概率。分析方法有定性和定量分析两种。

分的设备上，因此源项分析中的第一步就是把整个工厂分解为若干子系统，用于确定哪些单元属于较大的危险来源。从事故统计和分析结果来看，生产运行系统和储运系统是石化项目环境风险评价的主要对象。生产运行系统中涉及轻质油品、气态烃和氢气加工及输送的装置是发生重大事故的重点危险源。因此，对这些装置和设施应进行重点防范和分析。

（三）后果计算和风险评价

后果计算是计算事故的影响范围和影响程度。一般火灾和爆炸事故需区分事故的类型并选用适当的计算模型。评价的重点是火灾、爆炸事故产生的辐射热和冲击波是否会对厂外环境产生影响。经常预测的事故类型有：原油罐火灾事故，加氢装置氢气泄漏、气分或乙烯装置气态烃泄漏引发火灾、爆炸事故，压力容器或输送管道小孔泄漏引发火灾事故等。

同火灾、爆炸事故相比，有毒物质的泄漏风险评价关注的重点是对厂外的大气环境和水环境的影响，一般该影响指的是污染物对人及生物的短期影响，其评价标准选择 GBZ 2—2007《工作场所有害因素职业接触限值》的最高容许浓度或半致死浓度 LC_{50}、对生物的伤害阈值等，预测其不同环境影响浓度的分布范围，以明确对项目周围敏感点的影响程度。

实际中，风险的可接受程度分为三级：不可容忍的高风险等级，低风险等级，可广泛接受的低风险等级。对中风险等级没有明确的规定，国内风险评价通用的范围是 $10^{-5} \sim 10^{-3}$，高于 10^{-3} 即为不可接受区域，低于 10^{-5} 则属可广泛接受区域。国外各大石油公司的风险标准也不同，壳牌公司认为，风险范围为 $10^{-5} \sim 10^{-6}$，是可被广泛接受的，需要考虑成本、效益相结合的替代方案；$10^{-5} \sim 10^{-4}$，应该研究替代方案；$10^{-3} \sim 10^{-4}$，要求尽力改进；$10^{-3} \sim 10^{-2}$，需要进行基础性的改进。国内石油化工项目的风险可接受范围一般为 $10^{-5} \sim 10^{-4}$。

（四）风险管理

《建设项目环境风险评价技术导则》规定的风险管理包括：风险防范措施和应急预案两部分。风险防范措施包括：选址、总图布置和建筑安全防范措施，危险化学品储运安全防范措施，工艺技术设计安全防范措施，自动控制设计安全防范措施，电气、电信安全防范措施，消防及火灾报警系统，紧急救援站或有毒气体防护站设计。应急预案包含了 11 项的内容及要求。一个完整的石油化工项目的设计应从上述几方面考虑采取风险防范措施。按照事故预防对策的等级顺序，依次采取消除—预防—减弱—隔离—连锁—警告的安全措施。

我国石化行业存在的布局性环境风险，是过去数十年中因产业布局不合理累积而成的，无法在短时间内彻底解决，只能通过加强环境安全防范措施，调整产业结构逐步予以补救。

思 考 题

1. 通过文献调研简述危险废物环境风险评价方法及其特点。

2. 根据风险评价程序和内容，筛选出危险废物风险评价过程中的主要影响因子和评价指标。

3. 从风险评价全过程角度提出危险废物引发环境污染事故的控制措施和关键环节。

4. 从评价目标、评价程序、评价内容和评价方法等方面，指出危险废物环境风险评价与建设项目环境风险评价之间的区别。

5. 简述危险废物风险识别、源项分析方法和需要注意的问题。

6. 简述污染物释放进入大气、土壤、水体，并最终与受体接触的暴露途径。

7. 简述危险废物环境风险评价与危险废物分级管理之间的相互联系。

8. 简述危险废物处置过程可能出现的事故及相应风险分析和应急预防措施。

9. 针对某一具体的危险废物综合处理处置设施进行定性风险分析，熟悉风险评价流程。

10. 具体介绍石油化工项目环境风险评价的步骤和内容，说明各部分需要注意的问题，通过查阅文献提出解决办法。

第十二章　污染场地修复

我国城市化进程不断加快，越来越多的工业企业搬迁，遗留下来大量存在潜在环境污染的场地。如果这些场地未经环境调查评价或修复，场地的再利用就可能存在潜在健康风险。因此必须对这些场地进行环境调查、风险评估及污染修复。

场地（site）是指某一地块范围内一定深度的土壤、地下水、地表水及地块内所有构筑物、设施和生物的总和。本书中的场地仅限于某一地块内一定深度的土壤。

污染场地（contaminated site）是指因堆积、储存、处理、处置或其他方式（如迁移）承载了有害物质的，对人体健康和环境产生危害或具有潜在风险的空间区域。

> **附注 12-1**　《污染场地土壤环境管理暂行办法》（2011 年 3 月）中对污染场地的定义为：指因从事生产、经营、使用、贮存有毒有害物质，堆放或处理处置有害废弃物，以及从事矿山开采等活动，使土壤受到污染的土地。

国外最具代表性的污染场地管理法规当属美国的《超级基金法》。在该法案的指导下，美国建立了超级基金场地管理制度，从环境监测、风险评价到场地修复都制定了标准的管理体系，这为美国污染场地的管理和土地再利用提供了有力支持，其方法体系也已被多个国家借鉴和采用[210]。

我国的污染场地修复工作起步较晚，国内科研工作者及相关从业人员借鉴国外成熟的相关方法和技术开展场地修复工作，逐步形成了符合我国国情的污染场地修复技术。一般而言，污染场地修复方案确定一般要经过场地污染的确认、风险评估和修复等过程。

第一节　污染场地环境调查

场地环境调查（environmental site investigation）指采用系统的调查方法，确定场地是否被污染及污染程度和范围的过程。场地中的污染物主要存在于场地土壤中，并可能向地下水中迁移，对周围敏感目标产生危害。因此，污染场地环境调查的范围主要是土壤和地下水。

一、场地调查原则

针对性原则——针对场地的特征和潜在污染物特性，进行污染物浓度和空间分布调查，为场地的环境管理提供依据。

规范性原则——采用程序化和系统化的方式规范场地环境调查过程，保证调查过程的科学性和客观性。

可操作性原则——综合考虑调查方法、时间和经费等因素，结合当前科技发展和专业技术水平，使调查过程切实可行。

二、场地调查内容

污染场地环境调查主要包括以下内容[211]：场地基本情况；场地土地利用方式及使用权变更情况；场地内主要生产活动及污染源情况；场地内建筑物和设备设施情况；场地及周边地下水等环境状况和敏感目标；场地及周边土壤污染程度和范围[212]。

为了降低调查中的不确定性，提高调查的效率和质量，通常将场地环境调查分为三个阶段。第一阶段场地环境调查是以资料收集、现场踏勘和人员访谈为主的污染识别阶段；第二阶段场地环境调查是以采样与分析为主的污染证实阶段，即场地特征初步调查与污染程度评价阶段；第三阶段场地环境调查以补充采样和测试为主，即污染场地风险评价阶段[213]。各阶段工作内容如图 12-1 所示。

（一）第一阶段场地环境调查

第一阶段主要工作内容包括：场地及周围环境的资料收集与分析、现场踏勘和人员访谈。主要目的是全方位、概略性地了解污染场地及其周边的地质环境、污染环境等一般性条件，明确场地内及周围区域有无可能的污染源，并进行不确定性分析。若有可能的污染源，应说明可能的污染类型、污染状况及来源，并提出第二阶段场地环境调查的建议。

第一阶段场地环境调查的主要标准包括：美国 ASTM 第一阶段场地环境评价的标准程序（ASTM E 1527）[214]、美国 EPA 场地环境初步调查标准、ASTM 的交易筛选程序（ASTM E 1528）[215]、加拿大标准协会建立的第一阶段场地环境调查标准（CSA Z 768-01）[216]、美国 EPA 及其他国家和地区的第一阶段评价程序和技术要求。

（二）第二阶段场地环境调查

第二阶段的主要工作内容包括：制订初步采样分析工作计划；制订详细采样分析工作计划；现场采样；数据评估和结果分析。主要目的是通过采样等技术手段，根据土壤和地下水检测结果进行统计分析，确定场地关注的污染物种类、浓度水平和空间分布。

由于场地污染的复杂性，第二阶段通常分为初步调查和详细调查。初步调查是在第一阶段场地环境调查的基础上布设采样点，进行采样分析，判断土壤污染和地下水污染是否超标。若均未超标，则第二阶段调查工作结束；若超标，则须进行详细调查。

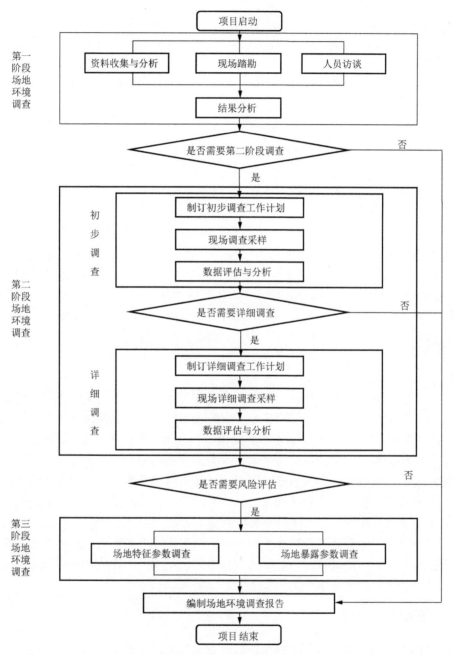

图 12-1　场地环境调查的工作内容与程序[228]

详细调查工作计划主要包括下列内容：对初步调查工作计划和结果进行分析和评估；制定采样方案；检测方案等。在初步调查的基础上，进一步加密采样和分析，确定污染物的浓度水平、空间分布、迁移状况等详细情况[217]。初步调查和详细调查不一定在一次采样分析中完成，可根据实际情况分批次实施，逐渐减少调查的不确定性。在详细场地特征描述中，有必要为危险废物管理替代方案的详细分析收集额外的数据资料。例如，可行性研究可包括，用建议的处理工艺和特定场地的废物进行实验室规模可处理性研究的任务。详细的场地分析还包括对场地附近和邻近居民点的地下水化学分析[218]。

第二阶段场地环境调查主要标准有：美国 ASTM E 1903《第二阶段场地环境评价过程标准》（Standard Guide for Environmental Site Assessments: Phase II Environmental Site Assessment Process）[219]，其是 E 1527 或 E 1528 的继续。该标准为商业地产提供了第二阶段场地环境调查的工作框架，是一个程序性指南。由于要完成规定的第二阶段场地环境调查还需大量现场操作及实验室分析的标准和方法支撑才能实现，美国制定了大量的第二阶段场地环境调查的支撑标准和方法，主要有 ASTM 的标准和 EPA 的指南[220]，其中 ASTM 制定了众多的标准用来支撑第二阶段场地评价。加拿大 CAN/CSA-Z 769-00 "第二阶段场地环境调查"（Phase II Environmental Site Assessment）[221]在前言明确声明了该标准的主要依据是 ASTM E 1903。但 Z 769 与 E 1903 的目的不同，Z 769 是为了满足委托方进行潜在污染场地决策的信息需要。

（三）第三阶段场地环境调查

第三阶段主要内容包括：场地特征参数和受体暴露参数的调查。场地特征参数包括：不同代表位置和土层或选定土层的土壤样品的理化性质分析数据，如土壤 pH、容重、有机碳含量、含水率和质地等；场地（所在地）气候、水文、地质特征信息和数据，如地表年平均风速和水力传导系数等。根据风险评估和场地修复实际需要，选取适当的参数进行调查。受体暴露参数包括：场地及周边地区土地利用方式、人群及建筑物等相关信息。场地特征参数和受体暴露参数的调查可采用资料查询、现场实测和实验室分析测试等方法。

第三阶段场地环境调查以补充采样和测试为主，得到满足风险评估和土壤及地下水修复过程所需参数。该阶段的调查结果供场地风险评估和污染修复使用。污染场地的风险评价在本章第二节会详细介绍。

三、场地调查计划

虽然场地调查被分为三个阶段，但调查一般是连续且呈一体化进行的，不是单独阶段的重叠或劳动的重复，因此需要有详细的调查计划。从管理方面考虑，调查计划一方面可以为全部调查工作提供特别指导，确保进行的所有活动都是必要和充分的；另一方面还可为场地修复规划和场地活动提供依据，同时也是计算项目进度和概预算的基础。

调查和取样计划的主要因素包括：①调查范围和目标；②场址背景信息概述；③现有评价概述；④所关注的相关污染物；⑤样品类型；⑥取样点和频率；⑦取样和测试步骤；⑧实施计划和时间；⑨概预算；⑩其他证明文件如质量保证和质量控制计划、健康和安全计划、资料管理计划。

危险废物场地工作人员的潜在健康与安全问题包括：暴露于有毒的化学品、电、火、爆炸及其他危险，暴露于极高或极低的温度，高噪声暴露。因此保护场地调查人员也非常重要，在场地调查计划中需要有健康与安全计划，其目的是在进行场地调查时避免剧烈损伤，并把长期、慢性的健康风险最小化。

一个完善的健康与安全计划，内容应包括[222]：①安全与项目的主要人员、紧急电话号码及最近的急救设施地点清单，如消防、公安部门、救护车和医院等；②与场址运行相关的风险描述，包括适当的个人保护设施及缓解措施；③描述必要的训练与医疗监控；④监控要求（人员及环境）；⑤消除人员及设施污染的程序；⑥场址地图，包括去医院的路线、场址的位置及场址特征地图；⑦执行分配/安排任务时所要求的安全工作操作。

> **附注 12-2**　健康与安全计划是任何危险废物活动重要的一部分。例如，在超级基金场址的工人，根据法规（29CFR1910.120），都必须经过 40 h 的健康与安全训练。训练必须解释这类工作潜在的种种危险，并提供使用个人防护设施所需知识和技能。

四、样品采集与测试

（一）样品类型

场地调查需要获取所有介质（空气、水、土和废物）的样品。水样包括地表水和地下水，土样包括化学化验和物理及工程特性（强度、渗透性和压缩性）测量用土。样品类型可根据是否为源头样品（如来源于旧的废物处理池）及沿迁移路径的样品（如下坡度地点地下水）进行选择性分类。

样品类型还可以从有助于确定特定场地最重要迁移介质的模拟研究中显示。因此，样品可以是有关植物群和动物群的，还可以是有关空气质量和水质的。在每一介质中可能需要根据物理、化学和生物参数观察样品。有些情况下可能包括人口取样（部分人口）。取样不仅要求物理样品，也要包括其他资料。如取样计划可能包括对气温、气压、降水、风速和湿度等气象条件的监控。

（二）取样点及频率

根据获取数据资料的目的来确定取样点及频率，通过提前计划取样地点及频率，在适当的地点获得合适数量样品及类型。实际取样和测试应持谨慎的态度，以避免获取和分析过多的样品。对污染场地中污染物的位置和浓度不必完全清楚，通常可以根据已掌握充分的场址和地下条件等信息来确立修复体系。目前，随机取样与统一格式取样之间存在很大争论。而取样点应该根据场址条件的现有数据来确定，因此，只要有可能，取样点既不应是随机的，也不能基于统一的格式；而是应该根据场址历史和勘测情况。最重要的是，根据地质可变性/统一性有目的地选择。

（三）样品采集

土壤样品分表层土和深层土。表层土的采样深度在 0～0.3 m，深层土的采样深度应考虑污染物可能释放的深度（如地下管线和储槽埋深）、污染物性质、土壤的质地和孔隙度、地下水位和回填土等因素。挥发性和部分半挥发性有机物的采样深度可利用现场探测设备辅助判断。常用的现场勘探设备是连续尖叶钻，切割钻头使土壤松动而尖叶钻把切割物运到地面上来。

地下水采样一般应建地下水监测井[223]，其不仅可以对水质进行监测取样，还可查明场地的地质和地下水文特征，进而描述场地轮廓，为场地风险评估和修复技术的选择提供依据。监测井的建设、采样记录、样品保存、容器和采样体积的要求等可参照《地下水环境监测技术规范》（HJ/T 164）中的有关要求。

（四）取样及测试程序

由于实地勘探费用大，必须预先考虑好，并充分利用实地测试机会。实地测试要确保收集到相关的现场信息，表 12-1 列出了用于场地调查中实地取样的 ASTM 标准化程序，表 12-2 列出了常用的物理和工程测试方法。实际取样过程中还应注意保证所取样品的处理和储存符合化学分析的要求。

表 12-1　取样与实地测试步骤

ASTM 编号	测试方法
D653	与土壤、岩石及所含流体相关的术语
D1452	用螺丝钻进行土壤调查和取样的操作
D1586	渗透测试的方法和土壤的对开式取样
D1587	进行薄壁取样操作
D2113	用金刚石钻头钻土做场址调查的操作
D2487	用于工程目的的土壤分类法
D2488	对土壤的描述和辨识（手册视觉法）进行的操作
D2573	黏质土的十字板剪切测试法
D2607	对泥炭、苔藓、腐殖质及相关产物的分类
D2937	用传动缸方法测试场地土壤稠度的测试法
D3385	用双环过滤器测试现场土壤渗透率的方法
D3441	测试土壤深处、准静态锥体及摩擦锥体渗透系数的方法
D4220	保存及运移土样的操作

表 12-2 岩土工程实验室测试步骤

ASTM 编号	测试方法
D422	土壤颗粒尺寸分析的方法
D854	土壤比重测试方法
D2166	黏性土无侧限抗压强度测试方法
D2216	土壤、岩石及聚合物混合物含水（湿度）的实验室确定法
D2434	颗粒土的渗透系数测试方法
D2113	土壤的一维固结特性测试方法
D2664	不排水岩芯标本的三轴抗压强度测试方法
D3080	在固结排水条件下土壤的直接剪切测试方法
D4318	土壤的液限、塑限及可塑性指数的测试方法
EPA 9090	导水系数

第二节 污染场地的风险评价

污染场地健康风险评价是分析污染场地土壤和浅层地下水中污染物通过不同暴露途径，对人体健康产生危害的概率，计算基于风险土壤修复限值及保护地下水土壤修复限值的过程[224]。

污染场地风险评价工作程序如图 12-2 所示，包括：①危害识别（哪种化学成分是主要的）；②暴露评估（化学成分去向何处，暴露于谁及如何暴露）；③毒性评估（确定毒性指数用于计算风险）；④风险表征（估计风险危害程度和评估的不确定性）；⑤土壤和地下水风险控制值的计算。

一、危害识别

危害识别是根据收集相关资料和数据，掌握场地土壤和地下水中关注污染物的浓度分布，明确规划土地利用方式，分析可能的敏感受体，如儿童、成人、地下水体等。其关键内容是设定风险评估方向与评估范围，工作内容包括收集相关资料和确定关注污染物。

1. 收集相关资料

需要收集获得以下数据：较为详尽的场地相关资料信息；场地土壤等环境样品中污染物的浓度数据；具有代表性的场地土壤样品的理化性质分析数据；场地（所在地）气候、水文、地质特征信息和数据；场地及周边地区土地利用方式、人群及建筑物等相关信息。

2. 确定关注污染物

关注污染物是指根据场地污染特征和场地利益相关方意见，确定需要进行调

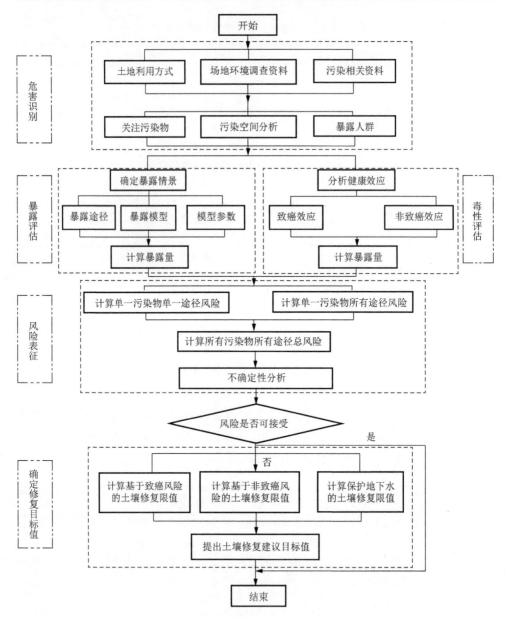

图 12-2　污染场地风险评价程序与内容[224]

查和风险评估的污染物。根据场地环境调查和监测结果，将对人群等敏感受体具
有潜在风险需要进行风险评估的污染物，确定为关注污染物。我国目前可作为筛
选值参考的土壤环境标准为《土壤环境质量标准》（GB 15618—2008）和《展览
会用地土壤环境质量评价标准（暂行）》（HJ 350—2007），此外，实际操作中也可参
考使用美国国家环保局场地健康风险评估土壤污染物的筛选值作为污染判别依据。

二、暴露评估

暴露评估是在危害识别的基础上，分析场地内关注污染物迁移和危害敏感受体的可能性，确定场地土壤和地下水污染物的主要暴露途径和暴露评估模型，确定评估模型参数取值，计算敏感人群对土壤和地下水中污染物的暴露量。

1. 暴露情景

暴露情景是指场地污染物经由不同暴露路径迁移及到达受体人群的情况。根据不同土地利用方式下人群的活动模式，《污染场地风险评估技术导则》（HJ 25.3—2014）规定了 2 类典型用地方式下的暴露情景，即以住宅用地为代表的敏感用地（简称"敏感用地"）和以工业用地为代表的非敏感用地（简称"非敏感用地"）的暴露情景。

敏感用地方式下，儿童和成人均可能会长时间暴露于场地污染而产生健康危害。对于致癌效应，考虑人群的终生暴露危害，一般根据儿童期和成人期的暴露来评估污染物的终生致癌风险；对于非致癌效应，儿童体重较轻、暴露量较高，一般根据儿童期暴露来评估污染物的非致癌危害效应。非敏感用地方式下，成人的暴露期长、暴露频率高，一般根据成人期的暴露来评估污染物的致癌风险和非致癌效应。两类暴露情景对应的用地方式描述和敏感人群见表 12-3。

表 12-3　暴露情景分类

编号	暴露情景	用地方式描述	敏感人群
1	敏感用地	GB 50137 规定的城市建设用地中的居住用地、文化设施用地、中小学用地、社会福利设施用地中的孤儿院等	儿童、成人
2	非敏感用地	GB 50137 规定的城市建设用地中的工业用地、物流仓储用地、商业服务业设施用地、公用设施用地等	成人

2. 暴露途径

暴露途径是指场地土壤和浅层地下水中污染物迁移到达和暴露于人体的方式，如经口摄入、皮肤接触、呼吸吸入等。污染物典型暴露途径如图 12-3 所示[225]。影响污染物被吸入体内的主要因素简要如表 12-4 所示。

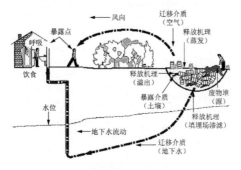

图 12-3　污染物典型暴露途径[225]

表 12-4　影响污染物被吸入体内的主要因素

经口摄取	在摄取介质中的污染物浓度 摄取物质的数量 胃肠系统的生物药效率
呼吸吸入	空气和尘埃中污染物浓度 颗粒尺寸分布状态 肺的生物药效率 呼吸频率
皮肤接触	土壤和尘土中污染物浓度 尘土从空气中的沉积速率 直接接触土壤 生物药效率 皮肤暴露的数量

3. 暴露量计算

暴露量即评估与暴露点潜在受体有关的各种化学物质的剂量。暴露点的污染物浓度值主要根据日常监测数据确定或采用污染物迁移转化模型进行预测。污染物摄取量以不同剂量为基础，采用单位时间单位体重摄取量表示。呼吸途径和饮食途径一般采用潜在剂量进行估算，皮肤接触途径采用吸收剂量估算。

1）呼吸途径

$$呼吸挥发性气体：\quad Intake = \frac{C_a \times IR \times ET \times EF \times ED}{BW \times AT} \quad\quad (12\text{-}1)$$

$$呼吸可吸入颗粒物：\quad Intake = \frac{C_p \times FP \times IR \times ET \times EF \times ED}{BW \times AT} \quad (12\text{-}2)$$

式中，Intake 为单位时间单位体重污染物摄取量（mg/kg/d）；C_a 为空气中挥发性气体的浓度（mg/m³）；IR 为摄取速率（m³/h）；ET 为暴露时间（h/d）；EF 为暴露频率（d/a）；ED 为暴露期（a）；BW 为人群平均质量（kg）；AT 为平均暴露时间（d）；C_p 为空气中可吸入颗粒物含量（kg/m³）；FP 为可吸入颗粒物中污染物含量（mg/kg），对于致癌物质，为人群平均寿命，对非致癌物质，为暴露期。

2）饮食途径

$$饮水：\quad Intake = \frac{C_w \times IR \times EF \times ED}{BW \times AT} \quad\quad (12\text{-}3)$$

$$食物：\quad Intake = \frac{C_F \times IR \times FI \times EF \times ED}{BW \times AT} \quad\quad (12\text{-}4)$$

式中，C_w 为水中污染物浓度（mg/L）；C_F 为食物中污染物含量（mg/kg）；FI 为污染食物占总食物的比例；IR 为摄取速率，水：L/d，食物：kg/次；EF 为暴露频率，水：d/a，食物：次/a；其他参数含义同前。

3）皮肤接触途径

皮肤接触污染水体：

$$\text{Absorbed Dose} = \frac{K_p^w \times C_w \times SA \times ET \times EF \times ED \times CF}{BW \times AT} \qquad (12\text{-}5)$$

皮肤接触污染土壤：

$$\text{Absorbed Dose} = \frac{C_s \times F_{adh} \times SA \times ABS \times EF \times ED \times CF}{BW \times AT} \qquad (12\text{-}6)$$

皮肤接触污染空气：

$$\text{Absorbed Dose} = \frac{K_p^a \times C_a \times SA \times ET \times EF \times ED}{BW \times AT} \qquad (12\text{-}7)$$

式中，Absorbed Dose 为单位时间单位体重皮肤吸收污染物数量[mg/(kg·d)]；K_p^w，K_p^a 分别为与水和空气接触时污染物在皮肤中的渗透系数（cm/h）；C_s 为土壤中污染物浓度（mg/kg）；ABS 为皮肤对污染物的吸收分数；SA 为与污染水体、土壤和空气接触的皮肤表面积（cm^2）；F_{adh} 为土壤对皮肤的黏附系数；CF 为单位转换因子，水：1 L/1000 cm^3，土壤：10^{-6} kg/mg；EF 为暴露频率，水：d/a，土壤：事件数/a；其他参数含义同前。

上述公式中的参数可从相应的文献中获得，计算时应当注意暴露时间的选择，过高估计暴露时间将会导致过高估计风险计算水平，而低估了暴露时间则会低估风险计算水平。

三、毒性评估

毒性评估主要是分析关注污染物的健康效应（致癌和非致癌效应），确定污染物的毒性参数值，包括参考剂量、参考浓度、致癌斜率因子和单位致癌因子等[226]。

1. 分析健康效应

关注污染物健康效应分析主要包括关注污染物对人体健康的危害性质（致癌效应和非致癌效应），以及关注污染物经不同暴露途径对人体健康的毒性危害机理及剂量——效应关系[227]。

2. 污染物毒性参数

污染物的毒性参数值可根据文献资料确定。

呼吸吸入致癌斜率因子（SF$_i$），优先根据呼吸吸入单位致癌因子（URF）外推计算得到；呼吸吸入参考剂量（RfD$_i$），优先根据呼吸吸入参考浓度（RfC）外推计算得到。分别采用式（12-8）和式（12-9）计算。

$$SF_i = \frac{URF \times BW_a}{DAIR_a} \qquad (12\text{-}8)$$

$$RfD_i = \frac{RfC \times DAIR_a}{BW_a} \tag{12-9}$$

式中，SF_i 为呼吸吸入致癌斜率因子[mg 污染物/(kg 体重·d)]$^{-1}$；RfD_i 为呼吸吸入参考剂量[mg 污染物/(kg 体重·d)]；URF 为呼吸吸入单位致癌因子（m^3/mg）；RfC 为呼吸吸入参考浓度（mg/m^3）；BW_a 为成人平均体重（kg）；$DAIR_a$ 为成人每日空气呼吸量（m^3/d）。

皮肤接触致癌斜率系数（SF_d），优先根据经口摄入致癌斜率系数计算得到；皮肤接触参考剂量（RfD_d），优先根据经口摄入参考剂量计算得到。

皮肤接触致癌斜率系数和参考剂量分别采用式（12-10）和式（12-11）计算。

$$SF_d = \frac{SF_o}{ABS_{GI}} \tag{12-10}$$

$$RfD_d = RfD_O \times ABS_{GI} \tag{12-11}$$

式中，SF_d 为皮肤接触致癌斜率因子[mg 污染物/（kg 体重·d）]$^{-1}$；SF_o 为经口摄入致癌斜率因子[mg 污染物/（kg 体重·d）]$^{-1}$；RfD_O 为经口摄入参考剂量[mg 污染物/（kg 体重·d）]；RfD_d 为皮肤接触参考剂量[mg 污染物/（kg 体重·d）]；ABS_{GI} 为消化道吸收效率因子，无量纲。

四、风险表征

风险表征是在暴露评估和毒性评估的基础上表征人群健康风险，它是连接风险评价与风险管理的桥梁和最终场地治理决策的重要依据[228]。风险表征的主要工作内容包括风险估算、不确定性分析和风险概述三方面内容。

1. 风险估算

1）单一污染物致癌风险

经口摄入土壤中单一污染物的致癌风险，采用式（12-12）计算。

$$CR_{OIS} = OISER_{ca} \times C_{sur} \times SF_O \tag{12-12}$$

式中，CR_{OIS} 为经口摄入暴露于污染土壤的致癌风险，无量纲；C_{sur} 为表层土壤中污染物浓度（mg/kg）；$OISER_{ca}$ 为经口摄入土壤暴露量（致癌效应）[kg 土壤/（kg 体重·d）]；SF_O 为经口摄入致癌斜率因子[mg 污染物/（kg 体重·d）]$^{-1}$。

皮肤接触土壤中单一污染物的致癌风险，采用式（12-13）计算。

$$CR_{DCS} = DCSER_{ca} \times C_{sur} \times SF_d \tag{12-13}$$

式中，CR_{DCS} 为皮肤接触暴露于污染土壤的致癌风险，无量纲；C_{sur} 为表层土壤中污染物浓度（mg/kg），必须根据场地调查获得参数值；SF_d 为皮肤接触致癌斜率因子[mg 污染物/（kg 体重·d）]$^{-1}$；$DCSER_{ca}$ 为皮肤接触途径的土壤暴露量（致癌效应）[kg 土壤/（kg 体重·d）]。

吸入受污染土壤颗粒物中单一污染物的致癌风险，采用式（12-14）计算。

$$CR_{ISP} = PISER_{ca} \times C_{sur} \times SF_i \qquad (12\text{-}14)$$

式中，CR_{ISP} 为吸入颗粒物暴露于污染土壤的致癌风险，无量纲；C_{sur} 为表层土壤中污染物浓度（mg/kg）；SF_i 为呼吸吸入致癌斜率因子[mg 污染物/（kg 体重·d）]$^{-1}$；$PISER_{ca}$ 为吸入土壤颗粒物的土壤暴露量（致癌效应）[kg 土壤/（kg 体重·d）]。

吸入室外空气中单一污染物蒸气的致癌风险，采用式（12-15）计算。

$$CR_{loV} = \left(loVER_{ca1} \times C_{sur} + loVER_{ca2} \times C_{sub} + loVER_{ca3} \times C_{gw} \right) \times SF_i \qquad (12\text{-}15)$$

式中，CR_{loV} 为吸入室外空气暴露于污染土壤的致癌风险，无量纲；$loVER_{ca1}$ 为吸入室外空气中来自表层土壤的污染物蒸气对应的土壤暴露量（致癌效应）[kg 土壤/（kg 体重·d）]；$loVER_{ca2}$ 为吸入室外空气中来自下层土壤的污染物蒸气对应的土壤暴露量（致癌效应）[kg 土壤/（kg 体重·d）]；$loVER_{ca3}$ 为吸入室外空气中来自地下水的污染物蒸气对应的地下水暴露量（致癌效应）[L 地下水/（kg 体重·d）]；C_{sur} 为表层土壤中污染物浓度（mg/kg），必须根据场地调查获得参数值；C_{sub} 为下层土壤中污染物浓度（mg/kg），必须根据场地调查获得参数值；C_{gw} 为地下水中污染物浓度（mg/kg），必须根据场地调查获得参数值；SF_i 为呼吸吸入致癌斜率因子[mg 污染物/（kg 体重·d）]$^{-1}$。

吸入室内空气中单一污染物蒸气的致癌风险，采用式（12-16）计算。

$$CR_{liV} = \left(liVER_{ca1} \times C_{sub} + liVER_{ca2} \times C_{gw} \right) \times SF_i \qquad (12\text{-}16)$$

式中，CR_{liV} 为吸入室内空气暴露于污染土壤的致癌风险，无量纲；$liVER_{ca1}$ 为吸入室内空气中来自下层土壤的污染物蒸气对应的土壤暴露量（致癌效应）[kg 土壤/（kg 体重·d）]；$liVER_{ca2}$ 为吸入室内空气中来自地下水的污染物蒸气对应的地下水暴露量（致癌效应）[L 地下水/（kg 体重·d）]；C_{sub} 为下层土壤中污染物浓度（mg/kg）；C_{gw} 为地下水中污染物浓度（mg/kg）。

单一土壤污染物经所有暴露途径的致癌风险，采用式（12-17）计算。

$$CR_n = CR_{OIS} + CR_{DCS} + CR_{PIS} + CR_{loV} + CR_{liV} \qquad (12\text{-}17)$$

式中，CR_n 为第 n 种污染物经所有暴露途径的致癌风险，无量纲；CR_{OIS} 为经口摄入暴露于污染土壤的致癌风险，无量纲；CR_{DCS} 为皮肤接触暴露于污染土壤的致癌风险，无量纲；CR_{PIS} 为吸入颗粒物暴露于污染土壤的致癌风险，无量纲；CR_{loV} 为吸入室外空气暴露于污染土壤的致癌风险，无量纲；CR_{liV} 为吸入室内空气暴露于污染土壤的致癌风险，无量纲。

2）单一污染物非致癌风险

经口摄入污染土壤中单一污染物的非致癌危害商，采用式（12-18）计算。

$$HQ_{OIS} = \frac{OISER_{nc} \times C_{sur}}{RfD_o} \qquad (12\text{-}18)$$

式中，HQ_{OIS} 为经口摄入暴露于污染土壤的非致癌风险，无量纲；$OISER_{nc}$ 为经口摄入土壤暴露量（非致癌效应）[kg 土壤/（kg 体重·d）]。

皮肤接触污染土壤中单一污染物的非致癌危害商，采用式（12-19）计算。

$$HQ_{DCS} = \frac{DCSER_{nc} \times C_{sur}}{RfD_d} \qquad (12\text{-}19)$$

式中，HQ_{DCS} 为皮肤接触暴露于污染土壤的非致癌风险，无量纲；$DCSER_{nc}$ 为皮肤接触的土壤暴露量（非致癌效应）[kg 土壤/（kg 体重·d）]；C_{sur} 为表层土壤中污染物浓度（mg/kg），必须根据场地调查获得参数值；RfD_d 为皮肤接触参考剂量[mg 污染物/（kg 体重·d）]。

吸入受污染土壤颗粒物中单一污染物的非致癌危害商，采用式（12-20）计算。

$$HQ_{PIS} = \frac{PISER_{nc} \times C_{sur}}{RfD_i} \qquad (12\text{-}20)$$

式中，HQ_{PIS} 为吸入颗粒物暴露于污染土壤的非致癌风险，无量纲；$PISER_{nc}$ 为吸入土壤颗粒物的土壤暴露量（非致癌效应）[kg 土壤/（kg 体重·d）]；C_{sur} 为表层土壤中污染物浓度（mg/kg），必须根据场地调查获得参数值；RfD_i 为呼吸吸入参考剂量[mg 污染物/（kg 体重·d）]。

吸入室外空气中单一污染物蒸气的非致癌危害商，采用式（12-21）计算。

$$HQ_{loV} = \frac{loVER_{nc1} \times C_{sur} + loVER_{nc2} \times C_{sub} + loVER_{nc3} \times C_{gw}}{RfD_i} \qquad (12\text{-}21)$$

式中，HQ_{loV} 为吸入室外空气暴露于污染土壤的非致癌风险，无量纲。

吸入室内空气中单一污染物蒸气的非致癌危害商，采用式（12-22）计算。

$$HQ_{liV} = \frac{liVER_{nc1} \times C_{sub} + liVER_{nc2} \times C_{gw}}{RfD_i} \qquad (12\text{-}22)$$

式中，HQ_{liV} 为吸入室内空气暴露于污染土壤的非致癌风险，无量纲。

单一土壤污染物经所有途径的非致癌危害商，采用式（12-23）计算。

$$HQ_n = HQ_{OIS} + HQ_{DCS} + HQ_{PIS} + HQ_{loV} + HQ_{liV} \qquad (12\text{-}23)$$

式中，HQ_n 为第 n 种污染物经所有暴露途径的非致癌风险，无量纲；HQ_{OIS} 为经口摄入暴露于污染土壤的非致癌风险，无量纲；HQ_{DCS} 为皮肤接触暴露于污染土壤的非致癌风险，无量纲；HQ_{PIS} 为吸入颗粒物暴露于污染土壤的非致癌风险，无量纲；HQ_{loV} 为吸入室外空气暴露于污染土壤的非致癌风险，无量纲；HQ_{liV} 为吸入室内空气暴露于污染土壤的非致癌风险，无量纲。

3）所有污染物致癌和非致癌风险

所有关注污染物经所有途径的致癌风险，采用式（12-24）计算。

$$CR_{sum} = CR_1 + CR_2 + \cdots + CR_n \qquad (12\text{-}24)$$

式中，CR_{sum} 为所有 n 种关注污染物的总致癌风险，无量纲；CR_n 为第 n 种污染物经所有暴露途径的致癌风险，无量纲。

所有关注污染物经所有暴露途径的非致癌危害指数，采用式（12-25）计算。

$$HQ_{sum} = HQ_{total-1} + HQ_{total-2} + \cdots + HQ_{total-n} \tag{12-25}$$

式中，HQ_{sum} 为所有 n 种关注污染物的非致癌危害指数，无量纲；HQ_n 为第 n 种污染物经所有暴露途径的非致癌风险，无量纲。

2. 不确定性分析

1）污染物和暴露途径风险贡献率分析[229, 230]

单一污染物经不同暴露途径致癌和非致癌风险贡献率，分别采用式（12-26）和式（12-27）计算。

$$PCR_{n-i} = \frac{CR_i}{CR_n} \times 100\% \tag{12-26}$$

$$PHQ_{n-i} = \frac{HQ_i}{HQ_n} \times 100\% \tag{12-27}$$

式中，PCR_{n-i} 为第 n 种关注污染物经单一（第 i 种）暴露途径致癌风险贡献率，无量纲；CR_i 为单一污染物经第 i 种暴露途径的致癌风险，无量纲；PHQ_{n-i} 为第 n 种关注污染物经单一（第 i 种）暴露途径非致癌风险贡献率，无量纲；HQ_i 为单一污染物经第 i 种暴露途径的非致癌风险，无量纲。

不同关注污染物经所有暴露途径致癌和非致癌风险贡献率，分别采用式（12-28）和式（12-29）计算。

$$PCR_n = \frac{CR_n}{CR_{sum}} \times 100\% \tag{12-28}$$

$$PHQ_n = \frac{HQ_n}{HQ_{sum}} \times 100\% \tag{12-29}$$

式中，PCR_n 为第 n 种关注污染物的致癌风险贡献率，无量纲；PHQ_n 为第 n 种关注污染物的非致癌风险贡献率，无量纲。

根据以上公式计算获得的百分比越大，表示特定暴露途径或特定污染物对于总风险值的影响越大，在制定场地污染风险管理和修复方案过程中应予以重视。

2）分析模型参数敏感性

选定需要进行敏感性分析的参数（P）应是对风险计算结果影响较大的参数，包括人群相关参数（体重、暴露周期、暴露频率等）、与暴露途径相关的参数（每日摄入土壤量、暴露皮肤表面积、皮肤表面土壤黏附系数、每日吸入空气体积、总悬浮颗粒物含量、室内地基厚度、室内空间体积与蒸气入渗面积比等）[231]。单一暴露途径风险贡献率超过 20% 时，应进行人群相关参数和与该途径相关参数的敏感性分析。

敏感性分析方法是采用敏感性比例表征模型参数敏感性，即参数取值变动对模型计算风险值的影响程度。参数的敏感性比例越大，表示风险变化程度越大，该参数对风险计算的影响也越大。制定污染土壤风险管理对策时，应该关注对风险影响较大的敏感性参数。

模型参数值变化（从 P_1 变化到 P_2）对致癌风险、危害商、基于致癌和非致癌风险的土壤修复限值（X_1 到 X_2）的敏感性比例，采用式（12-30）计算。

$$SR = \dfrac{\dfrac{X_2 - X_1}{X_1} \times 100\%}{\dfrac{P_2 - P_1}{P_1} \times 100\%}$$ （12-30）

式中，SR 为参数敏感性比例，无量纲；P_1 为参数 P 变化前的数值；P_2 为参数 P 变化后的数值；X_1 为按 P_1 计算的致癌风险值或危害商值，无量纲；X_2 为按 P_2 计算的致癌风险值或危害商值，无量纲。

选定进行敏感性分析的参数与风险值间不一定为线性相关，进行参数敏感性分析时，应兼顾考虑参数的实际取值范围，进行小范围或大范围参数值变化分析。参数值小范围变化是指将参数值变动±5%；参数值大范围变化是指将参数值变动±50%，或取该参数的最大与最小可能数值。

3. 风险概述

风险表征是评估所有可能的暴露途径对受体造成的风险，但是重要的工作并不仅是计算，而是对计算结果做出解释，使之能合理地被用于管理决策。因此，在计算风险的同时要考虑如何表达风险。

风险概述是风险表征的一个关键组成部分，即客观的表述风险，充分分析风险评价的不确定性程度，承担风险的相对性，科学地指导污染防治决策。风险概述一般包括：判定关键的与场所污染有关的污染物的可信程度以及相对于本底浓度的污染物浓度；描述所评价场所不同类型的健康风险；关键暴露途径、暴露量估算值的可信水平以及有关暴露参数的假设；导致场所风险的主要因素（如物质、途径等）；降低最终结果不确定性的主要因素及这些不确定因素的意义。

五、修复建议目标值的确定

在风险表征的工作基础上，判断计算得到的风险值是否超过可接受风险水平。如未超过可接受风险水平，则结束风险评估工作；如超过可接受风险水平，则计算关注污染物基于致癌风险的修复限值或基于非致癌风险的修复限值，并进行关键参数取值的敏感性分析。例如，暴露情景分析表明，污染场地土壤中的关注污染物可淋溶进入地下水，影响地下水环境质量，则计算保护地下水的土壤修复限值。

污染场地修复建议目标值，应根据上述基于致癌风险的土壤修复限值、非致癌风险的土壤修复限值和保护地下水的土壤修复限值确定。确定土壤修复建议目标值的工作内容包括：计算单一关注污染物经单一和所有暴露途径致癌风险的土壤修复限值、计算单一关注污染物经单一和所有暴露途径非致癌风险的土壤修复限值、计算保护地下水的土壤修复限值，确定土壤修复建议目标值。

关注污染物的致癌风险大于 10^{-6} 或危害商大于 1 时，应根据场地具体情况，按照公式计算关注污染物的土壤修复限值，进而确定土壤修复建议目标值。

1. 单一污染物基于致癌风险的土壤修复限值

基于经口摄入土壤途径致癌风险的土壤修复限值，采用式（12-31）计算。

$$\text{RSRL}_{\text{OIS}} = \frac{\text{ACR}}{\text{OISER}_{\text{ca}} \times \text{SF}_{\text{o}}} \tag{12-31}$$

式中，RSRL_{OIS} 为基于经口摄入致癌风险的土壤修复限值（mg/kg）；ACR 为可接受致癌风险，无量纲，取值为 10^{-6}；OISER_{ca} 为经口摄入土壤暴露量（致癌效应）[kg 土壤/（kg 体重·d）]；SF_{o} 为经口摄入致癌斜率因子[mg 污染物/（kg 体重·d）]$^{-1}$。

基于皮肤接触土壤途径致癌风险的土壤修复限值，采用式（12-32）计算。

$$\text{RSRL}_{\text{DCS}} = \frac{\text{ACR}}{\text{DCSER}_{\text{ca}} \times \text{SF}_{\text{d}}} \tag{12-32}$$

式中，RSRL_{DCS} 为基于皮肤接触摄入致癌风险的土壤修复限值（mg/kg）；ACR 为可接受致癌风险，无量纲，取值为 10^{-6}；DCSER_{ca} 为皮肤接触途径的土壤暴露量（致癌效应）[kg 土壤/（kg 体重·d）]；SF_{d} 为皮肤接触致癌斜率因子[mg 污染物/（kg 体重·d）]$^{-1}$。

基于吸入土壤颗粒物途径致癌风险的土壤修复限值，采用式（12-33）计算。

$$\text{RSRL}_{\text{PIS}} = \frac{\text{ACR}}{\text{PISER}_{\text{ca}} \times \text{SF}_{\text{i}}} \tag{12-33}$$

式中，RSRL_{PIS} 为基于吸入土壤颗粒物致癌风险的土壤修复限值（mg/kg）；ACR 为可接受致癌风险，无量纲，取值为 10^{-6}；PISER_{ca} 为吸入土壤颗粒物的土壤暴露量（致癌效应）[kg 土壤/（kg 体重·d）]；SF_{i} 为呼吸吸入致癌斜率因子[mg 污染物/（kg 体重·d）]$^{-1}$。

基于吸入室外空气中污染物蒸气途径致癌风险的土壤修复限值，采用式（12-34）计算。

$$\text{RSRL}_{\text{IoV}} = \frac{\text{ACR}}{(\text{IoVER}_{\text{ca1}} + \text{IoVER}_{\text{ca2}}) \times \text{SF}_{\text{i}}} \tag{12-34}$$

式中，RSRL_{IoV} 为基于吸入室外污染物蒸气致癌风险的土壤修复限值（mg/kg）；ACR 为可接受致癌风险，无量纲，取值为 10^{-6}；$\text{IoVER}_{\text{ca1}}$ 为吸入室外空气中来自表层土壤的污染物蒸气对应的土壤暴露量（致癌效应）[kg 土壤/（kg 体重·d）]；$\text{IoVER}_{\text{ca2}}$ 为吸入室外空气中来自下层土壤的污染物蒸气对应的土壤暴露量（致癌效应）[kg 土壤/（kg 体重·d）]；SF_{i} 为呼吸吸入致癌斜率因子[mg 污染物/（kg 体重·d）]$^{-1}$。

基于吸入室内空气中污染物蒸气途径致癌风险的土壤修复限值，根据式（12-35）

计算。

$$RSRL_{liv} = \frac{ACR}{liVER_{cal} \times SF_i}$$ （12-35）

式中，$RSRL_{liv}$ 为基于吸入室内污染物蒸气致癌风险的土壤修复限值（mg/kg）；ACR 为可接受致癌风险，无量纲，取值为 10^{-6}；$liVER_{cal}$ 为吸入室内空气中来自下层土壤的污染物蒸气对应的土壤暴露量（致癌效应）[kg 土壤/（kg 体重·d）]；SF_i 为呼吸吸入致癌斜率因子[mg 污染物/（kg 体重·d）]$^{-1}$。

基于所有暴露途径综合致癌风险的土壤修复限值，采用式（12-36）计算。

$$RSRL_{total-n} = \frac{ACR}{OISER_{ca} \times SF_0 + DCSER_{ca} \times SF_d + (PISER_{ca} + loVER_{cal} + loVER_{ca2} + liVER_{cal}) \times SF_i}$$

（12-36）

式中，$RSRL_{total}$ 为基于所有暴露途径综合致癌风险的土壤修复限值（mg/kg）；ACR 为可接受致癌风险，无量纲，取值为 10^{-6}；$OISER_{ca}$ 为经口摄入土壤暴露量（致癌效应）[kg 土壤/（kg 体重·d）]；SF_0 为经口摄入致癌斜率因子[mg 污染物/（kg 体重·d）]$^{-1}$；$DCSER_{ca}$ 为皮肤接触途径的土壤暴露量（致癌效应）[kg 土壤/（kg 体重·d）]；SF_d 为皮肤接触致癌斜率因子[mg 污染物/（kg 体重·d）]$^{-1}$；$PISER_{ca}$ 为吸入土壤颗粒物的土壤暴露量（致癌效应）[kg 土壤/（kg 体重·d）]；$loVER_{cal}$ 为吸入室外空气中来自表层土壤的污染物蒸气对应的土壤暴露量（致癌效应）[kg 土壤/（kg 体重·d）]；$loVER_{ca2}$ 为吸入室外空气中来自下层土壤的污染物蒸气对应的土壤暴露量（致癌效应）[kg 土壤/（kg 体重·d）]；$liVER_{cal}$ 为吸入室内空气中来自下层土壤的污染物蒸气对应的土壤暴露量（致癌效应）[kg 土壤/（kg 体重·d）]；SF_i 为呼吸吸入致癌斜率因子[mg 污染物/（kg 体重·d）]$^{-1}$。

2. 单一污染物基于非致癌风险的土壤修复限值

（1）基于经口摄入土壤途径非致癌风险的土壤修复限值，采用式（12-37）计算。

$$HSRL_{OIS} = \frac{RfD_o \times AHQ}{OISER_{nc}}$$ （12-37）

式中，$HSRL_{OIS}$ 为基于经口摄入非致癌风险的土壤修复限值（mg/kg）；RfD_o 为经口摄入参考剂量[mg 污染物/（kg 体重·d）]$^{-1}$，可采用导则推荐默认值的参数；AHQ 为可接受危害商，无量纲，取值为 1；$OISER_{nc}$ 为经口摄入土壤暴露量（非致癌效应）[kg 土壤/（kg 体重·d）]。

（2）基于皮肤接触土壤途径非致癌风险的土壤修复限值，采用式（12-38）计算。

$$HSRL_{DCS} = \frac{RfD_d \times AHQ}{DCSER_{nc}}$$ （12-38）

式中，$HSRL_{DCS}$ 为基于皮肤接触非致癌风险的土壤修复限值（mg/kg）；AHQ 为可接受危害商，无量纲，取值为 1；RfD_d 为皮肤接触参考剂量[mg 污染物/（kg 体重·d）]$^{-1}$；$DCSER_{nc}$ 为皮肤接触的土壤暴露量（非致癌效应）[kg 土壤/（kg 体重·d）]。

（3）基于吸入土壤颗粒物途径非致癌风险的土壤修复限值，采用式（12-39）计算。

$$HSRL_{ISP} = \frac{RfD_i \times AHQ}{PISER_{nc}}$$　（12-39）

式中，$HSRL_{ISP}$ 为基于吸入颗粒物非致癌风险的土壤修复限值（mg/kg）；AHQ 为可接受危害商，无量纲，取值为 1；RfD_i 为呼吸吸入参考剂量[mg 污染物/（kg 体重·d）]$^{-1}$；$PISER_{nc}$ 为吸入土壤颗粒物的土壤暴露量（非致癌效应）[kg 土壤/（kg 体重·d）]。

（4）基于吸入室外空气中污染物蒸气途径非致癌风险的土壤修复限值，采用式（12-40）计算。

$$HSRL_{loV} = \frac{RfD_i \times AHQ}{loVER_{nc1} + loVER_{nc2}}$$　（12-40）

式中，$HSRL_{loV}$ 为基于吸入室外污染物蒸气非致癌风险的土壤修复限值（mg/kg）；RfD_i 为呼吸吸入参考剂量[mg 污染物/（kg 体重·d）]$^{-1}$；AHQ 为可接受危害商，无量纲，取值为 1；$loVER_{nc1}$ 为吸入室外空气中来自表层土壤的污染物蒸气对应的土壤暴露量（非致癌效应）[kg 土壤/（kg 体重·d）]；$loVER_{nc2}$ 为吸入室外空气中来自下层土壤的污染物蒸气对应的土壤暴露量（非致癌效应）[kg 土壤/（kg 体重·d）]。

（5）基于吸入室内空气中污染物蒸气途径非致癌风险的土壤修复限值，采用式（12-41）计算。

$$HSRL_{liV} = \frac{RfD_i \times AHQ}{liVER_{nc1}}$$　（12-41）

式中，$HSRL_{liV}$ 为基于吸入室内污染物蒸气非致癌风险的土壤修复限值（mg/kg）；RfD_i 为呼吸吸入参考剂量[mg 污染物/（kg 体重·d）]$^{-1}$；AHQ 为可接受危害商，无量纲，取值为 1；$liVER_{nc1}$ 为吸入室内空气中来自下层土壤的污染物蒸气对应的土壤暴露量（非致癌效应）[kg 土壤/（kg 体重·d）]。

（6）基于所有暴露途径综合非致癌风险的土壤修复限值，采用式（12-42）计算。

$$HSRL_{total} = \frac{AHQ}{\dfrac{OISER_{nc}}{RfD_0} + \dfrac{DCSER_{nc}}{RfD_d} + \dfrac{PISER_{nc} + loVER_{nc1} + loVER_{nc2} + liVER_{nc1}}{RfD_i}}$$

（12-42）

式中，$HSRL_{total}$ 为基于所有暴露途径综合非致癌风险的土壤修复限值（mg/kg）；AHQ 为可接受危害商，无量纲，取值为 1；$OISER_{nc}$ 为经口摄入土壤暴露量（非致癌效应）[kg 土壤/（kg 体重·d）]；RfD_0 为经口摄入参考剂量[mg 污染物/（kg 体重·d）]$^{-1}$，可采用导则推荐默认值的参数；$DCSER_{nc}$ 为皮肤接触的土壤暴露量（非致癌效应）[kg 土壤/（kg 体重·d）]；RfD_d 为皮肤接触参考剂量[mg 污染物/（kg

体重·d）]$^{-1}$；PISER$_{nc}$为吸入土壤颗粒物的土壤暴露量（非致癌效应）[kg 土壤/（kg 体重·d）]；loVER$_{nc1}$为吸入室外空气中来自表层土壤的污染物蒸气对应的土壤暴露量（非致癌效应）[kg 土壤/（kg 体重·d）]；loVER$_{nc2}$为吸入室外空气中来自下层土壤的污染物蒸气对应的土壤暴露量（非致癌效应）[kg 土壤/（kg 体重·d）]；RfD$_i$为呼吸吸入参考剂量[mg 污染物/（kg 体重·d）]$^{-1}$；IiVER$_{nc1}$为吸入室内空气中来自下层土壤的污染物蒸气对应的土壤暴露量（非致癌效应）[kg 土壤/（kg 体重·d）]。

3. 保护地下水的土壤修复限值

污染场地土壤中的关注污染物有可能淋溶进入地下水，影响地下水环境质量。如果暴露情景分析表明，场地及周边地区地下水作为饮用水源或农业灌溉水源，则需要计算保护地下水的土壤修复限值。

土壤中污染物可随淋溶水发生垂直迁移而进入地下水，影响地下水环境质量。污染场地所在地地下水作为饮用水源或农业灌溉水源时，应计算保护地下水的土壤修复限值。保护地下水的土壤修复限值以地下水中污染物的最大浓度限值为基准，采用式（12-43）计算。

$$SRL_{pgw} = \frac{MCL_{gw}}{CF_{gw}}$$ （12-43）

式中，SRL$_{pgw}$为保护地下水的土壤修复限值（mg/kg）；MCL$_{gw}$为地下水中污染物的最大浓度限值（mg/L）；CF$_{gw}$为地下水中来自土壤的污染物对应的土壤含量（kg/L）。

4. 土壤修复目标值的最后确定

比较经上述计算得到的各关注污染物经单一和所有暴露途径致癌风险的土壤修复限值、经单一和所有暴露途径非致癌风险的土壤修复限值和保护地下水的土壤修复限值，选择最小值作为污染场地土壤修复建议目标值。

第三节　污染场地的修复

污染场地修复的目的是将场地中的污染物转移、吸收、降解或转化，或者阻断污染物对受体的暴露途径，使场地对暴露人群的健康风险控制在可接受水平，从而恢复场地使用功能，保证场地二次开发利用的安全性。

一、污染场地修复原则

规范性原则，采用程序化和系统化的方式规范污染场地修复过程和行为，恢复场地使用功能。

可行性原则，针对场地特征条件和健康风险综合考虑污染场地修复目标、修复技术的应用效果、修复时间、修复成本、修复工程的环境影响等因素，合理选择修复技术，科学制定修复方案，使修复工程切实可行。

安全性原则，污染场地修复工程的实施应注意施工安全和对周边环境的影响，避免对施工人员和周边人群健康产生危害。

二、污染场地修复步骤

污染场地修复的可行性研究工作按照图 12-4 的程序进行，内容包括评估预修复目标、筛选和评估修复技术、制定修复技术方案和编制可行性研究报告四个部分[232]。

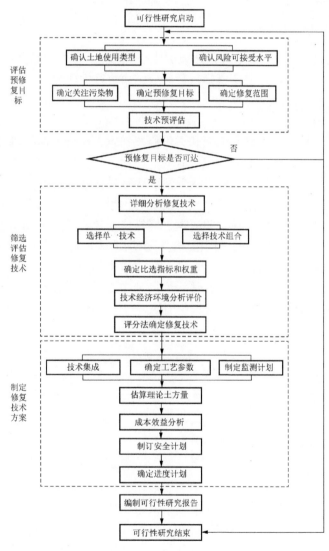

图 12-4　污染场地修复工作程序图[233]

（一）评估预修复目标

根据场地调查和风险评估，描述场地暴露情景，确定预修复目标。评估预修复目标包括确定预修复目标和技术预评估两部分。

1. 确定预修复目标

在确定场地特征及存在问题之后，进行可行性研究的第一步就是建立一个修复行动目标（RAOs），即预修复目标。该目标应说明以下内容：目标污染物组成、暴露途径和受体、每种暴露途径的可接受暴露浓度。

2. 修复技术预评估

可采用定性矩阵法、专家评估法或类比法等方法，评估预修复目标的可达性。如果修复目标不可达，则应调整修复目标或结束可行性研究。

（二）筛选和评价修复技术

如果修复目标可达，则应筛选和评价修复技术。结合场地的特征条件，从修复成本、资源需求、安全健康环境、时间等方面，通过矩阵评分法详细分析备选技术的经济、技术可行性和环境可接受性，确定最佳修复技术。

选择适合污染场地的最佳修复技术需要考虑很多因素，总结如下：场地所有者的意见、风险管理、修复技术的成本、修复技术的适用性和可行性。

然而，鉴于修复后土地的不同用途，污染场地的修复标准也是不同的。因此，为实现土地安全和环境支持的功能，达到修复成本的最小化，有必要制定不同的修复方案。确定土地功能有助于评估污染场地中不同污染物对人和生态的暴露风险范围。土地使用功能大致可分为农业用地、居住用地、商业用地和工业用地等，如表 12-5 所示。

表 12-5　不同土地利用途径分类

土地用途	定义
农业	用于农业和畜牧业的土地
居住	用于人类临时或永久居住的土地，包括学校、医院、公园和其他公用设施
商业	用于买卖商品及从事商业贸易服务的土地
工业	用于储存工业原料、生产制造工业产品的土地，公众一般难以进入该区域

在修复标准的严格程度方面，由于农业用地与食物链密切联系在一起，因此需要对其使用最严格的修复标准，然后依次是居住用地，最后是商业用地和工业用地。

（1）农业用地。要求所采用的修复技术不破坏其使用价值。适用于农业用地污染修复的技术包括生物修复、植物修复、土壤蒸气浸提/地下水曝气等。其中，生物修复和植物修复的成本较低，但是修复周期比较长。

（2）居住用地。此类场地比较适合采用低温热脱附技术和原位热处理技术来修复。

（3）商业和工业工地。适合用高温焚烧、原位热处理技术及原位（或异位）玻璃化技术修复。

如果技术预评估得到几种备选修复技术，则可采用评分矩阵法从场地特征、资源需求、成本、环境、安全、健康、时间等方面对备选修复技术进行详细分析。评分矩阵法应依次按照以下三步进行：确定分析指标和权重、逐项对各项备选技术或技术组合进行评分、依据技术评分确定最佳技术。

1. 确定分析指标

分析指标通常是根据污染物的毒性和迁移性、修复技术的可实施性、修复的短期和长期效果、修复成本、健康与环境安全、政府和公众接受程度等方面筛选可以量化的指标，主要包括场地特征依赖性、资源需求、环境影响、安全和健康因素、经济因素等方面，根据场地特征、区域环境特征和环境保护要求确定。

2. 确定权重因子

每项分析指标的权重因子应根据场地具体特征、修复项目工程所在地环境条件和环境保护要求确定。

3. 逐项评分

根据每项备选技术对资金、劳动力的需求量和环境影响程度等指标的大小进行评分，指标的分值可设为1、2和3。1表示对资金、劳动力的需求低，环境影响小；2表示对资金、劳动力的需求一般，环境影响一般；3表示对资金、劳动力的需求高，环境影响大。

4. 确定最佳修复技术

将表格中的分值与相应的"权重因子"相乘，并求总和，即为该技术的分值。分值越低，表示该技术越可行。根据上述程序，最终确定针对污染场地修复项目的一种或多种修复技术。

（三）制定修复技术方案

技术方案的确定按以下步骤进行。

集成修复技术：应根据场地污染的复杂性和污染物浓度水平集成污染场地修复技术。如果场地是多种污染物共存的复合型污染，首先应根据单一污染物分别选择修复技术，然后将多种技术进行组合；污染物浓度较高时，一般应选择物理化学修复技术，污染物浓度较低时，一般应选择生物修复技术。

确定修复技术的工艺参数：修复技术的工艺参数一般应通过可行性试验确定。可行性试验的次数、层次和参数应根据各项修复技术和各地区同类修复技术的应用情况综合考虑确定。根据可行性试验结果，进一步调整和完善修复技术或集成技术，确定工艺运行参数，优化污染场地修复技术方案。

制订场地修复的监测计划：场地修复的监测计划可以分为修复前的补充监测计划和修复过程监测计划。

如果场地环境调查报告不能提供确定需修复的范围、面积、深度等修复工程实施所必需的信息，应制订修复前的补充监测计划；如果拟采用的修复技术（如自然降解和生物降解等）在工程实施时需要实时了解修复过程中的修复效果，及时确定修复结束的节点，则应制订修复过程监测计划。

污染场地修复前的补充监测计划和修复过程监测计划的内容应包括但不限于监测目的、布点原则、点位分布、检测项目、监测进度安排、监测的可行性分析、监测的工作步骤等。污染场地修复前的补充监测和修复过程监测的技术要求应参考《场地环境调查技术规范》和《场地环境监测技术导则》执行。

估算场地修复的理论土方量：理论土方量应根据关注污染物种类、浓度水平和污染范围、修复目标值、工艺参数、场地特征条件等调查数据进行估算。估算理论土方量时，应以污染源为中心画出每种关注污染物浓度等值线，采用专业软件或手动估算出等修复目标线（等值线上的数值等于修复目标值）以内的土方量。对于复合型污染，应将每种污染物的等值线图进行叠加估算土方量。

分析成本—效益：成本—效益分析包括污染场地修复工程的修复成本分析和环境效益分析两部分。修复成本分析应包括可行性研究、修复监测、修复工程设计、修复工程实施、健康安全防护、二次污染处理等每部分的成本及各部分成本在总成本中的比例。环境效益分析包括修复后地价提升效益、人体健康效益和生态环境效益，其可根据每个污染场地修复项目的具体情况决定是否分析。

分析环境影响：对于污染场地修复工程的实施，应分析修复工程的环境影响，内容包括修复工程预分析、污染物排放及控制分析。污染场地修复工程预分析内容包括修复工程的类型、规模、能源与资源用量，修复工程项目所在地的环境条件等。污染物排放及控制分析包括修复过程中污水、恶臭气体、扬尘、噪声等的排放特征，提出"三废"和噪声控制措施。对于环境影响可能较大的修复工程项目，应进行环境影响评价。

场地修复安全计划：为确保场地修复过程中施工人员与环境的安全，必须制订周密的场地修复安全计划，内容包括安全问题识别、需要采取的预防措施、突发事故时的应急措施、必须配备的安全防护装备、安全防护培训等。

施工进度计划：制订可行性研究报告、工程设计、监测、实施、验收等阶段的时间安排表。工程实施阶段的时间安排可以细化，制订每一阶段的时间安排表。

（四）编制可行性研究报告

根据修复目标的评估结果、修复技术的筛选评价结果和修复技术方案，编写污染场地修复工程的可行性研究报告，分析单一修复技术或集成修复技术的经济可行性、环境影响的可接受性，明确提出污染场地修复工程的可行性研究结论及问题和建议。

可行性研究报告应全面、准确地反映修复工程可行性研究中的全部工作内容。报告中的文字应简洁、准确，并尽量采用图、表和照片等形式表示出各种关键技术信息，以利于施工方制订污染场地修复工程施工方案。

第四节　污染场地修复技术

污染场地修复通常包括污染土修复和地下水层净化两个方面。污染土壤常见的处理技术目前大致可归纳为 5 类，即化学处理技术、物理分离技术、固化/稳定化技术、高温处理技术、微生物修复技术。污染地下水的修复方法主要也有 5 项：注气法、原位微生物修复技术、两相蒸气提取法、原位氧化法、原位反应墙技术[234]。本节主要介绍污染土的修复技术。

一、化学处理方法

化学处理法主要通过氧化/还原反应把土中具有危害性的污染物转化为无毒、低毒的化合物或使之形成化学性质更稳定，迁移性更弱的新的化合物[235, 236]。常用的氧化剂有臭氧、过氧化氢（双氧水）、次氯酸盐、氯气和二氧化氯、高锰酸钾等。其中常见的 2 种氧化处理技术为：氰化物处理，通过氧化反应把有机的氰化物转化为低毒性的化合物[237, 238]；脱氯作用，通过化学反应把污染物化学分子中的氯原子剥离或替换出去，使它们的毒性降低[239]。为了把深部土壤中的有机污染物快速氧化，目前还可以使用深层搅拌等技术，即用大口径的钻机把深部的污染土和氧化剂搅拌混合，使土中的有机物得到快速氧化。

注射活性物质技术，通常通过在污染区域的特定位置注射还原剂或溶液，形成一个活性反应区，使其与污染物反应。该技术也是原位稳定化技术的一种，是利用化学还原剂将污染物还原为难溶态，从而使污染物在土壤环境中的迁移性和生物可利用性降低。该技术不直接处理污染源区域，而是进行截取并处理污染区域，主要适用于低渗透性的区域，不用进行土壤的挖掘，污染物质的人类暴露概率很低，污染深度很深的区域也能够得到处理[240]。

在进行原位活性区注射时，需要考虑以下两种反应类型：①注射剂或溶液与地下环境之间的反应，这涉及生物地球化学，以便优化所需反应；②注射剂、基质或微生物与迁移污染物之间的反应，这关系到反应效果。注射剂与污染物的反应机理包括转换和固定，可以通过无机途径和有机途径。无机途径包括氧化、吸附和固定，有机途径包括氧化、生物吸附、生物积累、有机金属络合等。

常用的还原剂包括以下几种。

（1）SO_2还原剂。SO_2还原剂可用于去除地下水中对还原作用敏感的污染物，包括铬酸盐、铀和锝及一些氯化溶剂。

（2）H_2S。可用于修复被铬（VI）污染的土壤或地下水。

（3）FeO胶体。粉末FeO能脱除很多氯化溶剂中的氯离子，将可迁移的氧化性阴离子（如CrO_4^{2-}和TcO_4^-）、氧化性阳离子（如UO_2^{2+}）转化为固态物质而难以迁移[241]。

该技术对于处理污染范围较大的地下水污染羽（contaminant plume）非常有效，所需工程周期一般在几天至几个月不等，所需费用主要由药剂费、采样分析费、现场管理费及施工费等组成。

二、物理分离技术

即利用物理方式把污染物从土中转移出去。目前常用的方法有以下几种[242]。

1. 原位土壤淋洗

原位土壤淋洗（*in-situ* soil flushing）是借助能促进土壤环境中污染物溶解或迁移作用的溶剂，通过水力压头推动清洗液，将其喷淋或注入被污染土层中；然后再将包含污染物的液体从土层中抽提出来，进行分离和污水处理，去除水中的污染物，处理后的水又可以用于循环喷淋。操作时需把大量的水（有时还加某些处理剂或其他化学试剂）灌入土内以把土壤中的危害物质清洗出去，它可以循环再生或多次注入地下水来活化剩余的污染物。该技术的主要优点是：在加入恰当的化学物质（如活性剂）后就可处理土壤中难溶的污染物。

该方法的技术关键是寻找一种既能提取各种形态的污染物，又不破坏土壤结构的淋洗液[243]。由于淋洗过程的主要技术手段是向污染土壤中喷淋或注射溶剂或"化学助剂"，因此，提高污染土壤中污染物的溶解性和它在液相中的可迁移性是实施该技术的关键。这些溶剂或"化学助剂"应具有增溶、乳化效果，或能改变污染物化学性质，使污染物更容易从土壤中淋洗出来。目前，用于淋洗土壤的淋洗液较多，包括有机或无机酸、碱、盐和螯合剂等。

2. 异位土壤淋洗

异位土壤淋洗（*off-situ* soil washing）是指将污染土壤挖出后运送到特定的清洗装置中，使土壤与清洗液（可以是水，也可以是添加了螯合剂、表面活性剂、

pH 调节剂等的溶液）充分混合并搅拌清洗，土壤中的污染物在水力冲刷及化学螯合、络合作用下转入液相，然后通过固液分离使土壤与污染物分开，最终对清洗液进行处理，污染得以消除[244]。这项技术有两个作用，一是利用机械作用力和水（有时加一些添加剂）把污染物从土壤颗粒表面冲走；二是利用搅拌方法把污染程度更大的细颗粒与污染程度相对较轻的较大颗粒分离出来，减少下一步所需处理的土壤体积。该法的适用条件与就地水溶液冲洗相同，主要都是用于处理有机污染土。其主要优点是：能处理渗透性差、黏性土含量高的土壤。其他方法，如土壤中蒸气提取法或就地微生物修复技术、热气注入法、溶剂提取法等则对该污染土无能为力。

3. 土壤气提技术

土壤气提技术（soil vapor extraction）是指利用物理方法通过降低土壤孔隙的蒸气压，把土壤中的污染物转化为蒸气形式而加以去除的技术。该技术适用于地下含水层以上的包气带，其工艺基本原理是将新鲜空气注入污染土壤，利用真空泵产生的负压和固相、液相、气相之间的浓度梯度，将污染物带入气相中，然后从土壤中排出[245]。该方法能处理 VOCs 和某些半挥发性有机物（SVOCs）。实践证明利用该方法处理被汽油污染的土壤极为有效，为提高土壤中蒸气提取法处理的效果，其可与热气注入法配合使用。

针对不用性质的污染物，土壤气提技术分为原位、异位和多相浸提技术。原位土壤气提技术适用于处理亨利系数大于 0.01 或者蒸气压大于 66.66 Pa 的挥发性有机化合物，如挥发性有机卤代物或非卤代物，也可用于去除土壤中的油类、重金属、多环芳烃或二噁英等污染物；而异位土壤气提技术具有更广泛的应用，主要用于挖掘土壤的批处理，适用于修复含有挥发性有机卤代物和非卤代物的污染土壤；多相土壤气提技术是上述两种技术的改进，可同时用于地下水和土壤蒸气浸提，适用于中、低渗透地层中挥发性有机物和其他有机污染物。

4. 热气注入技术

热气注入技术（hot air injection）即把热气注入地下，使之在土中循环流动。通过热气把挥发性有机污染物从土颗粒表面解吸出来，再进行提取和搜集，以便进行后期处理。

5. 控制法修复油类污染物

控制法修复油类污染物（contained recovery of oily wastes）包括把水蒸气和热水注入地下，以增强黏滞性高的油类污染物（如煤焦油）的活动性，使之从土颗粒表面释出，并从回收井内出来。该技术曾在美国宾夕法尼亚州的 Stroudsburg, Brodhead Creek 场地（超级基金资助的场地）使用过。在该场地中处理时间 20 个月，总共用了 6 个注热水井、2 个回收井和 1 个地面处理系统。

6. 溶剂提取技术

溶剂提取技术（solvent extraction）即采用恰当的溶剂把土壤中的有机污染物质溶解并提取出来。所选择的溶剂类型需要根据具体的污染物种类来定。该方法有时也称为表面活化剂冲洗法（surfactant flushing）。

7. 电动力学技术

电动力学技术（electrokinetic）即把电极插入土中，再通入低强度的直流电，使带电的污染颗粒（或离子）在电场的作用下朝着电极两端方向做定向移动，并聚集在电极附近以便进行收集，最后在地面上再把污染物进行后期处理。这项技术只能处理溶解在土壤孔隙液中以带电离子存在的污染物。目前主要用于处理渗透性低的污染土壤[246]。

三、固化/稳定化技术

固化/稳定化技术通过将污染土壤与添加的凝固剂或黏合剂混合，使土壤中的污染物转化为低毒、难溶、化学性质不活泼的形态[247]，并被固定在所形成的矿物晶格中，使污染物与周围环境隔离，降低污染物在环境中的迁移性和生物可利用性，从而降低污染的风险[248]。其中，固化是指将污染物包裹起来，使之呈颗粒状或大块状存在，进而使污染物处于相对稳定的状态；而稳定化是将污染物转化为低毒性或迁移性较差的状态[249]。这两个过程一般同时进行。

固化/稳定化技术一般采用的方法是：先利用吸附质如黏土、活性炭和树脂等吸附污染物，浇上沥青，然后添加某种凝固剂或黏合剂，使混合物成为一种凝胶，最后固化为硬块[250]。目前国际上常用于处理重金属污染土壤的固化方法包括水泥及其他凝硬性材料固化法、热塑性微包胶处理、玻璃化及微波固化等。水泥及其他凝硬性材料如飞灰、石灰、沥青等固化法因具有易于操作、高效且成本低等优点，目前在国际上已广泛运用于固化污染土壤及工业废物，其中水泥应用最为广泛[251, 252]。

基于水泥的固化技术主要的胶结剂为硅酸盐水泥或其他类型的水泥（如土聚水泥），需要时可掺入外加剂（如还原剂）[253]。水泥固化法的优点是造价低廉、易于操作，但不能用于有机物含量高的污染土处理。此外，研究显示，石膏会严重干扰水泥对 Cr（Ⅵ）的固化，无石膏的复合水泥成功处理了溶解态 Cr（Ⅵ）[254]。

基于石灰的固化技术是利用石灰或石灰与火山灰（粉煤灰、窑灰、硅酸盐）

水泥为胶结剂。一般用于处理某些有机污染土（或污泥）。

改性黏土技术可处理无机污染物或有机污染物，这主要取决于改性黏土的类型（即采取的改性方法）。有机改性黏土是利用有机离子把天然黏土改造为亲有机质的黏土，然后用于被有机污染物污染的废水或污染土的处理。如可采用四甲基铵——黏土吸附水污染砂土中的 TCE 废液或酚液。

热塑技术采用沥青或塑料（聚乙烯、聚丙烯、尼龙）等为胶结剂，在受热的情况下与 100℃下干燥的污染物混合，冷却成型。其固化块体可用于修路或加固地基。该方法可用于无机废弃物或有机废弃物的处理，固化产物不仅可防水而且防微生物侵蚀。其缺点是固化物可被某些溶剂软化，也能被强氧化剂如硝酸盐、过氯酸盐等所侵蚀。

热固树脂技术采用液状有机聚合物为胶结材料，催化剂为助剂，废弃固体物质为集料拌合而成树脂混凝土。其固化物具有耐腐蚀、抗渗性能高、抗冻性好的优点。聚合物有脲醛树脂、苯乙烯、聚酯树脂、酚醛树脂、聚丁二烯等。该技术与热塑性技术的主要区别是热固材料一经受热固化后就再也不能被可逆转化。此项技术可处理的污染物种类范围很广，可用于无机废物或有机废物处理。但缺点是处理成本高。

玻璃化技术一般用于污染土的处理。在高温（1500℃以上）下污染土被融化为玻璃或玻璃质与晶体混合物。处理时土中的有机污染物被焚毁，而重金属或放射性物质则进入玻璃质结构中[255]。一般而言，所形成的玻璃质具有强度高、耐久性好、抗渗出等优点。该方法能有效处理金属污染物和有机污染物混合的污染土。但该技术的处理成本高，一般只在固体废弃物成分复杂，其他单一方法处理难以奏效时才采用。

四、高温处理技术

通过直接或间接热交换，将污染介质及其所含的有机污染物加热到足够的温度，使有机污染物从污染介质挥发或分离的过程[256]。按处理方式分为原位热处理技术和异位热处理技术；按温度可分为高温热处理技术（土壤温度为 315～540℃）和低温热处理技术（土壤温度为 150～315℃）。热处理修复技术适用于处理土壤中挥发性有机物、半挥发性有机物、农药、高沸点氯代化合物，不适用于处理土壤中重金属、腐蚀性有机物、活性氧化剂和还原剂等[257]。

1. 原位热处理技术

原位热处理技术是通过向污染场地中加热并同时抽真空的方式以去除挥发或半挥发性的有机污染物。加热的温度一般控制在 700～800℃，在加热的过程中发生蒸发、蒸馏、沸腾、氧化和热解等作用。土壤中的大部分有机物（占 95%～99%）在高温下分解，其余未能分解的污染物在抽真空的条件下从土壤中分离出来，最终在地面处理设施（热氧化和活性炭吸附装置等）中彻底消除。

该技术适合处理沸点较高的污染物，如 PCBs、杀虫剂、PAHs 及其他的长链烃类物质等。目前，原位热处理技术是一种较为成熟的技术，已经获得了大量成功的商业应用。从修复效果来看（表 12-6），原位热处理技术是一种经济、高效的污染场地原位修复技术。

表 12-6 TerraTherm 公司原位热处理技术修复 PCBs 污染场地的应用实例

场地位置	项目类型	修复深度/ft	污染物种类	初始浓度/ppm	最终浓度/ppm
S. Glens Falls, NY	大规模试验	0～0.5	PCBs 1248/1254	5000	<0.8
Cape Girardeau, MO	大规模试验	0～1.5	PCBs 1260	500	<1
Cape Girardeau, MO	大规模试验	0～12	PCBs 1260	20000	<0.033
Vallejo, CA	大规模试验	0～14	PCBs 1254/1260	2200	<0.033
Tanapag, Saipan	商业应用	0～2	PCBs 1254/1260	10000	<1
Ferndale, CA	商业应用	0～15	PCBs 1254	800	<0.17

注：1ft=0.3048m。

2. 焚烧处理技术

焚烧处理技术包括异位焚烧和原位焚烧两种，都是利用高温（970～1200℃）把污染物中的卤代化合物或其他难溶有机物热解焚毁（在氧气作用下）及挥发出去。只要操作恰当，利用该办法清除和焚毁污染物的效率可达 99.99%。其中多氯联苯（PCBs）等的去除率可达 99.9999%。

3. 等离子体高温技术

等离子体高温技术属于热处理过程，已在商业上用于处理焚烧飞灰。在操作时利用等离子体产生的热（1500～1600℃）把土壤中的污染物转化为含金属的烟尘或（和）有机气体的形式并从土壤中清除出去。所转化形成的有机气体可作为燃料，而含金属的烟尘可进行回收利用。

4. 低温热处理技术

低温热处理技术也称为热解吸法，是将被污染的土壤置于旋转窑炉中加热至一定温度，处理温度一般控制在 170～550℃，将挥发性和半挥发性的污染物从土壤中解吸出来；解吸到气相中的污染物通过抽真空作用进入焚烧、浓缩器或者活性炭吸附等设备中彻底被去除。有研究发现挥发性有机物去除效率可达 88%。该技术能源费用较低，要比焚烧法低 50% 以上。通过热解吸处理除去土壤中的有机毒物，这些毒物可被再利用，也可被销毁。

　　热处理技术工艺流程如下：处理前，通过筛分和磁选去除污染土壤中的大石块；在回转窑中将土壤加热至 550～650℃，有机污染物（部分）氧化和热解而从土壤中蒸发，随后加水冷却；烟气处理涉及焚化（1000～1100℃）和脱硫。热处理技术适用于所有有机污染物，修复后土壤中重金属含量符合重复利用标准。

五、微生物修复技术

　　降解有机污染物的微生物是以污染物作为唯一碳源和能源或者与其他有机物质进行共代谢达到降解的目的。微生物修复技术是农田土壤污染修复中常见的一种技术，该技术也已在农药或石油污染土壤中得到应用。在我国，已构建了农药高效降解菌筛选技术、微生物修复剂制备技术和农药残留微生物降解田间应用技术；也筛选了大量的石油烃降解菌，复配了多种微生物修复菌剂，研制了生物修复预制床和生物泥浆反应器，提出了生物修复模式[258, 259]。微生物修复技术分为异位和原位两种方式。

　　1. 微生物异位修复技术

　　微生物异位修复技术即把污染土挖出在别处处理。其中：①泥浆态土的微生物处理是把污染土与水混合成泥浆状态。该技术可单独采用，也可与其他生物、化学和物理方法结合采用。目前已经证实泥浆态微生物处理法对于含半挥发性有机物、非挥发性有机物及燃料、杂酚油、五氯苯酚（PCP）和多氯联苯（PCBs）等物质的污染土处理效果很好。②固态微生物处理，是把污染土置于盒子或容器中，然后把水和微生物所需的营养物质拌和进去。③土地耕作和施肥也是属于固态微生物处理中的一种[260]。

　　2. 微生物原位修复技术

　　微生物原位修复技术是借助压力把氧气，有时还包括营养物质，通过井孔压入污染土中；也可把营养物质平铺在地表，使其自动渗入土内。通气生物修复法（bioventing）就是其中的一种，它结合了土壤蒸气提取法和微生物修复法两种技术，利用土壤蒸气提取孔或者利用真空装置来导入空气。

　　污染土壤的微生物修复技术主要用于有机污染土壤的处理，目前国际上也有一些学者正在研究如何利用该技术处理重金属污染土壤。微生物虽然不能降解和破坏金属，但可通过改变它们的化学或物理特性而影响金属在环境中的迁移与转化：可以降低土壤中重金属的毒性；吸附重金属；改变根际环境，从而提高植物对重金属的吸收或固定效率[261, 262]。其主要作用原理如下[263]。

　　（1）在人为优化的条件下，利用自然环境中的微生物或人为投加的特效微生物对重金属进行吸收、沉淀、氧化、还原等操作，使污染的土壤恢复生态功能。

　　（2）在新陈代谢过程中，微生物通过对重金属元素的价态转化或通过刺激植物根系的发育影响植物对重金属的吸收，从而降低土壤中重金属含量或毒性；某些菌还能通过胞外络合作用、胞外沉淀作用、胞内积累与转化等生理过程将重金属由高毒性变为低毒性。

（3）微生物还可与植物根系相互作用，形成菌根或刺激根系分泌重金属络合剂、螯合剂，抑制重金属的毒性，或促进植物对重金属的吸收富集，降低土壤中重金属的含量。

微生物修复技术优势在于投资小、运行费用低、无二次污染等，已逐步成为对修复污染场地适用的价廉、方便而又彻底的治理方法。但是周期比较长、菌种的生存环境要求高等特点使这一技术受到了一定的限制。

思　考　题

1. 简述什么是污染场地。
2. 为什么要进行污染场地环境调查？简述场地调查的内容和计划。
3. 简述场地调查样品采集时应注意哪些问题，以及如何处理场地调查得到的大量资料。
4. 简述污染场地健康风险评价的程序与内容。
5. 简述如何进行污染场地危害识别和暴露评估。
6. 简述确定土壤修复建议目标值的工作内容。
7. 简述污染场地修复目的、修复原则和修复步骤。
8. 详细介绍污染场地污染土修复技术及如何筛选修复技术。
9. 某一场地中的化合物浓度及计算剂量和摄入的标准参数如表 12-7、表 12-8 所示。

表 12-7　某场地中的化合物浓度

化合物	空气		地下水		土壤	
	平均值/ (mg/m^3)	最大值/ (mg/m^3)	平均值/ (mg/L)	最大值/ (mg/L)	平均值/ (mg/kg)	最大值/ (mg/kg)
氯苯	4.09×10^{-8}	8.09×10^{-8}	2.50×10^{-4}	1.10×10^{-2}	1.39	6.40
氯仿	1.12×10^{-12}	3.12×10^{-12}	4.30×10^{-4}	7.60×10^{-3}	1.12	4.10
1,2-二氯甲烷	1.40×10^{-8}	2.40×10^{-8}	2.10×10^{-4}	2.00×10^{-3}	ND	ND
BEHP	3.29×10^{-7}	8.29×10^{-7}	ND	ND	1.03×10^2	2.30×10^2

注：ND 表示未检测到。

表 12-8　计算某场地剂量和摄入的标准参数

参数	成人	6～12 岁儿童	2～6 岁儿童
平均体重/kg	70	29	16
皮肤表面积/cm^3	18150	10470	6980
水摄入量/（L/d）	2	2	1
空气吸入量/（m^3/h）	0.83	0.46	0.25

续表

参数	成人	6～12岁儿童	2～6岁儿童
保持率（吸入空气）/%	100	100	100
吸收率（吸入空气）/%	100	100	100
土壤摄入量/（mg/d）	100	100	200
洗浴时间/min	30	30	30
暴露频率/（d/a）	365	365	365
暴露时间/a	30	6	4

根据以上数据确定成人在居所内长时间每天吸入污染物的量，以及6～12岁的儿童在城市间每天吸入一种致癌化学物质的量。

（1）现场的工人由于皮肤接触土壤而导致暴露1年以上，根据表12-7、表12-8中数据确定平均每天摄入氯苯的量。

（2）从现场工人皮肤与土壤的接触，确定表12-7中列举的所有化合物的平均日摄入量和最大假定摄入量。注意一些化合物可能需要进行致癌物质和非致癌物质的评估。

（3）确定上题中产生的全部致癌物质风险和全部非致癌物质风险。

10. 简述什么是风险表征，它包括哪些内容。

11. 简述可行性研究报告包括哪些内容及编制步骤。

12. 设计一个Cr污染场地的修复工程，将土壤淋洗-地下水抽提、异位清洗和地下水抽提-处理技术结合在一起，并说明该设计的优点。

13. 简述污染场地生物修复技术及其优点。

参 考 文 献

[1] Batstone R, Smith J E, Wilson D C. Safe disposal of hazardous wastes: the special needs and problems of developing countries[M]. Washington D C: World Bank, 1989.

[2] Carson R. Silent Spring[M]. Boston, Massachusetts: Houghton Mifflin Company, 1962.

[3] Murata K, Sakamoto M. Minamata Disease[J]. Encyclopedia of Environmental Health, 2011, 272(7): 774-780.

[4] Wagner U K. Inventories of PCBs: an experts's point of view[C]. PEN magazine, 2010: 9-11.

[5] Dunckel A E. An updating on the polybrominated biphenyl disaster in Michigan[J]. Journal of the American Veterinary Medical Association, 1975, 167(9): 838-841.

[6] Michael B. Laying Waste[M]. New York: Pantheon Books, 1979.

[7] 赵由才, 蒲敏, 黄仁华. 危险废物处理技术[M]. 北京: 化学工业出版社, 2003.

[8] 李金惠, 王琪, 王洪涛. 危险废物管理与处理处置技术[M]. 北京: 化学工业出版社, 2003.

[9] 中国危险废物管理培训及技术转让中心. 中国危险废物管理国家行动方案[M]. 北京: 化学工业出版社, 1999.

[10] http://www.stats.gov.cn/tjsj/ndsj/2015/indexch.htm. 2015.

[11] Ojeda-Benitez S, Aguilar-Virgen Q, Taboada-Gonzalez P, et al. Household hazardous wastes as a potential source of pollution: a generation study[J]. Waste Management and Research, 2013, 31(12): 1279-1284.

[12] Awodele O, Adewoye A A, Oparah A C. Assessment of medical waste management in seven hospitals in Lagos, Nigeria[J]. Bmc Public Health, 2016, 16(1): 1-11.

[13] Gu B, Zhu W, Wang H, et al. Household hazardous waste quantification, characterization and management in China's cities: a case study of Suzhou[J]. Waste Management, 2014, 34(11): 2414-2423.

[14] 环境保护部. 国家危险废物名录[S]. 2016.

[15] Wagner T P, Toews P, Bouvier R. Increasing diversion of household hazardous wastes and materials through mandatory retail take-back[J]. Journal of Environmental Management, 2013, 123: 88-97.

[16] 国务院第一次全国污染源普查领导小组办公室. 第一次全国污染源普查工业污染源产排污系数手册(2010 年 修订)[M]. 2010.

[17] http://www.mep.gov.cn/gkml/zj/wj/200910/t20091022_172263.htm.

[18] 张丹丹. 美国危险废物管理法律制度对我国的启示[D]. 北京: 华北电力大学硕士学位论文, 2015.

[19] 李金惠. 危险废物管理[M]. 北京: 清华大学出版社, 2010.

[20] 许冠英, 罗庆明, 温雪峰, 等. 美国危险废物分类管理的启示[J]. 环境保护, 2010, (9): 74-76.

[21] Code of Federal Regulations 40 CFR261.1[S]. 1996.

[22] 国家环境保护总局污染控制司. 危险废物的环境管理与安全处置——巴塞尔公约全书[M]. 北京: 化学工业 出版社, 2005.

[23] 江俊蓉. 论危险废物越境转移的法律控制[D]. 重庆: 重庆大学硕士学位论文, 2006.

[24] 张湘兰, 秦天宝. 控制危险废物越境转移的巴塞尔公约及其最新发展:从框架到实施[J]. 法学评论, 2003, (3): 93-104.

[25] http://www.basel.int/Portals/4/Basel%20Convention/docs/centers/description/BCRCataGlance.pdf

[26] http://www.basel.int/COP10/Documents/tabid/2311/Default.aspx? meetingId=1&sessionId=44&languageId=3, UNEP.CHW.10/3 New strategic framework for the implementation of the Basel Convention for 2012 - 2021. 2011

[27] 苏伟. 工业危险废物优先控制类别确定方法研究[D]. 长春: 吉林大学硕士学位论文, 2004.

[28] 许冠英, 罗庆明, 温雪峰, 等. 美国危险废物分类管理的启示[J]. 环境保护, 2010, (9): 74-76.

[29] 陈洁, 逄辰生, 张瑞久. 欧盟城市固体废物立法管理及实践[J]. 节能与环保, 2008, (8): 22-25.

[30] 杨艳. 欧盟废物管理立法体系简介[J]. 中国环保产业, 2004, (9): 37-38.

[31] 罗庆明, 温雪峰, 许冠英, 等. 欧盟废物名录及固体废物分类管理研究[J]. 环境与可持续发展, 2009, 34(5): 32-35.

[32] 李晓. 德国危险废物的监督管理及处置[J]. 图书情报导刊, 2006, 16(12): 252-254.

[33] 李启家. 德国危险废物管理若干法律制度简述[J]. 环境导报, 1995, (1): 9-11, 45.

[34] 张瑞, 逄辰生, 陈洁. 荷兰城市固体废物的管理与综合处理[J]. 节能与环保 2010, (3): 28-31.

[35] 郭平. 我国工业危险废物产生特性研究[D]. 北京: 北京化工大学硕士学位论文, 2006.

[36] 黄启飞, 段华波, 王琪, 等. 危险废物名录鉴别体系研究[J]. 环境与可持续发展, 2006, (2): 6-8.

[37] 许婷, 张后虎, 张静, 等. 国内外危险废物管理制度研究[C]. 2015 年中国环境科学学会学术年会, 2015.

[38] 钱光人. 危险废物管理[M]. 北京: 化学工业出版社, 2004.

[39] 高记. 我国危险废物管理法律制度研究[D]. 西安: 西安建筑科技大学硕士学位论文, 2011.

[40] 全国人民代表大会常务委员会. 中华人民共和国固体废物污染环境防治法[J]. 2005.

[41] HJ/T 20—1998. 工业固体废物采样制样技术规范[S]. 1998.

[42] 王楠, 陈纯, 刘丹, 等. 我国固体废物监测技术发展现状[J]. 环境监测管理与技术, 2015(03): 1-5.

[43] 岳战林. 美国的危险废物鉴别体系与政策[J]. 节能与环保, 2009, (10): 23-26.

[44] GB 5085.7—2007. 危险废物鉴别标准 通则 [S][D]. 2007.

[45] GB 5085.5—2007. 危险废物鉴别标准 反应性鉴别 [S][D]. 2007.

[46] GB 5085.4—2007. 危险废物鉴别标准 易燃性鉴别 [S][D]. 2007.

[47] GB 5085.1—2007. 危险废物鉴别标准 腐蚀性鉴别 [S][D]. 2007.

[48] GB 5085.3—2007. 危险废物鉴别标准 浸出毒性鉴别 [S][D]. 2007.

[49] GB 5085.6—2007. 危险废物鉴别标准 毒性物质含量鉴别 [S][D]. 2007.

[50] GB 5085.2—2007. 危险废物鉴别标准 急性毒性初筛[S][D]. 2007.

[51] Cox B L, Carpenter A R, Ogle R A. Lessons learned from case studies of hazardous waste/chemical reactivity incidents[J]. Process Safety Progress, 2014, 33(4): 395-398.

[52] 王琪. 工业固体废物处理及回收利用[M]. 北京: 中国环境科学出版社, 2006.

[53] 王琪, 黄启飞, 闫大海, 等. 我国危险废物管理的现状与建议[J]. 环境工程技术学报, 2013, 3(1): 1-5.

[54] 环境保护部. 2016 年全国大、中城市固体废物污染环境防治年报[N]. 中国环境报, 2016.

[55] 胡文涛, 张金流. 危险废物处理与处置现状综述[J]. 安徽农业科学, 2014, (34): 12386-12388.

[56] Müller U, Rübner K. The microstructure of concrete made with municipal waste incinerator bottom ash as an aggregate component[J]. Cement and Concrete Research, 2006, 36(8): 1434-1443.

[57] Carlos A, Shogo Y, Takahisa O. Fracture energy analysis of eco-concretes in japan[J]. Advances Materials Research, 2011,168-170(1): 985-989.

[58] Medina C, del Bosque I F S, Asensio E, et al. New additions for eco-efficient cement design. Impact on calorimetric behaviour and comparison of test methods[J]. Materials and Structures, 2016, 49(11): 4595-4607.

[59] 王晓华, 于景琦, 陈宏坤, 等. 美国工业废液地下灌注与控制技术介绍[J]. 油气田环境保护, 2007, 17(3): 41-44, 61-62.

[60] EPA. UIC Pocket Book[M]. 2002.

[61] 钟伟, 高振记, 臧雅琼. 工业有害废液地下灌注国内外研究现状分析[J]. 环境工程技术学报, 2013, 3(3): 208-214.

[62] http://water.epa.gov/type/groundwater/uic/wells.cfm[J].

[63] 阎桂书. 危险废物的管理、处理与处置(续)[J]. 世界环境, 1991, (3): 34-35.

[64] http://zfxxgk.ndrc.gov.cn/PublicItemView.aspx?ItemID=%7Bdf0a5e92-a858-41d9-abae-cc1e5275a33c%7D

[65] 胡二邦. 环境风险评价实用技术和方法[M]. 北京: 中国环境科学出版社, 1999.

[66] 陈波, 石磊. 中国生态工业园区废物交换系统的功能框架及原型开发[J]. 环境科学与管理, 2008, 33(1): 161-165.

[67] 李清慧. 废物交换系统的主体建模及政策模拟[D]. 北京: 清华大学硕士学位论文, 2012.

[68] 陈波, 石磊. 中国生态工业园区废物交换系统的功能框架及原型开发[J]. 环境科学与管理, 2008, 33(1): 161-165.

[69] 孙英杰, 赵由才. 危险废物处理技术[M]. 北京: 化学工业出版社, 2006.

[70] Chaniago Y D, Minh L Q, Khan M S, et al. Optimal design of advanced distillation configuration for enhanced energy efficiency of waste solvent recovery process in semiconductor industry[J]. Energy Conversion and Management, 2015, 102: 92-103.

[71] 刘晓峰, 李鑫. 废有机溶剂再生技术概述[J]. 中国环保产业, 2008, (5): 45-47.

[72] Chaniago Y D, Khan M S, Choi B, et al. Energy efficient optimal design of waste solvent recovery process in semiconductor industry using enhanced vacuum distillation[J]. Energy Procedia, 2014, 61: 1451-1454.

[73] Cavanagh E J, Savelski M J, Slater C S. Optimization of environmental impact reduction and economic feasibility of solvent waste recovery using a new software tool[J]. Chemical Engineering Research and Design, 2014, 92(10): 1942-1954.

[74] 李金惠, 杨连威. 危险废物处理技术[M]. 北京: 中国环境科学出版社, 2006.

[75] 傅江, 程洁红, 周全法. 电镀污泥的重金属湿法回收资源化技术及展望[J]. 资源再生, 2009, (6): 47-49.

[76] 马建立, 商晓甫, 马云鹏, 等. 电解铝工业危险废物处理技术的发展方向[J]. 化工环保, 2016, (1): 11-16.

[77] 王文瑞, 赖日坤. 浅析电镀含铜和含镍污泥的资源化回收工艺[J]. 中国环保产业, 2009, (12): 37-40.

[78] 陈永松, 周少奇. 电镀污泥处理技术的研究进展[J]. 化工环保, 2007, (2): 144-148.

[79] 孟宪红, 李悦, 李英. 废催化剂中金属的回收[J]. 化工环保, 1996, (1): 33-35.

[80] 梁爱琴, 匡少平, 白卯娟. 铬渣治理与综合利用[J]. 中国资源综合利用, 2003, (1): 15-18.

[81] Li X, Qi T, Jiang X, et al. New technology for comprehensive utilization of aluminum-chromium residue from chromium salts production[J]. Transactions of Nonferrous Metals Society of China, 2008, 18(2): 463-468.

[82] Murthy I N, Babu N A, Rao J B. High carbon ferro chrome slag-alternative mould material for foundry industry[J]. Procedia Environmental Sciences, 2016, 35: 597-609.

[83] Mobasher N, Bernal S A, Provis J L. Structural evolution of an alkali sulfate activated slag cement[J]. Journal of Nuclear Materials, 2016, 468: 97-104.

[84] Wang G C, Comprehensive utilization of slag as system engineering: challenges and opportunities[J]. Utilization of Slag in Civil Infrastructure Construction. 2016, 371-390.

[85] 罗跃中, 李忠英. 钢废渣中钢的回收[J]. 广州化工, 2007, 35(3): 47-49.

[86] Busto Y, F M G Tack, Peralta L M, et al. An investigation on the modelling of kinetics of thermal decomposition of hazardous mercury wastes[J]. Journal of Hazardous Materials, 2013, 260(1): 358-367.

[87] 曾懋华, 奚长生, 彭翠红, 等. 冶锌工业废渣中镉的回收利用[J]. 韶关学院学报(自然科学版), 2003, 24(12): 56-59.

[88] 刘嫦娥, 李楠, 姜怡娇, 等. 铝工业废渣——赤泥的综合利用[J]. 云南环境科学, 2006, 25(3): 39-41.

[89] Tsakiridis P E. Aluminium salt slag characterization and utilization——A review[J]. Journal of Hazardous Materials, 2012, 217-218: 1-10.

[90] Lopez-Delgado A, Tayibi H. Can hazardous waste become a raw material? The case study of an aluminium residue: a review[J]. Waste Management and Research, 2012, 30(5): 474-484.

[91] Terazono A, Oguchi M, Iino S, et al. Battery collection in municipal waste management in Japan: challenges for

hazardous substance control and safety[J]. Waste Management, 2015, 39: 246-257.

[92] 史小林. 废旧电池回收处理利用方法综述[J]. 太原科技, 2007, (11): 26-27.

[93] Bigum M, Petersen C, Christensen T H, et al. WEEE and portable batteries in residual household waste: quantification and characterisation of misplaced waste[J]. Waste Management, 2013, 33(11): 2372-2380.

[94] 李良. 真空法回收利用废干电池的研究[D]. 长沙: 中南大学硕士学位论文, 2004.

[95] 傅欣, 贡佩芸, 傅毅诚. 废铅蓄电池的综合回收利用研究[J]. 再生资源研究, 2007, (4): 25-27.

[96] 张阳, 满瑞林, 王辉, 等. 综合回收废旧锂电池中有价金属的研究[J]. 稀有金属, 2009, 33(6): 931-935.

[97] Lin S S, Chiu K H. An evaluation of recycling schemes for waste dry batteries-a simulation approach[J]. Journal of Cleaner Production, 2015, 93: 330-338.

[98] Tanong K, Coudert L, Mercier G, et al. Recovery of metals from a mixture of various spent batteries by a hydrometallurgical process[J]. Journal of Environmental Management, 2016, 181: 95-107.

[99] 谭建红. 铬渣治理及综合利用途径探讨[D]. 重庆: 重庆大学硕士学位论文, 2005.

[100] 彭少邦. 铬渣污染控制及综合利用的研究[J]. 资源节约与环保, 2014, (7): 9-10+12.

[101] 孟凡伟, 朱元洪, 肖勇, 等. 铬渣烧结炼铁的应用研究[J]. 环境科学与管理, 2010, (11): 116-118+143.

[102] 付永胜, 欧阳峰. 铬渣作水泥矿化剂的技术条件研究[J]. 西南交通大学学报, 2002, (1): 26-28.

[103] 中国环境保护产业协会固体废物处理利用委员会, 北京. 我国工业固体废物处理利用行业 2013 年发展综述[J]. 中国环保产业, 2014, (12): 10-16.

[104] 赵由才, 牛冬杰, 柴晓利. 固体废物处理与资源化[M]. 北京: 化学工业出版社, 2006.

[105] 肖天存, 苏继新. 炼油催化剂废渣污染及其防治的研究[J]. 化工环保, 1999, 19(3): 131-134.

[106] 张远欣. 催化裂化废催化剂的分离再生回用技术[J]. 辽宁化工, 2009, 38(12): 897-899.

[107] 柴晓利, 赵爱华, 赵由才. 固体废物焚烧技术[M]. 北京: 化学工业出版社, 2006.

[108] Wei Q F, Ren X L, Guo J J, et al. Recovery and separation of sulfuric acid and iron from dilute acidic sulfate effluent and waste sulfuric acid by solvent extraction and stripping[J]. Journal of Hazardous Materials, 2016, 304: 1-9.

[109] 全翠. 废电路板热解特性及其热解油的资源化研究[D]. 大连: 大连理工大学博士学位论文, 2012.

[110] 贾伟峰, 段华波, 侯坤, 等. 废电路板非金属材料再生利用技术现状分析[J]. 环境科学与技术, 2010, (2): 196-200+205.

[111] Ban B C, Song J Y, Lim J Y, et al. Studies on the reuse of waste printed circuit board as an additive for cement mortar[J]. Journal of Environmental Science and Health Part a-Toxic/Hazardous Substances & Environmental Engineering, 2005, 40(3): 645-656.

[112] 张俊丽. 危险废物水泥窑共处置重金属的环境安全性研究[D]. 北京: 清华大学博士学位论文, 2008.

[113] 丛璟. 工业窑炉共处置危险废物过程中低温段重金属的吸附冷凝特性研究[D]. 杭州: 浙江大学硕士学位论文, 2015.

[114] 李橙. 危险废物水泥窑协同处置时重金属的固定效果研究[D]. 北京: 清华大学博士学位论文, 2007.

[115] 刘建国. 危险废物管理培训手册: 危险废物水泥窑处置[R]. 北京, 2003.

[116] De L H, Lemarchand D. Waste management solutions[J]. World Cement, 2000, 31(3): 70-78.

[117] 赵传军. 危险废物焚烧处理回转窑设备的研究[D]. 北京: 清华大学博士学位论文, 2005.

[118] Jin R, Zhan J, Liu G, et al. Variations and factors that influence the formation of polychlorinated naphthalenes in cement kilns co-processing solid waste[J]. Journal of Hazardous Materials, 2016, 315: 117-125.

[119] 孙绍锋, 蒋文博, 郭瑞, 等. 水泥窑协同处置危险废物管理与技术进展研究[J]. 环境保护, 2015, (1): 41-44.

[120] 滕玲玲, 余华华. 水泥窑协同处置危险废物的研究分析[J]. 广州化工, 2017, 45(3): 89-91.

[121] 王鹰. 危险废物处理处置技术分析[J]. 中国资源综合利用, 2017, 35(6): 120-122.

[122] 代江燕, 宋清国. 危险废物破碎预处理系统的工艺优化设计[J]. 环境工程, 2014, (1): 113-115.

[123] 朱能武. 固体废物处理与利用[M]. 北京: 北京大学出版社, 2006.

[124] 任科钦. 电子废物回收处理与资源化利用研究[C]. 中国环境科学学会学术年会论文集(第三卷), 2012: 2418-2422.

[125] Rajarao R, Sahajwalla V, Cayumil R, et al. Novel approach for processing hazardous electronic waste[J]. Procedia Environmental Sciences, 2014, 21: 33-41.

[126] 白庆中, 王晖, 韩洁, 等. 世界废弃印刷电路板的机械处理技术现状[J]. 环境污染治理技术与设备, 2001, 2(1): 84-89.

[127] 郭慧鑫. 电子废弃物壳体塑料资源再生技术试验研究[D]. 成都: 西南交通大学硕士学位论文, 2013.

[128] 温雪峰, 范英宏, 赵跃民. 用静电选的方法从废弃电路板中回收金属富集体的研究[J]. 环境工程, 2004, 22(2): 78-80.

[129] Zha X, Wang H, Xie P, et al. Leaching resistance of hazardous waste cement solidification after accelerated carbonation[J]. Cement and Concrete Composites, 2016, 72: 125-132.

[130] Hodul J, Dohnálková B, Drochytka R. Solidification of hazardous waste with the aim of material utilization of solidification products[J]. Procedia Engineering, 2015, 108: 639-646.

[131] 聂永丰. 三废处理工程技术手册—固体废物卷[M]. 北京: 化学工业出版社, 2000.

[132] Fabiano B, Pastorino R, Ferrando M. Distillation of radioactive liquid organic wastes for subsequent wet oxidation[J]. Journal of Hazardous Materials, 1998, 57(1): 105-125.

[133] Lawson K W, Lloyd D R. Membrane distillation[J]. Journal of Membrane Science, 1997, 124(1): 1-25.

[134] Yarlagadda S, Gude V G, Camacho L M, et al. Potable water recovery from As, U, and F contaminated ground waters by direct contact membrane distillation process[J]. Journal of Hazardous Materials, 2011, 192(3): 1388-1394.

[135] Zolotarev P P, Ugrozov V V, Volkina I B, et al. Treatment of waste water for removing heavy metals by membrane distillation[J]. Journal of Hazardous Materials, 1994, 37(1): 77-82.

[136] Yilmaz O, Kara B Y, Yetis U. Hazardous waste management system design under population and environmental impact considerations[J]. Journal of Environmental Management, 2016, 203: 720-731.

[137] 谢东丽, 叶红齐. 钡盐法处理六价铬 Cr(VI)废水的研究[J]. 应用化工, 2012, 41(4): 656-663.

[138] 李姣. 化学沉淀法处理电镀废水的实验研究[D]. 长沙: 湖南大学硕士学位论文, 2010.

[139] 彭云辉. 含砷硫酸生产废水的治理研究[D]. 武汉: 武汉科技大学硕士学位论文, 2002.

[140] 彭位华, 桂和荣. 国内铁氧体法处理重金属废水应用现状[J]. 水处理技术, 2010, 36(5): 22-27.

[141] 施阳, 蒋谦. 二氧化氯处理含铁氰化物废水的研究[J]. 环境污染治理技术与设备, 2003, 4(12): 56-58.

[142] Parga J R, Cocke D L. Oxidation of cyanide in a hydrocyclone reactor by chlorine dioxide[J]. Desalination, 2001, 140(3): 289-296.

[143] Bernardin F E, Froelich E M. Chemical oxidation of dissolved organics using ultraviolet-catalyzed hydrogen peroxide[C]. Superfund'90. Proceedings of the 11th National Conference, 1990: 768-771.

[144] Monteagudo J M, Rodríguez L, Villaseñor J. Advanced oxidation processes for destruction of cyanide from thermoelectric power station waste waters[J]. Journal of Chemical Technology and Biotechnology, 2004, 79(2): 117-125.

[145] Eisenhauer H R. The ozonation of phenolic wastes[J]. Journal of Water Pollution Control Federution, 1968, 40(11): 1887-1889.

[146] Destaillats H, Hung H M, Hoffmann M R. Degradation of alkylphenol ethoxylate surfactants in water with ultrasonic irradiation[J]. Environmental Science and Technology, 2000, 34(2): 311-317.

[147] Jou C J G, Wu C R, Lee C L. Application of microwave energy to treat granular activated carbon contaminated

with chlorobenzene[J]. Environmental Progress and Sustainable Energy, 2010, 29(3): 272-277.

[148] Jia Y X, Chen X, Wang M, et al. A win-win strategy for the reclamation of waste acid and conversion of organic acid by a modified electrodialysis[J]. Separation and Purification Technology, 2016, 171: 11-16.

[149] 程刚, 杨剑梅, 王向东. 废水的深度氧化处理技术研究进展[J]. 四川化工, 2008, 11(1): 24-27.

[150] Heimbuch J A, Wilhelmi A R. Wet air oxidation—A treatment means for aqueous hazardous waste streams[J]. Journal of Hazardous Materials, 1985, 12(2): 187-200.

[151] Debellefontaine H, Foussard J N. Wet air oxidation for the treatment of industrial wastes. Chemical aspects, reactor design and industrial applications in Europe[J]. Waste Management, 2000, 20(1): 15-25.

[152] Perkas N, Minh D P, Gallezot P, et al. Platinum and ruthenium catalysts on mesoporous titanium and zirconium oxides for the catalytic wet air oxidation of model compounds[J]. Applied Catalysis B: Environmental, 2005, 59(1): 121-130.

[153] Al-Duri B, Alsoqyani F, Kings I. Supercritical water oxidation for the destruction of hazardous waste: better than incineration[J]. Philosophical Transactions of the Royal Society a-Mathematical Physical and Engineering Sciences, 2015, 373(2057).

[154] 杨文玲. 超临界水氧化技术处理高浓度难降解有机废水[J]. 中国农药, 2010, (9): 7-14.

[155] 王斌远. 含氟含铬废水及含铬废渣的综合处理处置研究[D]. 哈尔滨: 哈尔滨工业大学博士学位论文, 2014.

[156] 裘知, 孙福成, 朱艺婷, 等. 磷酸盐类化合物重金属稳定化的机理与应用[J]. 工业安全与环保, 2013, (1): 74-76.

[157] 吕志凤. 聚合物驱含油污水乳状液稳定性及破乳絮凝研究[D]. 青岛: 中国石油大学博士学位论文, 2008.

[158] Bolto B, Gregory J. Organic polyelectrolytes in water treatment[J]. Water Research, 2007, 41(11): 2301-2324.

[159] 于世友, 李志锋, 江丹, 等. 高效破乳剂在焦化油水分离中的试验与研究[J]. 莱钢科技, 2006, (4): 31-32.

[160] 何品晶. 固体废物处理与资源化技术[M]. 北京: 高等教育出版社, 2011.

[161] Surendra K C, Olivier R, Tomberlin J K, et al. Bioconversion of organic wastes into biodiesel and animal feed via insect farming[J]. Renewable Energy, 2016, 98: 197-202.

[162] Hu L F, Feng H J, Wu Y Y, et al. A comparative study on stabilization of available As in highly contaminated hazardous solid waste[J]. Journal of Hazardous Materials, 2010, 174(1-3): 194-201.

[163] 朱江. 典型危险废弃物的热处置基础研究[D]. 杭州: 浙江大学硕士学位论文, 2005.

[164] Opalińska T, Wnęk B, Witowski A, et al. The pyrolytic-plasma method and the device for the utilization of hazardous waste containing organic compounds[J]. Journal of Hazardous Materials, 2016, 318: 282-290.

[165] 闵海华, 王兴戬, 刘淑玲. 危险废物焚烧处置技术应用研究[J]. 环境卫生工程, 2017, 25(2): 68-70.

[166] 邢杨荣. 危险废物焚烧配伍与燃烧反应分析[J]. 环境工程, 2008, 26(S1): 203-204.

[167] GB 18484—2001. 危险废物焚烧污染控制标准[S]. 2001.

[168] 刘炳油. 典型危险废弃物的热处置特性研究[D]. 杭州: 浙江大学硕士学位论文, 2006.

[169] Hartenstein H U, Horvay M. Overview of municipal waste incineration industry in west Europe (based on the German experience)[J]. Journal of Hazardous Materials, 1996, 47(1): 19-30.

[170] Hunsicker M D, Crockett T R, Labode B M A. An overview of the municipal waste incineration industry in Asia and the former Soviet Union[J]. Journal of Hazardous Materials, 1996, 47(1): 31-42.

[171] 刘刚. 典型危险废物回转窑热处置特性和技术研究[D]. 杭州: 浙江大学博士学位论文, 2006.

[172] 王志刚, 陈新庚. 危险废物的污染防治与规划[M]. 北京: 化学工业出版社, 2005.

[173] 王晓峰. 危险废物理化特性分析及其对废物焚烧的影响[D]. 上海: 同济大学博士学位论文, 2006.

[174] Melo G F, Lacava P T, Carvalho J A. A case study of air enrichment in rotary kiln incineration[J]. International Communications in Heat and Mass Transfer, 1998, 25(5): 681-692.

[175] 陈敬军. 危险废物回转窑焚烧炉的工艺设计[J]. 有色冶金设计与研究, 2007, 28(2): 81-83.

[176] Rozumová L, Motyka O, Čabanová K, et al. Stabilization of waste bottom ash generated from hazardous waste incinerators[J]. Journal of Environmental Chemical Engineering, 2015, 3(1): 1-9.

[177] 陈佳. 危险废物焚烧炉二噁英排放特性及 BAT/BEP 研究[D]. 杭州: 浙江大学硕士学位论文, 2014.

[178] 张绍坤. 回转窑处理危险废物的工程设计[J]. 冶金设备, 2010, (2): 58-62.

[179] Bujak J. Determination of the optimal area of waste incineration in a rotary kiln using a simulation model[J]. Waste Management, 2015, 42: 148-158.

[180] 张绍坤. 回转窑处理危险废物的工程应用[J]. 工业炉, 2010, (2): 26-29.

[181] 张绍坤. 回转窑处理危险废物的工程设计[J]. 节能与环保, 2010, (4): 34-37.

[182] Ma P, Ma Z Y, Yan J H, et al. Industrial hazardous waste treatment featuring a rotary kiln and grate furnace incinerator: a case study in China[J]. Waste Management and Research, 2011, 29(10): 1108-1112.

[183] 马攀. 危险废物焚烧系统的数值模拟与试验研究[D]. 杭州: 浙江大学硕士学位论文, 2012.

[184] Duffy N T M, Eaton J A. Investigation of 3D flow and heat transfer in solid-fuel grate combustion: measures to reduce high-temperature degradation[J]. Combustion and Flame, 2016, 167: 422-443.

[185] 李国学. 固体废物处理与资源化[M]. 北京: 中国环境科学出版社, 2005.

[186] Samaksaman U, Peng T H, Kuo J H, et al. Thermal treatment of soil co-contaminated with lube oil and heavy metals in a low-temperature two-stage fluidized bed incinerator[J]. Applied Thermal Engineering, 2016, 93: 131-138.

[187] 张东伟, 杨红芬, 高明智. 危险废物回转窑焚烧系统工程概述[J]. 中国环保产业, 2010, 10: 56-58.

[188] 赵士德. 危险废物焚烧系统控制方案[D]. 杭州: 浙江大学硕士学位论文, 2005.

[189] Tsiliyannis C A. Hazardous waste incinerators under waste uncertainty: Balancing and throughput maximization via heat recuperation[J]. Waste Management, 2013, 33(9): 1800-1824.

[190] Nadal M, Rovira J, Sanchez-Soberon F, et al. Concentrations of metals and PCDD/Fs and human health risks in the vicinity of a hazardous waste landfill: A follow-up study[J]. Human and Ecological Risk Assessment, 2016, 22(2): 519-531.

[191] Han Z, Ma H, Shi G, et al. A review of groundwater contamination near municipal solid waste landfill sites in China[J]. Science of the Total Environment, 2016, 569-570: 1255-1264.

[192] Hoogmartens R, Eyckmans J, Van Passel S. Landfill taxes and enhanced waste management: combining valuable practices with respect to future waste streams[J]. Waste Management, 2016, 55: 345-354.

[193] 蔡木林, 王琪, 董路. 危险废物填埋场候选场址比选方法研究[J]. 环境科学研究, 2005, 18(S1): 53-56.

[194] Agovino M, Ferrara M, Garofalo A. An exploratory analysis on waste management in Italy: a focus on waste disposed in landfill[J]. Land Use Policy, 2016, 57: 669-681.

[195] Tan W F, Lv J W, Deng Q W, et al. Application of a combination of municipal solid waste incineration fly ash and lightweight aggregate in concrete[J]. Journal of Adhesion Science and Technology, 2016, 30(8): 866-877.

[196] Naidu R, Kookana R S, Sumner M E, et al. Cadmium sorption and transport in variable charge soils: a review[J]. Journal of Environmental Quality, 1997, 26(3): 602-617.

[197] Sparrow L A, Salardini A A. Effects of residues of lime and phosphorus fertilizer on cadmium uptake and yield of potatoes and carrots[J]. Journal of Plant Nutrition, 1997, 20(10): 1333-1349.

[198] Scotti I A, Silva S, Baffi C. Effects of fly ash pH on the uptake of heavy metals by chicory[J]. Water, Air, and Soil Pollution, 1999, 109(1-4): 397-406.

[199] 栾敬德, 姚鹏飞, 李润东. MSW 焚烧飞灰熔融技术研究进展[J]. 环境工程, 2014, (4): 92-94, 98.

[200] 李文玉, 高锋, 王英伟, 等. 危险废物填埋过程中的防渗层设计以及渗滤液的处置方法[J]. 环境科学与管理, 2008, 33(7): 95-99.

[201] GB 50290—2014. 土工合成材料应用技术规范[S]. 1998.

[202] 钱学德, 郭志平. 填埋场复合衬垫系统[J]. 水利水电科技进展, 1997, 17(5): 64-68.

[203] Sun W, Barlaz M A. Measurement of chemical leaching potential of sulfate from landfill disposed sulfate containing wastes[J]. Waste Management, 2015, 36: 191-196.

[204] Nastev M, Therrien R, Lefebvre R, et al. Gas production and migration in landfills and geological materials[J]. Journal of Contaminant Hydrology, 2001, 52(1): 187-211.

[205] Bogner J, Chanton J, Blake D, et al. Comparative oxidation and net emissions of methane and selected non-methane organic compounds in landfill cover soils[J]. Environmental Science and Technology, 2003, 37(22): 5150-5158.

[206] 董道明. 论突发性环境污染事故风险管理[J]. 科技信息, 2006, (11): 56-57.

[207] National Research Council (US). Committee on the Institutional Means for Assessment of Risks to Public Health. Risk assessment in the federal government: Managing the process[M]. New York: National Academy Press, 1983.

[208] 胡二邦. 环境风险评价实用技术、方法和案例[M]. 北京: 中国环境科学出版社, 2009.

[209] 于可利, 刘华峰, 李金惠, 等. 危险废物填埋设施的环境风险分析[J]. 环境科学研究, 2005, 18(S1): 43-47.

[210] 谷庆宝, 颜增光, 周友亚, 等. 美国超级基金制度及其污染场地环境管理[J]. 环境科学研究, 2007, 20(5): 84-88.

[211] Lange J H, Kaiser G, Thomulka K W. Environmental site assessments and audits: building inspection requirements[J]. Environmental Management, 1994, 18(1): 151-160.

[212] Rein A, Holm O, Trapp S, et al. Comparison of phytoscreening and direct-push-based site investigation at a rural megasite contaminated with chlorinated ethenes[J]. Ground Water Monitoring and Remediation, 2015, 35(4): 1-U108.

[213] HJ 25.1—2014. 场地环境调查技术导则(征求意见稿)[S]. 2014.

[214] Standard A E1527-13. Standard Practice for Environmental Site Assessments: Phase I Environmental Site Assessment Process. ASTM International, West Conshohocken, PA. 2013. DOI: 10.15201E1527-13[J].

[215] https://www. astm. org/search/fullsitesearch. html? query=ASTM%20E1528-14&.

[216] Z768-01 (R2012). Phase I Environmental Site Assessment[S]. 2012.

[217] HJ/T 166—2006. 土壤环境监测技术规范[S]. 2004.

[218] HJ/T 164—2004. 地下水环境监测技术规范[S]. 2004.

[219] ASTM E1903. Standard Guide for Environmental Site Assessments: Phase II Environmental Site Assessment Process[S].

[220] EPA/540/R296/018. Soil Screening Guidance: User's Guide[S]. 1996.

[221] CAN/CSA-Z769-00. Phase II Environmental Site Assessment[S]. 2013.

[222] NIOSH, OSHA, USCG. Occupational Safety and Health Guidance Manual for Hazardous Waste Activities[M]. Washington D C: National Institute of Occupational Safety And Health, 1985.

[223] ASTM D5092-2004(2010)e1. Standard Practice for Design and Installation of Ground Water Monitoring Wells[S]. 2004.

[224] 李志博, 骆永明, 宋静, 等. 土壤环境质量指导值与标准研究 II 污染土壤的健康风险评估[J]. 土壤学报, 2006, 43(1): 142-151.

[225] USEPA. Risk Assessment Guidance for Superfund. Volume I: Human Health Evaluation Manual (Part A)[R]. EPA/540/1-89/002, 1989.

[226] Kim L, Jeon J W, Lee Y S, et al. Monitoring and risk assessment of polychlorinated biphenyls (PCBs)in agricultural soil collected in the vicinity of an industrialized area[J]. Applied Biological Chemistry, 2016, 59(4): 655-659.

[227] Augustsson A, Astrom M, Bergback B, et al. High metal reactivity and environmental risks at a site contaminated

by glass waste[J]. Chemosphere, 2016, 154: 434-443.

[228] Hu Y, Wang Z S, Wen J Y, et al. Stochastic fuzzy environmental risk characterization of uncertainty and variability in risk assessments: a case study of polycyclic aromatic hydrocarbons in soil at a petroleum-contaminated site in China[J]. Journal of Hazardous Materials, 2016, 316: 143-150.

[229] USEPA. An Examination of EPA Risk Assessment Principles and Practices[R]. EPA/ 100/ B204/ 001 2004.

[230] 曾光明, 钟政林, 曾北危. 环境风险评价中的不确定性问题[J]. 中国环境科学, 1998, 18(3): 252-255.

[231] Han L, Qian L B, Yan J C, et al. A comparison of risk modeling tools and a case study for human health risk assessment of volatile organic compounds in contaminated groundwater[J]. Environmental Science and Pollution Research, 2016, 23(2): 1234-1245.

[232] DB11/T 656—2009. 场地环境评价导则[S]. 2009.

[233] HJ 25.4—2014. 污染场地土壤修复技术导则(征求意见稿)[S]. 2014.

[234] Camenzuli D, Freidman B L. On-site and *in situ* remediation technologies applicable to petroleum hydrocarbon contaminated sites in the Antarctic and Arctic[J]. Polar Research, 2015, 34: 19.

[235] Peluffo M, Pardo F, Santos A, et al. Use of different kinds of persulfate activation with iron for the remediation of a PAH-contaminated soil[J]. Science of the Total Environment, 2016, 563－564: 649-656.

[236] McCann C M, Gray N D, Tourney J, et al. Remediation of a historically Pb contaminated soil using a model natural Mn oxide waste[J]. Chemosphere, 2015, 138: 211-217.

[237] Stoyanova M, Christoskova S, Georgieva M. Aqueous phase catalytic oxidation of cyanides over iron-modified cobalt oxide system[J]. Applied Catalysis A: General, 2004, 274(1): 133-138.

[238] Parga J R, Shukla S S, Carrillo-Pedroza F R. Destruction of cyanide waste solutions using chlorine dioxide, ozone and titania sol[J]. Waste Management, 2003, 23(2): 183-191.

[239] 周北海, 朱雷, 李治琨, 等. 中国工业固体废物的现状和对策探讨[J]. 环境科学研究, 1998, 11(3): 1-4.

[240] Yin Y, Allen H E. *In Situ* Chemical Treatment[R]. Technology evaluation report, GWRTAC E-series report, 1999.

[241] Su H, Fang Z, Tsang P E, et al. Remediation of hexavalent chromium contaminated soil by biochar-supported zero-valent iron nanoparticles[J]. Journal of Hazardous Materials, 2016, 318: 533-540.

[242] Lim M W, Lau E V, Poh P E. A comprehensive guide of remediation technologies for oil contaminated soil— Present works and future directions[J]. Marine Pollution Bulletin, 2016, 109(1): 14-45.

[243] 崔德杰, 张玉龙. 土壤重金属污染现状与修复技术研究进展[J]. 土壤通报, 2004, 35(3): 366-370.

[244] 王红旗, 刘新会. 土壤环境学[M]. 北京: 高等教育出版社, 2007.

[245] EPA-542-R-97-007. Analysis of Selected Enhancements for Soil Vapor Extraction[S]. 1997.

[246] 黄健, 邱胜鹏, 魏榕, 等. 动电技术在铬污染土壤修复中的应用及研究现状[J]. 工业安全与环保, 2006, 32(8): 6-9.

[247] Wang F, Wang H L, Al-Tabbaa A. Time-dependent performance of soil mix technology stabilized/solidified contaminated site soils[J]. Journal of Hazardous Materials, 2015, 286: 503-508.

[248] Chen Q Y, Tyrer M, Hills C D, et al. Immobilisation of heavy metal in cement-based solidification/stabilisation: a review[J]. Waste Management, 2009, 29(1): 390-403.

[249] He F, Gao J, Pierce E, et al. *In situ* remediation technologies for mercury-contaminated soil[J]. Environmental Science and Pollution Research, 2015, 22(11): 8124-8147.

[250] Wang F, Wang H L, Jin F, et al. The performance of blended conventional and novel binders in the *in-situ* stabilisation/solidification of a contaminated site soil[J]. Journal of Hazardous Materials, 2015, 285: 46-52.

[251] Batchelor B. Overview of waste stabilization with cement[J]. Waste Management, 2006, 26(7): 689-698.

[252] USEPA. Treatment Technologies for Site Cleanup: Annual Status Report, Eleventh Edition(EPA 542-R-01-004). 2000.

[253] Cartledge F K, Butler L G, Chalasani D, et al. Immobilization mechanisms in solidifiction/stabilization of cadmium and lead salts using portland cement fixing agents[J]. Environmental Science and Technology, 1990, 24(6): 867-873.

[254] Paria S, Yuet P K. Solidification-stabilization of organic and inorganic contaminants using portland cement: a literature review[J]. Environmental Reviews, 2006, 14(4): 217-255.

[255] Nishida K, Nagayoshi Y, Ota H, et al. Melting and stone production using MSW incinerated ash[J]. Waste Management, 2001, 21(5): 443-449.

[256] Chang T C, Yen J H. On-site mercury-contaminated soils remediation by using thermal desorption technology[J]. Journal of Hazardous Materials, 2006, 128(2): 208-217.

[257] Hou D, Gu Q, Ma F, et al. Life cycle assessment comparison of thermal desorption and stabilization/solidification of mercury contaminated soil on agricultural land[J]. Journal of Cleaner Production, 2016, 139: 949-956.

[258] Patowary K, Patowary R, Kalita M C, et al. Development of an efficient bacterial consortium for the potential remediation of hydrocarbons from contaminated sites[J]. Frontiers in Microbiology, 2016, 7: 14.

[259] Devlin J F, Katic D, Barker J F. *In situ* sequenced bioremediation of mixed contaminants in groundwater[J]. Journal of Contaminant Hydrology, 2004, 69(3): 233-261.

[260] Semple K T, Reid B J, Fermor T R. Impact of composting strategies on the treatment of soils contaminated with organic pollutants[J]. Environmental Pollution, 2001, 112(2): 269-283.

[261] Farrell M, Jones D L. Use of composts in the remediation of heavy metal contaminated soil[J]. Journal of Hazardous Materials, 2010, 175(1): 575-582.

[262] Huang D L, Zeng G M, Jiang X Y, et al. Bioremediation of Pb-contaminated soil by incubating with Phanerochaete chrysosporium and straw[J]. Journal of Hazardous Materials, 2006, 134(1-3): 268-276.

[263] Taiwo A M, Gbadebo A M, Oyedepo J A, et al. Bioremediation of industrially contaminated soil using compost and plant technology[J]. Journal of Hazardous Materials, 2016, 304: 166-172.